高等学校土建类学科专业“十三

高等学校系列教材

EPC 工程总承包设计管理

李永福　许孝蒙　边瑞明　编著

中国建筑工业出版社

图书在版编目（CIP）数据

EPC工程总承包设计管理/李永福，许孝蒙，边瑞明编著. —北京：中国建筑工业出版社，2020.7（2021.11重印）
高等学校土建类学科专业“十三五”系列教材　高等学校系列教材
ISBN 978-7-112-25156-8

Ⅰ.①E…　Ⅱ.①李…②许…③边…　Ⅲ.①建筑工程-承包工程-工程管理-高等学校-教材　Ⅳ.①TU723

中国版本图书馆CIP数据核字（2020）第082745号

基于对我国EPC工程总承包设计管理的发展现状和未来的思考，在查阅大量参考文献的基础上，撰写了此书。本书主要内容为EPC工程总承包项目的全流程概述与各个流程的介绍等。第1章为EPC工程总承包模式概述，介绍了EPC工程总承包的概念与特征；第2章概述了EPC工程建设项目的全流程管理；第3章、第4章、第5章分别阐述了EPC工程总承包前期策划、EPC工程总承包规划管理、EPC工程总承包设计管理；第6章阐述了EPC工程总承包优化设计工作管理并附有一部分案例分析，是本书的重点内容；第7章汇总了住宅设计的缺陷。

本书可供广大从事承包工程、经营管理相关业务的人士参考，也可作为高等院校相关专业本科生和研究生设计工程管理课程的教材和参考书。

本书配备教学课件，我们可以向采用本书作为教材的老师提供教学课件，请有需要的任课教师按以下方式索取课件：1. 邮件：jckj@cabp.com.cn 或 jiangongkejian@163.com（邮件主题请注明EPC工程总承包设计管理）；2. 电话：（010）58337285；3. 建筑书院：http://edu.cabplink.com。

责任编辑：赵　莉　吉万旺
责任校对：焦　乐

高等学校土建类学科专业“十三五”系列教材
高等学校系列教材
EPC工程总承包设计管理
李永福　许孝蒙　边瑞明　编著
*
中国建筑工业出版社出版、发行（北京海淀三里河路9号）
各地新华书店、建筑书店经销
霸州市顺浩图文科技发展有限公司制版
廊坊市海涛印刷有限公司印刷
*
开本：787×1092毫米　1/16　印张：13¾　字数：335千字
2020年9月第一版　2021年11月第二次印刷
定价：**42.00**元（赠教师课件）
ISBN 978-7-112-25156-8
（35923）

本教材编委会名单

编著单位：

山东建筑大学

山东大卫国际建筑设计有限公司

北京中兴恒工程咨询有限公司

编著人员：

李永福（山东建筑大学管理学院）统编

边瑞明（北京中兴恒工程咨询有限公司）、田宪刚（山东建筑大学）合编第 1 章

于天奇、崔明民（山东建筑大学管理学院）合编第 2 章、第 3 章

李　敏、盛国飞（山东建筑大学管理学院）合编第 4 章、第 5 章

许孝蒙（山东大卫国际建筑设计有限公司）、李永福合编第 6 章、第 7 章

序　言

近年来的工程实践表明，业主方日益重视承包商所能够提供的综合服务能力，工程总承包管理模式以其独特的优势在工程承包市场上越来越受到业主的青睐。

早在20世纪80年代，我国就已经提出了工程总承包的概念，并在某些领域进行了初步的实践探索。伴随着我国建筑行业的不断发展与成熟、大型工程项目的增多，工程技术复杂程度和实施难度日渐增加，传统的设计-招标-施工的管理模式已不能满足业主的要求，为了减少工程项目成本并缩短建设工期，EPC工程总承包模式开始逐渐被人们重视。

我个人从事建筑设计与规划三十余年来，接触到越来越多的EPC工程总承包建设项目。不难发现，EPC工程总承包拥有诸多优势：可以高速度、低成本地建造高层建筑和大型工业项目；在经济全球化和工程项目全寿命周期背景下，巨大的竞争压力驱使承包商寻求为工程创造更大效益的项目管理方式，工程总承包蕴含的"设计和施工一体化"理念以其创新能力和增值能力成为现代工程项目管理模式的核心思想。设计阶段是建设项目进行全面规划和具体描述实施意图的过程，是EPC工程总承包的灵魂，是处理技术与经济关系的关键性环节，也是保证EPC工程总承包建设项目质量和控制建设项目造价的关键性阶段，因此，在设计阶段融入全过程工程管理的思想是我们每一位设计人员与工程管理人员不断追求的理想结果，也是为提高项目效益做出的有益探索。

我们也看到，EPC工程总承包模式远未发展到成熟阶段，有大量富有挑战性的问题尤其涉及设计管理的问题有待解决。《EPC工程总承包设计管理》尝试介绍讨论了EPC工程总承包模式在前期策划设计阶段的管理工作以及EPC工程总承包模式与EPC工程总承包建设项目的全流程，以案解析，深入浅出，信息量大，涉及面广，读之获益甚多。

EPC工程总承包模式作为一种发展趋势，其对中国建筑行业的赋能作用也将日益凸显。本书的出版对于我国建筑业，特别是在房屋建筑领域推行EPC工程总承包模式的发展也将具有十分重要的现实意义。

2020年6月于济南

前　言

EPC（Engineering Procurement Construction）是指业主委托承包方，将工程建设项目的设计、采购、施工、试运行服务等步骤全部或者分段交由承包商负责，同时对承包工程的质量、安全、工期、造价全面负责。它具有总价合同的特点，可提高项目投资效益、权责分明，适用于以工艺工程为主要核心技术的工程项目。在海外工程承包市场上，EPC模式是一种广泛被采用的总承包方式。

住房和城乡建设部、国家发展改革委联合印发《房屋建筑和市政基础设施项目工程总承包管理办法》（以下简称《办法》），自2020年3月1日起施行。EPC工程总承包项目的管理模式在工程实践中根据业主的不同需求和项目实施的不同环境表现出多样性特征。EPC工程总承包代表了建设工程项目组织模式发展的主要趋势，在经济全球化和工程项目全寿命周期背景下，巨大的竞争压力驱使业主和承包商寻求为工程创造更大效益的项目管理方式。工程项目的价值根本上表现为建造过程中的时间价值和使用过程中发挥的效能，EPC工程总承包蕴含的“设计和施工一体化”理念以其创新能力和增值能力成为现代国际工程项目管理模式的核心思想。无论是业主还是承包商，EPC工程总承包管理的关键是根据项目具体情况选择合适的一体化模式。从FIDIC合同条件上看，EPC工程总承包改变了传统的“业主-工程师-承包商”三方模式，工程师以业主代表的身份出现不仅使“业主和承包商”两个利益主体的关系更加明晰而简单，而且突出了EPC工程总承包商的责任主体地位。

改革开放40多年来，我国经济发展与时俱进、基础设施建设时趋完善，经济基础决定上层建筑，人民群众对精神文明的需求日益增加，这是人们生活水平不断提高的产物，在住宅领域，如何满足人们寻求精神的归属，是其发展方向的重中之重。引用贝聿铭先生对中国建筑的创作设计的观点：我深爱中国优美的诗词、绘画、园林，那是我设计灵感之源泉，我致力于探索一条中国建筑的现代之路，中国建筑的根可以是传统的，而芽则应当是新芽，这也是中国建筑的希望所在。设计是EPC工程总承包的核心之一，尤其是由以往的资源竞争转向能力竞争的未来建筑市场，设计管理能力显得尤为重要。设计重要，理由很简单，一方面设计直接决定了EPC工程总承包是否符合消费者的要求，也就决定了产品可以为EPC工程总承包公司带来的收入，另一方面设计决定了EPC工程总承包70%以上的成本支出（建安成本），二者相减也就决定了EPC工程总承包投资的成败。EPC工程总承包就要以最经济的成本建造出最符合客户需求的产品，关键是抓住设计任务书、设计过程控制、设计成果评审和设计变更控制等各个环节。

EPC项目投标时，业主在招标文件中一般以基础设计包的形式对工程规模、结构等相关技术条件和执行规范、标准等提出详细说明，要求承包商按照上述文件完成方案图。在受到勘察设计深度限制、没有充裕时间进行详细设计的条件下，如何从优化设计着手，提出既能满足业主功能需求又能保证工程造价最优的方案，从而编制合理、准确、详细、适用的工程量清单，是投标阶段设计工作的核心。由于 EPC 项目采用固定总价合同，工程一旦中标，EPC 总承包商就需要按照投标阶段业主批准的投资估算进行进一步的初步设计和施工图设计。工程成本控制的主要手段包括限额设计和优化设计，而优化设计是对限额设计目标的深化，它在保证限额设计目标的前提下，通过可施工性分析，优化设计方案来降低成本，从而增加总承包企业的利润空间。

通过分析优化设计对 EPC 项目带来的社会效益和经济效益，结合目前 EPC 业务的现状，重视设计阶段在整个 EPC 项目中的“龙头”作用。在投标阶段通过优化设计提升自身竞争力；在实施阶段，通过优化设计实现工程利润最大化。加强设计和施工力量的打造，为优化设计提供基础。一方面可通过收购相关设计、施工单位进行资源整合，从而实现 EPC 工程总承包能力的加强；另一方面，加强总包管理能力，加强各分包方之间的协调管理，制定相应的各方利益分配方案，调动各方的优化设计积极性。加强合同管理，实现 EPC 工程总承包合同的规范化。

本书共分为 7 章，其主要内容包括对 EPC 工程总承包项目的全流程概述与各个流程的介绍等。第 1 章为 EPC 工程总承包模式概述，介绍了 EPC 工程总承包的概念与特征；第 2 章概述了 EPC 工程总承包项目的全流程管理；第 3 章为 EPC 工程总承包前期策划；第 4 章为 EPC 工程总承包规划管理；第 5 章、第 6 章分别为 EPC 工程总承包设计管理和优化设计工作管理，附有一部分案例分析，是本书的重点内容；第 7 章为住宅设计缺陷汇总。

在编写的过程中，编者参考了大量的同类著作、教材和教学参考书，在此表示衷心的感谢。由于编者水平有限，本书难免有不当或者疏漏之处，恳请广大读者提出宝贵意见。

编　者

2020 年 3 月

目　　录

第 1 章　EPC 工程总承包模式概述

本章学习目标

通过本章的学习，学生可以掌握 EPC 工程总承包概念及主要特征、EPC 工程总承包前期策划管理、EPC 工程总承包设计管理、EPC 工程总承包采购管理、EPC 工程总承包施工管理、EPC 工程总承包竣工验收管理。

重点掌握：EPC 工程总承包各个阶段的定义与主要流程。

一般掌握：EPC 工程总承包所面临的情况。

本章学习导航

学习导航如图 1-1 所示。

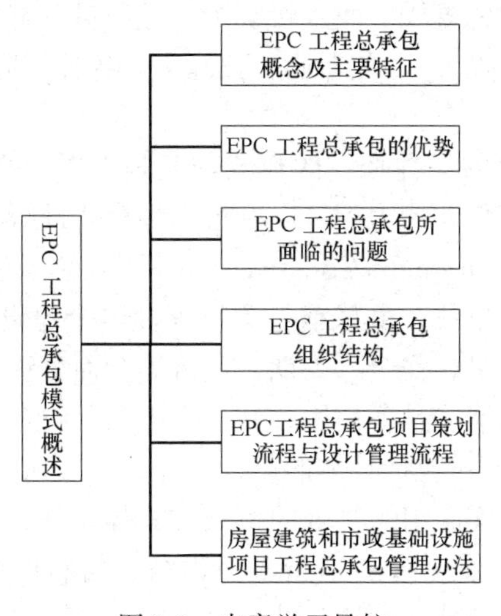

图 1-1　本章学习导航

1.1　EPC 工程总承包概念及主要特征

1. EPC 工程总承包概念

近年来，国家发展进入“新常态”。建筑业作为国民经济支柱产业，在寻求改革突破的关键时期，国家进一步推进工程总承包模式。

2017 年 2 月 24 日，国务院办公厅印发国办发〔2017〕19 号文《关于促进建筑业持续健康发展的意见》（下称“意见”），“意见”规定，要求加快推行工程总承包，按照总承包负总责的原则，落实工程总承包单位在工程质量安全、进度控制、成本管理等方面的责任。

2017年3月29日住房和城乡建设部印发《“十三五”装配式建筑行动方案》，明确到2020年，全国装配式建筑占新建建筑的比例达到15%以上，其中重点推进地区达到20%以上，积极推进地区达到15%以上，鼓励推进地区达到10%以上。鼓励各地制定更高的发展目标。建立健全装配式建筑政策体系、规划体系、标准体系、技术体系、产品体系和监管体系，形成一批装配式建筑设计、施工、部品部件规模化生产企业和工程总承包企业。

2017年5月4日住房和城乡建设部印发《建筑业发展“十三五”规划》，“十三五”时期主要任务明确提出要调整优化产业结构。以工程项目为核心，以先进技术应用为手段，以专业分工为纽带，构建合理工程总分包关系，建立总包管理有力，专业分包发达，组织形式扁平的项目组织实施方式，形成专业齐全、分工合理、成龙配套的新型建筑行业组织结构。发展行业的融资建设、工程总承包、施工总承包管理能力，培育一批具有先进管理技术和国际竞争力的总承包企业。

工程总承包无论在中国，还是在国际上，都没有统一的定义。中国政府2003年对工程总承包的概念进行了规范。根据文件精神，工程总承包指的是从事工程总承包的企业受业主委托，按照合同约定对工程项目的勘察、设计、采购、施工和试运行等实施全过程或若干阶段的承包工程总承包的模式。业主将整个工程项目分解，得到各阶段或各专业的设计（如规划设计、施工详图设计），各专业工程施工，各种供应，项目管理（咨询、监理）等工作。

工程总承包并不是固定的一种唯一的模式，而是根据工程的特殊性、业主状况和要求、市场条件、承包方的资信和能力等可以有很多种模式进行项目实施。

EPC（Engineering Procurement Construction）工程总承包模式是指建设单位作为业主将建设工程发包给总承包单位，由总承包单位承揽整个建设工程的设计、采购、施工，并对所承包的建设工程的质量、安全、工期、造价等全面负责，最终向建设单位提交一个符合合同约定、满足使用功能、具备使用条件并经竣工验收合格的建设工程承包模式。在EPC模式中，Engineering不仅包括具体的设计工作，而且可能包括整个建设工程内容的总体策划以及整个建设工程实施组织管理的策划和具体工作；Procurement也不是一般意义上的建筑设备材料采购，而更多的是指专业设备、材料的采购；Construction应译为“建设”，其内容包括施工、安装、试测、技术培训等。

EPC工程总承包模式是当前国际工程承包中一种被普遍采用的承包模式，也是在当前国内建筑市场中被我国政府和我国现行《建筑法》积极倡导、推广的一种承包模式。这种承包模式已经开始在包括房地产开发、大型市政基础设施建设等在内的国内建筑市场中被采用。

2. EPC工程总承包项目管理的特征

（1）虽然业主的招标是在项目的立项后，但承包商通常都在项目的立项之前就介入，为业主做目标设计、可行性研究等。

它的优点在于：尽早与业主建立良好的关系；前期介入可以更好地理解业主的目标和意图，使工程的投标和报价更为科学和符合业主的要求，更容易中标；熟悉工程环境、项目的立项过程和依据，减少风险。

（2）承包商应关注业主对整个项目的需求和项目的根本目的、项目的经营（项目产品的市场）、项目的运营、项目融资、工艺方案的设计和优化。业主对施工方法和施工阶段的管理的关注在降低。

（3）总承包项目常常都是大型或特大型的，不是一个企业能够完成的，即使能完成也是不经济和没有竞争力的。所以必须考虑在世界范围内进行资源的优化组合，综合许多相关企业的核心能力，形成横向和纵向的供应链，这样才能形成有竞争力的投标和报价，才能取得高效益的工程项目。

（4）总承包项目中，业主仅提出业主要求，主要针对工程要达到的目标，如实现的功能、技术标准、总工期等。对工程项目的实施过程，业主仅作总体的、宏观的、有限度的控制，给承包商以充分的自由完成项目。同时承包商承担更大的风险，可以最大限度地发挥自己在设计、采购、施工、项目管理方面的创造性和创新精神。

（5）总承包商代业主进行项目管理与传统的专业施工承包相比，总承包商的项目管理是针对项目从立项到运营全生命期的。

（6）承包商的责任体系是完备的。设计、施工、供应之间和各专业工程之间的责任盲区不再存在。承包商对设计、施工、供应和运营的协调责任是一体化的，所以总承包项目管理是集成化的。

（7）总承包商对项目的全生命期负责，要协调各个专业工程的设计、施工和供应，必须站在比各个专业更高、更系统的角度分析、研究和处理项目问题。

3. EPC工程总承包项目管理应有的目标体系

EPC工程总承包项目管理与专业工程承包的项目管理有不同的项目目标。它的目标体系体现了工程项目全生命期的、集成化的、符合环境和持续发展的要求。目标体系表见表1-1。

目标体系表 **表1-1**

质量目标	EPC工程总承包项目的质量目标不仅仅是追求材料、设备、各分部工程质量，而且更加追求工作质量、工程质量、最终整体功能、产品或服务质量的统一性。应体现可建造性、运行的安全性、运行和服务的可靠性、可维修性和方便拆除、注重开发-实施-运行的一体化
费用目标	EPC工程总承包项目的费用目标不仅是降低建造费用（或建设总投资），而且追求运行（服务）和维护成本低，进行全生命期费用的优化。还要考虑降低由于工程引起的社会成本和环境成本
时间目标	EPC工程总承包项目的时间目标不仅包括建设期、投资回收期、维修或更新改造的周期等，还要为业主考虑工程的设计寿命、经济服务寿命以及项目产品的市场周期，还应考虑业主的工程项目的最终产品有更大的市场价值
各方面满意	总承包商为业主做项目的规划、设计、施工和供应，协调各方面的关系。项目的成功必须体现项目相关者各方面满意。工程项目是许多企业的“合作项目”，项目的成功必须经过项目参加者和项目相关者各方面的协调一致和努力
工程项目与环境相协调	建设工程项目作为一个人造的社会技术系统，在它的形成过程中必须处理和解决好人与自然的关系，以及人与人的关系

4. EPC工程总承包项目的运作程序

EPC工程总承包项目的运作程序图如图1-2所示。

EPC工程总承包项目的详细运作阶段介绍如下：

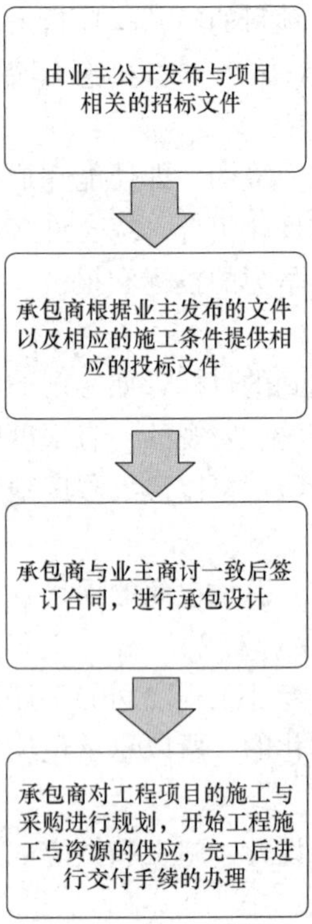

由业主公开发布与项目相关的招标文件

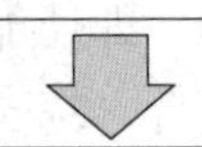

承包商根据业主发布的文件以及相应的施工条件提供相应的投标文件

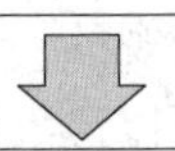

承包商与业主商讨一致后签订合同，进行承包设计

承包商对工程项目的施工与采购进行规划，开始工程施工与资源的供应，完工后进行交付手续的办理

图 1-2　EPC 工程总承包的运作程序

（1）招标

在项目被立项确定后，业主便可以委托咨询公司根据工程项目的施工目的来起草招标文件。招标文件应至少包含投标资格、合同条款、评标方式、业主的要求以及投标书格式等内容。其中业主的要求属于招标文件中的重点内容，是承包商报价以及工程施工的重点参考依据。

（2）投标与报价

承包商在确定业主的招标要求后，制定相应的投标文件进行投标，投标文件中需要至少包括商务投标书与技术投标书两部分。投标文件与报价是体现承包商对业主要求、招标文件和其他与项目相关的文件的分析与理解，并且要对项目的各个方面进行调查，需要向分包商、材料与设备的供应商进行相应的询价，再结合自己的施工经验来做的投标文件。

（3）设计与计划

承包商投标与报价完成后，业主根据承包商提供的报价资料进行分析，选择其中符合标准的承包商，并将中标的通知以文件的形式告知承包商。承包商在接到中标通知后，与业主签订合同，并对其详细的施工方案、资源与设备的供应方案进行设计，且其每一步的施工计划与设计结果均需要得到审查和批准后才能执行。

（4）履行合同

承包商应根据施工合同的要求与业主批准的设计来完成工程的资源供应与施工，保证承包商的合同责任履行。在具体施工中的每一个环节，都应该严格按照合同的约定来进行，确保工程质量。

（5）工程接收和保修

工程施工完成后，需要经过业主的验收，待业主验收完成接收之后才算正式结束，但承包商应继续承担工程保修期内的工程缺陷的维修责任。工程竣工验收流程图见图 1-3。

5. EPC 工程总承包模式的项目管理要点

伴随着改革开放，EPC 工程总承包项目日渐增长，在市场竞争日趋激烈的环境下，EPC 工程总承包模式的项目管理在为参建方提高利润的同时，也暴露出了一些风险和不足。

根据 EPC 工程总承包模式的项目管理特点和优势以及面临的复杂环境，提高项目管理能力和风险控制水平，是每一个 EPC 工程总承包企业应该关注的课题，应着重抓好以下几个管理要点：

（1）设计管理

EPC 工程总承包模式的项目管理主要优势之一就是将设计、采购、施工相融合。大型复杂项目的设计、采购、施工三者有着密切关系，存在相互制约的逻辑关系，每一个沟通环节对项目的进展都具有重要意义，对下一步工作的开展都有一定的影响，因此应采取

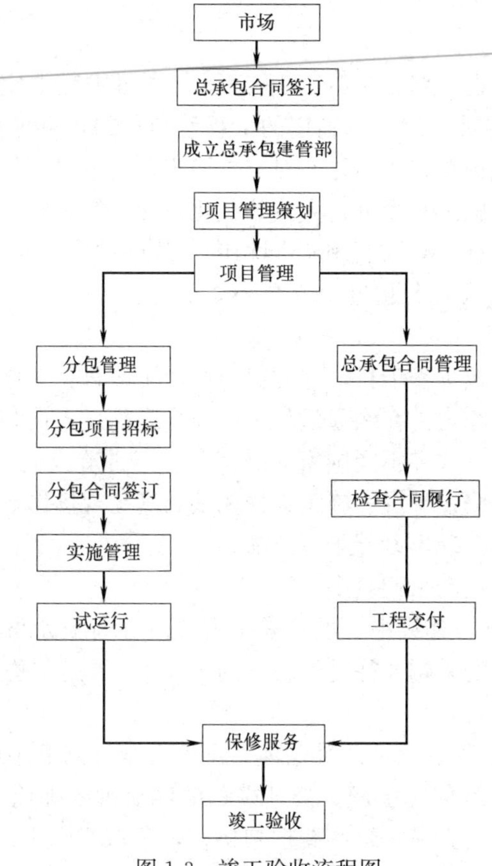

图 1-3　竣工验收流程图

设计先行的指导措施。

1）发挥设计的龙头和引导作用

在工程项目开展初期进行方案设计的征集时，往往中标方案并非是最优方案，甚至存在一定的弊端。因此应组织相关专家对方案设计的先进性、科学合理性和项目的总投资、总工期、工艺流程等进行严格地审核和充分论证，该阶段的工作将会对项目的质量、成本、工期等控制和后期运营乃至整个项目的成败起到至关重要的作用。

俗话说：理论是实践的向导，在总承包项目管理中更是如此。设计文件不仅是采购文件编制、设备订货和安装的依据，也是施工方案编制、指导现场施工、工程验收和成本控制的重要文件。因此 EPC 工程总承包企业应充分利用自身资源，尽早地开展设计工作，为后续采购和施工提供有利条件。

2）整合资源实现设计、采购、施工深度交叉

EPC 工程总承包模式的核心管理理念就是充分利用总承包商的资源，变外部被动控制为内部自主沟通，协同作战，实现设计、采购、施工深度交叉，高效发挥三者优势，并形成互补功能，消灭、减少工作中的盲区和模糊不清的界面，简化管理层次，提高工作效率。

实践表明提前让施工分包商介入，施工图设计时有效吸纳施工人员的意见，积极采用新技术、新工艺、新材料，考虑后期施工便于操作等，有利于节约工期，减少变更和索

赔，提高效率，增强效益。

3）加强设计优化

项目管理实践表明，设计费在 EPC 工程总承包项目中所占比例通常在 5％以内，而其中 60％～70％的工程费是由设计所确定的工程量消耗的，可见优化设计对整个项目成本控制的重要性。为了维护双方的利益，对业主而言，这里强调的是总承包商为了获取更高的利润，往往会选择在施工阶段进行大量的优化设计，使其作为降本增效、提高利润的有效措施。因此，业主应在发包文件和合同相应条款中注明：对优化设计工程量做出限制，譬如 15％以内给予考虑，若超过 15％则不予认可。

4）关注现场设计

我国企业走出国门承包工程项目，经常会遇到由于语言、文化和行为习惯的差异给双方带来的沟通及信息传递障碍。在沟通过程中，通常是翻译人员和少数的设计人员作为信息传递的中介，这种沟通方式和不同国家的语言差异经常造成信息传递缺失和理解分歧。同时，一些设备工艺和装修设计仅靠施工大样图很难满足现场作业。从整个项目全局控制和专业设计集成管理考虑，现场设计不可或缺。

（2）加强采购管理，提高采购效率

在 EPC 工程总承包项目建设中，项目采购主要由咨询服务和承包商及设备主材等组成，占整个项目成本最高的采购往往是设备（约 60％），提高采购效率、优化采购方案是成本控制的有效途径之一。

由于国内一些 EPC 工程总承包商采购体系不够健全，制度不够完善，采购工作涉及较多部门，采购部门需要跨部门协调。公开采购的项目则要提前与当地交易平台做好沟通，做好时间安排，力争与交易平台签署框架协议，争取时间上的优先，费用上的优惠。不断完善企业采购程序和相关制度，建立完善合格的供应商数据库，建立长期的合作伙伴关系。

实践表明：在 EPC 工程总承包模式的背景下，项目管理要想提高效率、压缩采购时间、避免推诿扯皮、降低成本，应从设计（技术）、施工、商务、造价、财务等抽取人员组建采购小组，并做好分工和规定其职责和权限的工作。同时，企业高层领导的支持也至关重要。

（3）强化风险管理

EPC 工程总承包模式受欢迎的原因之一，是业主没有足够的技术能力、项目管理能力、项目风险管理能力，而采取这种模式，业主可实现以最少的投入获取最大的产出，尽可能地将所有风险转嫁给 EPC 工程总承包商，从而利用总承包商的能力和经验预防、减少、消灭项目建设过程中存在的各种风险。项目风险大致可分为外部风险和内部风险。

在研究了国际工程总承包市场投标决策时需要考虑的风险，借鉴前人研究的基础之上，认为 EPC 工程总承包模式面临的主要风险由宏观经济风险、政治风险、法律风险和工程建设的其他风险构成。

EPC 工程总承包商从投标估算开始到项目竣工移交业主全过程均面临各种风险。项目管理过程中，在项目每一个阶段都需要对风险进行识别、分析、应对和监控。既要识别和应对随着项目进展和环境变化出现的新风险，也要关注风险条件变化及时剔除过去的风险。

在项目管理中提出习惯做法可以看作风险管理。譬如在项目管理计划编制、协调和里程碑的确定过程中，以及变更控制中存在的风险源（人为误差、遗漏和沟通失败等）采取一般性应对措施。

俗话说：创造效益靠设计，防范风险靠合同。合同管理是风险管理的重要手段。合同管理的主要工作除了常规措施之外还应重视以下几点：

1）科学地划分分包标段，合同范围和责任划分应尽量详细，合同签署后召集相关单位和人员进行合同交底。对遗漏和分歧导致的界面模糊等应进一步明确，做好约谈记录，作为该合同的补充协议。

2）在合同签订时切忌为了中标承建项目，而忽视实践情况和价格风险，在合同中须明确约定材料、人工价格的调整条件和方法。包括变更计价方式和优先顺序及确认时间。

3）合同中应将该项目的设备、材料框架协议及名单品牌价格进行限制，不能任由业主要求最高价商品，使总承包商蒙受较大风险。

4）总承包商在投标报价前要做好市场调研，包括自然条件、经济状况、供求情况、价格数据、税收法律法规等，正确地评估风险。

5）在合同谈判时，尽量与业主合理地分担风险，在招标采购阶段和施工阶段可将风险，如：建筑安装工程一切险、不可预见的风险等，转嫁给分包商、供应商和保险公司。

6）索赔管理是项目管理风险控制的重要举措之一。总承包商应正确地认识工程项目索赔，它不是利润增加点，而是利润的保证点。

因此在合同中应明确以下五个原则：必要原则、赔偿原则、最小原则、引证原则、时限原则。

在项目准备阶段，项目部应成立索赔小组，负责组织、策划、制定索赔策略，编写索赔报告，跟踪索赔进展情况。索赔涉及的事项较多，需要相关部门共同参与，并进行培训和交流。

（4）建设高效的项目团队

工程项目管理涉及技术、经济、法律、管理等多个领域，因此运用国际 EPC 工程总承包模式的项目管理，需要具有良好的专业技术背景、丰富的从业经验以及经济、法律、管理方面的知识，一专多能、一能多职的复合型管理人才。

项目经理是项目管理团队的灵魂，是项目管理的关键人物。他的综合素质对项目成败起着至关重要的作用，因此现代项目管理对项目经理的要求是仅有技术能力是不够的，他要懂技术、善经营、会管理，具备 PMI《项目管理知识体系指南》规定的九个方面基本能力。

在进行项目管理策划时，项目经理应按照项目管理总目标，合理地划分 WBS，根据每个成员的特点合理分工，确定工作程序和考核机制。在建立制度的同时，还要做好情绪管理，领导和激励整个项目管理团队及重要利益相关者，朝着实现项目总目标不断努力，同时创造良好的工作环境和愉快的工作氛围，提高工作绩效。

（5）建立良好的合作伙伴关系，化解主要利益相关者矛盾

EPC工程总承包模式的主要利益相关者为业主、政府建设主管部门、监理（咨询）公司、设计分包单位、施工分包单位、设备货物的供应单位和清关代理服务单位等。总承包商要与各个利益相关者建立良好的合作关系，有效地集成设计、采购及施工各环节资源，加强EPC风险管理的能力，提高项目绩效。

根据对伙伴关系应用工程项目管理实践结果调查，其统计结果显示：与传统承包项目管理模式相比，伙伴关系管理方式下的工程项目平均实际工期比计划提前4.7%；变更、争议、索赔等现象仅是传统承包模式的20%～54%；客户的满意度提高26%；团队成员关系得到显著改善（业主和承包方认为的明显改善分别为61%、71%）。

调查表明EPC工程总承包商在项目管理过程中引入伙伴关系方式能够提高效益。EPC工程总承包商应对不同的利益相关者采取不同的方式。其伙伴关系方式下的关系基础是：承诺、平等、信任、持续，并建立问题及时反馈和解决系统。

在项目准备阶段，EPC工程总承包商应编制有效可行的"利益相关者管理规划"。开展工作要本着双赢的合作理念。当矛盾和冲突产生时，应有切实有效的预控和解决方案，清晰地界定项目管理愿景和目标。通过策划和举办有益的活动加强情感沟通这一点尤为重要。

1.2 EPC工程总承包的优势

1. 工程管理与项目建设

EPC工程总承包模式的实施减轻了业主管理工程的难度。因为设计纳入总承包，业主只与一个单位即总承包商打交道，只需要进行一次招标，选择一个EPC工程总承包商，不需要对设计和施工分别招标。这样不仅是减少了招标的费用，还可以使业主方管理和协调的工作大大减少，便于合同的管理及管理机构的精简。业主方既不用夹在设计与总承包商之间为处理并不熟悉的专业技术问题而无所适从，工程风险也因此转由EPC总承包商来承担。特别是对于业主不熟悉的新技术领域，这一点显得尤为突出。

EPC工程总承包模式虽然将一些风险和部分原属于业主的工作转嫁接到了总承包商身上，但也同时增强了总承包商对工程的掌控。总承包商能充分发挥自身的专业管理优势，体现其管理能力和智慧，在项目建设管理中，有效地进行内部协调和优化组合，并从外部积极为业主解忧排难。在EPC工程总承包管理模式下，由于设计和采购、施工是一家，总承包商就可以利用自身的专业优势，有机结合这三方力量，尤其是发挥设计的龙头作用，通过内部协调和优化组合，更好地进行项目建设。如进行有条件的边设计边施工，工程变更会相应减少，工期也会缩短，有利于实现项目投资、工期和质量的最优组合效果。

例如在某EPC工程总承包项目中，业主的工程管理人员精简至只有2个人，项目几乎所有的管理工作均由总承包商项目部承担。在该工程的施工高峰时期，现场一度有8家不同的施工单位在同时进行施工。由于施工场地狭窄且正值梅雨季节，各单位都在抢进度，施工协调难度相当大。总承包商项目部通过精心组织，使各施工单位在有限的条件之下有条不紊地进行施工。同时，总承包商还协助业主多次处理了地方与工程纠纷的问题，其优良的服务意识也得到了业主的认可。

2. 工程项目设计与施工

EPC工程总承包模式可以根据工程实际各个环节阶段的具体情况，有意识地主动使设计与施工、采购环节交错，如采用边设计边施工（即版次设计）等方式，减少建设周期或加快建设进度。这要求总承包商要有强大的设计力量，才能达到优化设计、缩短工期的目的。各个环节合理交错可以是边设计边施工，也可以是先施工后设计，还可以是设计与采购交错。

（1）边设计边施工

如某一工程项目中，由于脱硫系统与制酸系统不在同一地点，分布在项目的两端，相距约2km，给设计和施工均带来了相当大的难度。由于脱硫至制酸系统的工艺管线均沿项目边缘布置，需穿过项目现有的厂房、铁路、公路、输电线路及工艺管架，而业主又不能提供详细的设计基础资料，如定位坐标点、建筑物的布置及高度、原有工艺管线的布置等数据，使设计无从着手进行。总承包商采取了现场实测实量，设计现场认可，并进行技术交底，边施工边设计，达到了施工设计两不误的完美结合。

（2）先施工后设计

如在某一工程项目现场施工中，各类操作平台达80余个，由于各类平台的制作安装均须与现场的实际情况相结合，传统的先行设计后施工的模式给设计带来相当大的困难。总承包商采取了先施工，然后再返资给设计出变更的形式进行处理。这样做既不耽误工程的实体进度，又减轻了业主施加给设计的工作压力，取得了良好的效果。

（3）设计与采购交错

如在某一工程项目非标设备的制作安装中，非标设备的图纸由于各种原因一直不能出正式蓝图。设计的白图早在2017年9月即已出图，而蓝图直到2018年3月中旬才正式发放。在这半年间，总承包商进行了充分的技术培训和资源的准备工作。在材料的准备方面，特别是复合钢板的采购上提前做了准备。

由于复合钢板采购周期达3个月之久，总承包商要求设计与施工采购方进行充分的技术交流后，及时进行了复合钢板的采购工作。当蓝图正式发出后，马上转入了现场施工工作，大大缩短了整个工程的施工周期。

（4）突出设计的龙头作用

设计工作对整个建设项目的运行和管理起着决定性的作用。在EPC工程总承包模式的项目中，由于设计也纳入了总承包范畴，因此总承包商很容易要求设计方积极全面地参与到工程承包工作中，包括对采购、施工方面的指导与协调。这使得设计在工程各阶段延伸服务起到的作用越来越大，甚至可以左右工程总承包的费用、进度与质量，由此设计的龙头地位是毋庸置疑的。

3. EPC工程总承包模式采购施工的能动性

由于在EPC工程总承包模式的项目中，设计和采购、施工一起纳入了总承包范畴，因而采购、施工可以发挥主观能动性，更好地与设计互动。在技术协调方面，设计人员有丰富的理论知识和设计经验，而施工方有丰富的实践经验，将两者结合起来为工程服务是EPC工程总承包模式的优势所在。

由于科学技术的快速发展，施工技术日新月异，同样的工程实体，实施的方法可以多种多样，在实际操作过程中，需要双方相互佐证，开诚布公地进行探讨，形成统一的意见。在管理机制方面，EPC 工程总承包模式下，总承包商在工程管理上可以适当借助施工方的力量对实体工程进行管理，这可以避免总承包商陷入烦琐的管理细节中，减少总承包商的投入。这也要求施工方要有足够的管理资源与总承包商进行配合，能跟上总承包商的管理要求。

在设计介入方面，采购、施工方对设计阶段工作的介入可以更深入一些，将自己的一些经验和优势在早期融入设计中去，这样能收到几个方面的效果：最大限度地使设计经济合理；施工方的提前介入能使其有针对性地进行一些施工前的准备工作，以保证工程的顺利实施；施工人员与设计人员进行充分的沟通，能充分了解设计意图，从而保证工程的施工质量。

1.3 EPC 工程总承包所面临的问题

1. 工程项目总承包所面临的问题

（1）法律法规上的缺项或弱项

在 EPC 工程总承包项目管理模式中，业主跟承包商之间的界面非常简单，只有一份合同。这种承包模式，弱化了业主的管理，因为缺少外部监督，更多依赖的就是政策法规。但在我国，关于工程总承包的法律方面却存在着三个具体问题：

1）工程总承包在我国法律中的地位不明确

近年来，我国陆续颁布了《建筑法》《招标投标法》《建设工程质量管理条例》等法律法规，对勘察、设计、施工、监理、招标代理等都进行了具体规定，但对国际通行的工程建设项目组织实施形式——工程总承包却没有相应的规定。

《中华人民共和国建筑法》虽然提倡对建筑工程进行总承包，但也未明确总承包的法律地位，难以解决 EPC 在运行中的纠纷。

2）工程总承包的市场准入及市场行为规范不健全

一方面，因缺乏具体的法律指导，企业在开展工程总承包活动时束手束脚。另一方面，我国没有专门的工程总承包招标投标管理办法和具体的规定，政府部门缺乏管理的政策指导，承包商在编制文件、工程造价、计费等方面缺少政策依据。

3）缺乏 EPC 发展的金融保障机制

由于开展 EPC 工程总承包需要大量资金，而我国银行在企业信贷方面的额度向来不高，又没有 EPC 工程总承包融资方面的优惠政策，这也在很大程度上制约了 EPC 工程总承包的发展。

（2）业主自身条件及其运行与规范的 EPC 工程总承包要求之间存在很大差距

EPC 工程总承包在国外是一种得到广泛使用、很成熟的工程承包形式。它将一个项目的设计、采购、施工等全部工作交由一个承包商来承担，大量项目协调与管理工作都交由总承包商统一负责，业主只管对相关的设计和施工方案进行审核，并根据承包合同聘请监理实施监督和支付工程费用等配合性工作。在我国，业主自身条件及其运行水准与规范的 EPC 工程总承包的要求之间存在很大的差距，主要表现为：

1）市场机制不完善

我国过去基本实行的是“工程指挥部”管理模式，设计与施工、设备制造与采购、调试分工负责的协调量大，易出现相互脱节、责任主体不明、推诿扯皮等问题。工程总承包推行以来，大多数外资项目业主均表示认同，一些民营企业项目也能接受。但大多数政府或国有投资为主的业主由于认为实施工程总承包后，其权力受到了削弱，仍习惯将勘察、设计、采购、施工、监理等分别发包，这对工程总承包的推广形成了障碍。

2）业主操作不规范

一些业主虽采用了EPC工程总承包管理模式，但具体实施和操作时却不规范：有的忽视项目前期运作，设计方案不规范或不到位，给施工图设计带来许多问题；有的催促工期，不但增加了承包商成本，也使工程质量得不到保障；有的喜欢干预设备采购，导致设备质量、供货期与施工脱节，影响工程进展；还有的因强调总价合同固定性的方面，而不愿为工程变更对费用进行调整等。

3）业主方缺乏项目管理人才

EPC工程总承包合同通常是总价合同，总承包商承担工作量和报价风险，业主要求主要是面对功能的。总承包合同规定：工程的范围应包括为满足业主要求或合同隐含要求的任何工作，以及合同中虽未提及但是为了工程的安全和稳定、工程的顺利完成和有效运行所需要的所有工作。总承包合同除非业主要求和工程有重大变更，一般不允许调整合同价格。因此，业主的意见会对工程产生重要及关键的影响，尤其是在前期和总承包合同谈判阶段。但由于业主缺少真正精通项目管理的人才，不了解和掌握EPC工程总承包模式工程的运行规律和规则，与总承包商在EPC合同谈判阶段往往难以沟通，这常会影响谈判效果和合同的履行。

（3）总承包商的先天不足使其与推行EPC工程总承包的要求之间存在诸多不适应

在我国，设计方直接对业主负责，工程设计方与施工方无直接的合同和经济关系。这种模式浪费了大量社会资源、降低了工作效率。采用工程总承包模式，总承包商与业主签订一揽子总合同，负责整个工程从勘察设计、采购到施工的全过程。设计方要与总承包商签订设计分包合同，对总承包商负责。但因国内公司综合素质、信誉、合同的执行能力等与西方大公司相比仍有很大差距，故使总承包商与推行EPC工程总承包的要求间存在诸多不适应：

1）设计质量无保证

由于我国长期以来设计与建设施工分离的制度，目前能够取得EPC合同的单位基本上都是些不具备设计资质的专业公司，这些公司中标后，为节省设计费用，有的聘请专业设计人员设计，有的先自行设计再花钱盖章，有的甚至边设计边施工边修改，设计质量无从保证。

2）多层转包隐藏较大的风险

有的中标公司往往缺少设计资质或施工资质，或者没有相关施工资质。拿到工程以后会将相当一部分工程量分包给具备资质的单位，甚至出现多层转包。这样的风险往往存在于：

① 在EPC总承包商提取一定的管理费和利润的基础上，分包商会通过降低产品的质量保证自己的利润空间不受到压缩，最终业主的利益必定受到损害；

② 有的承包商以各种理由截留或挪用分包商的工程款，影响工程进度，造成工期损失；

③ 出于利润考虑，承包商在选择分包商时往往着重考虑价格因素。分包商以低价竞争获胜后，为了赢得利润，便只有偷工减料。

3）承包商的局限性使业主无法放心

业主选择 EPC 方式发包，本意是想减少中间环节，降低管理成本，提高建设项目的效率和效益。但因承包商的局限性，往往无法使业主放心，业主是花了钱却没能享受到委托 EPC 工程总承包的省心。

4）合同价格易引发合同纠纷

由于缺乏统一权威的官方指导，再加上 EPC 工程总承包模式的招标发包工作难度大，合同条款和合同价格难以准确确定，在工程实际中往往只能参照类似已完工程估算包干，或采用实际成本加比率酬金的方式，容易造成较多的合同纠纷。

（4）工程监理仍然达不到 EPC 工程总承包的要求

监理工作主要依据法律法规、技术标准、设计文件和工程承包合同，在 EPC 工程总承包模式中，总承包商可能会权衡技术的可行性和经济成本，导致技术的变更比较随意，但是工程监理工作一个重要的依据是工程图纸，受传统模式影响，监理工程师面对技术上的变更往往表现得无所适从，无法履职到位。

（5）多数企业没有建立与工程总承包和项目管理相对应的组织机构和项目管理体系

1）除极少数设计单位改造为国际型工程公司外，多数开展工程总承包业务的设计单位没有设立项目控制部、采购部、施工管理部、试运行部等组织机构，只是设立了一个二级机构工程总承包部，在服务功能、组织体系、技术管理体系、人才结构等方面不能满足工程总承包的要求。

2）多数企业没有建立系统的项目管理工作手册和工作程序，项目管理方法和手段较落后，缺乏先进的工程项目计算机管理系统。设计体制、程序、方法等也与国际通行模式无法接轨。

（6）科技创新机制不健全，不注重技术开发与科研成果的应用。企业普遍缺乏国际先进水平的工艺技术和工程技术，没有自己的专利技术和专有技术，独立进行工艺设计和基础设计的能力也有待加强。

（7）企业高素质人才严重不足，专业技术带头人、项目负责人以及有技术、懂法律、会经营、通外语的复合型人才缺乏，尤其是缺乏高素质且能按照国际通行项目管理模式、程序、标准进行项目管理的人才，缺乏熟悉项目管理软件，能进行进度、质量、费用、材料、安全五大控制的复合型的高级项目管理人才。

（8）具有国际竞争实力的工程公司数量太少，目前只有化工、石化等行业有少数国际工程公司，并且业务范围较窄，国际承包市场的占有份额较小。

2. 应对措施

我国企业的工程总承包额在不断增大，开展 EPC 之初，一些企业工程总承包额只有几千万甚至几百万元，目前一些企业已有能力承担几亿元乃至几十亿元项目的总承包；工程总承包的行业推广面也在不断增加，已由技术性强、工艺性要求较高的石化、化工行业扩展到冶金、纺织、电力、铁道、机械、电子、石油、建材等行业的工程项目中，并取得了可喜的成绩。

大量实践证明，EPC 工程总承包有利于解决设计、采购、施工相互制约和脱节的问题，使设计、采购、施工等工作合理交叉，有机地组织在一起，进行整体统筹安排、系统优化设计方案，能有效地对质量、成本、进度进行综合控制，提高工程建设水平，缩短建设总工期，降低工程投资。为此，需进一步大力推进 EPC 工程总承包管理模式在国内的发展。而针对目前 EPC 工程总承包管理存在的上述问题，特提出以下几项基本的应对措施：

（1）从建立和完善相应的政策法规入手

针对“无法可依，有法不依，执法不严”的现象，要建立和健全各类建筑市场管理的法律、法规和制度，努力做到门类齐全，相互配套，避免交叉重叠、遗漏空缺和互相抵触。

同时政府部门也要充分发挥和运用法律、法规的手段，培养和发展我国的建筑市场体系，确保建设项目从前期策划和可行性研究、勘察设计、工程承发包、施工到竣工等全部活动都纳入法制轨道。让技术规范、技术法规、保险、担保、质量审查等管理规定和措施逐步完善，形成企业重视信誉和竞争力的培养的良性机制，以为 EPC 工程总承包提供良好的条件和环境。

建议在《建筑法》修改时，明确工程总承包的法律地位，增加相关内容；抓紧出台《工程总承包管理办法》及细则，规范对工程总承包的市场管理，使工程总承包有法可依。借鉴 FIDIC 条款，制定统一、符合我国国情的工程项目总承包合同条款范本，使承包和发包单位都有法可查，造价计费统一，从而稳定市场。

降低承包商进行 EPC 工程总承包的资金风险，从法律上对垫资带资工程明确最低利息和偿还期限，形成有利于承包商开展融资的市场环境，鼓励 EPC 工程总承包的发展。

（2）把功夫下在提高业主方的管理素质上

加大宣传力度，统一思想，提高认识。争取在政府投资工程项目上积极推行工程总承包或其项目管理的组织实施方式，以起到带头作用。

结合投融资体制改革和政府投资工程建设组织实施方式改革，对业主进行培训，使其深刻认识、了解工程总承包，促进其积极支持与配合。加强业主总承包管理知识的培训和项目管理人才的培养。

（3）全面对接 EPC 工程总承包的规则和要求，加快承包队伍的整合

1）要合法取得设计资质

根据住房和城乡建设部关于工程总承包资质的要求，我国政府对工程总承包商不仅要求其要有一定的施工资质，还要有设计资质，大大提高了工程总承包的准入门槛。在解决资质问题上，通常可有两个方法：一种是借鉴全国施工企业 500 强和江苏省建筑业综合实力前 5 强企业南通四建收购设计院的例子，作为快速拥有设计资质的捷径之一；另一种是可根据工程建设的周期性特点，施工企业可在项目招标时与设计单位组成项目联合体进行投标，与收购设计院相比，此法既节省了成本又降低了风险。

2）要培养和留住人才

依据国际工程总承包经验，做好工程总承包最核心的有两个元素，即为多元化的管理人才和雄厚的资金保障。20 世纪 60～70 年代，国际工程总承包已在许多发达国家得到普遍推广，良好的市场竞争机制保证了整个行业的丰厚利润，总承包商有足够的效益来培养和吸收优秀的多元化管理人才。当下我国的承包商要大力培养复合型、能适应国际工程总

承包管理的各类项目管理人才，学习国内外先进的管理方法、标准等，提高项目管理人员素质和水平，以适应国内总承包商应对“引进来”和“走出去”挑战的需要，完善协调激励制度，不仅在物质上，更要从精神上激励员工，留住人才。

3）创新企业融资渠道

增加EPC实力。EPC项目管理需要雄厚的资金实力，对总承包商的融资、筹资能力要求很高，特别是“走出去”的企业。我们要向国外学习，吸取其先进理念和做法，通过强强联合、企业整合、企业兼并等使EPC不断发展壮大，逐步增强融资能力，拓宽融资渠道，使企业逐渐步入良性循环。

（4）从推动EPC工程总承包的角度强化工程监理

要推进全过程监理。与工程总承包的设计、采购、施工一体化一致，监理也应做到全过程监理。监理的业务范围应逐步扩展到为业主提供投资规划、投资估算、价值分析，向设计单位和施工单位提供费用控制，项目实施中进行合同、进度和质量管理、成本控制、付款审定、工程索赔、信息管理、组织协调、决算审核等。

要积极推行个人市场准入制度，提高监理工程师素质，培养善经营、精管理、通商务、懂法律、会外语的复合型监理人才。

EPC工程总承包应由最能控制风险的一方承担风险，通过专业机构和专业人员管理项目，实现了EPC的内部协调，使工程建设项目的运行成本大幅降低，效益大幅提高，进而创造了诸多的经济增长点。建筑企业要发展壮大和增强国际竞争力，建筑市场要良性发展和更好地与国际惯例接轨，需要全力推广EPC工程总承包。而作为一个复杂的系统作业过程，EPC工程总承包必须用现代化的项目管理手段和方法在解决不断出现的各种具体问题的过程中积极推广，才能为企业带来实际的利益，体现其管理上的优势。

1.4 EPC工程总承包组织结构

EPC工程总承包项目合同签订后将组建项目部，任命项目经理，实行项目经理负责制。项目部在项目经理的领导下开展工程承包建设工作。项目组织机构的形式虽然多样，但基本组成相似，主要由项目经理、现场经理、设计经理、商务经理、施工经理、控制经理、安全经理等职位（部门）构成。

1. EPC典型组织结构形式

1）组织形式结构图如图1-4所示。

2）组织结构形式表如表1-2所示。

组织结构形式表 **表1-2**

合同总额	项目部人数	岗位设置	选配支持人员
1500万元以下	3～4人	项目经理(兼现场经理、施工经理、设计经理)、采购经理、安全与控制经理	施工经理、技术工程师(根据复杂程度)
1500万～5000万元	4～6人	项目经理(兼现场经理)、施工经理、设计经理、商务经理、安全与控制经理	采购经理、技术工程师(根据复杂程度)

续表

合同总额	项目部人数	岗位设置	选配支持人员
5000万～1亿元	6～12人	项目经理(兼现场经理)、施工经理、设计经理、商务经理、安全与控制经理	现场经理、采购经理、安全工程师、技术工程师(根据复杂程度)、信息管理员
1亿～5亿元	15～30人	项目经理、项目副经理、现场经理、施工经理、设计经理、商务经理、采购经理、开车经理、安全经理、控制经理	安全工程师、技术工程师、信息管理员、现场设计小组、财务经理、行政经理等

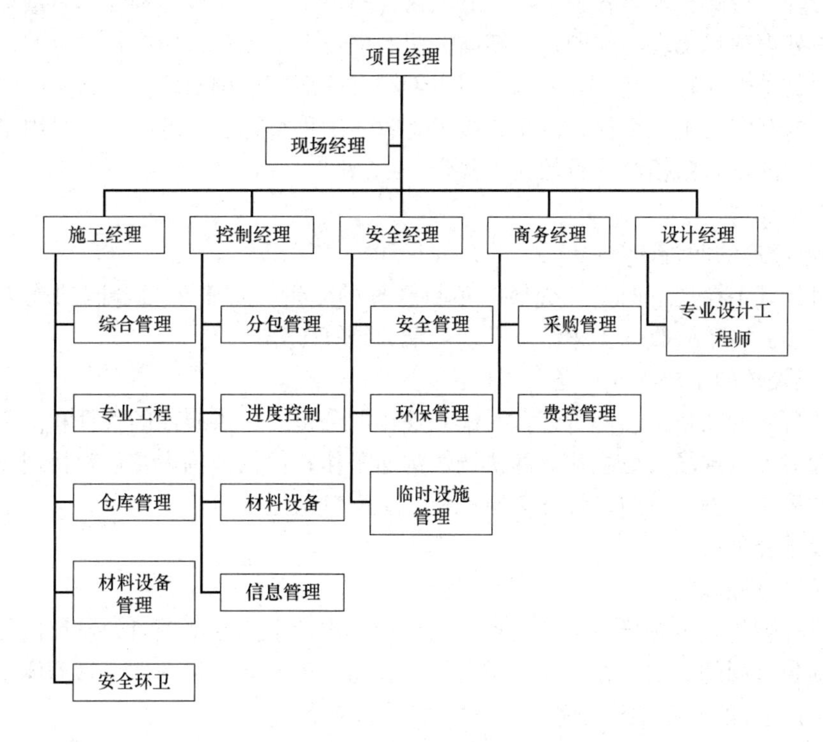

图1-4　组织形式结构图

2. 项目关键人员的职责分工

(1) 项目经理

1) 项目经理的职责

项目经理是EPC工程总承包项目合同中的授权代表，代表总承包商在项目实施过程中承担合同项目中所规定的总承包商的权利和义务。

项目经理负责按照项目合同所规定的工作范围、工作内容以及约定的项目工作周期、质量标准、投资限额等合同要求全面完成合同项目任务，为顾客提供满意服务。

项目经理按照总承包商公司的有关规定和授权，全面组织、主持项目组的工作。根据总承包商法定代表人授权的范围、时间和内容，对开工项目自开工准备至竣工验收，实施全过程、全面管理。

2）项目经理的主要工作任务

建立质量管理体系和安全管理体系并组织实施；在授权范围内负责与承包商各职能部门、各项目干系单位、雇主和雇主工程师、分包商和供应商等的协调，解决项目中出现的问题；建立项目工作组，并对项目组的管理人员进行考核、评估；负责项目的策划，确定项目实施的基本方法、程序，组织编制项目执行计划，明确项目的总目标和阶段目标，并将目标分解给各分包商和各管理部门，使项目按照总目标的要求协调进行。

负责项目的决策工作，领导制定项目组各部门的工作目标，审批各部门的工作标准和工作程序，指导项目的设计、采购、施工、开车以及项目的质量管理、财务管理、进度管理、投资管理、行政管理等各项工作，对项目合同规定的工作任务和工作质量负责，并及时采取措施处理项目出现的问题；定期向公司的项目上级主管部门报告项目的进展情况及项目实施中的重大问题，并负责请求公司主管和有关部门协调及解决项目实施中的重大问题；负责合同规定的工程交接、试车、竣工验收、工程结算、财务结算，组织编制项目总结、文件资料的整理归档和项目的完工报告。

（2）现场经理

1）现场经理的职责

在项目经理不在现场时，全面履行项目经理的职责；负责项目合同的施工、设计修改、工程交接、竣工验收、工程结算、现场财务结算工作。

2）现场经理的主要工作任务

对施工现场的项目组内部管理；对施工现场的分包商、供应商的管理和协调工作；代表项目经理对施工现场与雇主代表的协调、沟通工作；授权范围内签订项目现场的小额材料、设备的采购、施工分包、设计变更修改、工程量增减变更等工作。

（3）设计经理

1）设计经理的职责

在项目经理的总体领导下，负责项目的设计工作，全面保证项目的设计进度、质量和费用符合项目合同的要求；在设计中贯彻执行公司关于设计工作的质量管理体系。

2）设计经理的主要工作任务

根据项目合同，与雇主沟通，编制设计大纲，组织和审查设计输入；在项目经理的领导下，组织设计团队，确定设计标准、规范，制定统一的设计原则并分解设计任务；组织召开设计协调会议，负责与其他设计分包商的管理和协调工作；根据项目经理、现场经理的要求执行和审查设计修改；根据项目实施进度计划向采购部门提交必需的技术文件，并要求采购部门及时返回供应商的先期确认条件作为施工设计的基础文件。

组织技术人员对采购招标的技术标评审；会同商务经理、控制经理就投资费用的控制、进度等召开协调会议，并就在进度、费用控制方面的问题及时报告给项目经理；协同安全经理，对设计文件中涉及安全、环保问题的审查；组织处理项目在采购、施工、开车和竣工保修阶段中出现的设计问题；组织各设计专业编制设计文件，并对设计文件、资料等进行整理、归档，编写设计完工报告、总结报告。

(4) 施工经理

1) 施工经理的职责

负责项目施工的组织工作，确保项目施工进度、质量和费用指标的完成；负责对分包商的协调、监督和管理工作；未设现场经理时，在项目经理的授权下代行现场经理职责。

2) 施工经理的主要工作任务

在项目设计阶段，从项目的施工角度对项目工程设计提出意见和要求；按照合同条款，核实并接受业主提供的施工条件及资料，如坐标点、施工用水电的接口点、临时设施用地、运输条件等；根据项目合同，编制施工计划，明确项目的施工工程范围、任务、施工组织方式、施工招标/投标管理、施工准备工作、施工的质量、进度、费用控制的原则和方法；根据总进度计划，编制施工计划、设备进场计划、费用使用计划，经项目经理批准后执行；编制和确定施工组织计划，施工方案、施工安全文明管理等。

制定工作程序和现场各岗位人员的职责，组织施工管理工作团队，报项目经理批准执行；建立材料、设备的检查程序，建立仓库管理；协同安全经理对施工过程中的安全、环卫的管理；会同商务经理和采购经理设备进场、交接工作；会同控制经理，执行费用控制计划，进度控制计划；组织对施工分包投标的技术标评审工作；在项目经理的授权下签订小额分包合同；编制项目施工竣工资料，协助项目经理办理工程交接；编制项目完工报告，施工总结。

(5) 商务经理

1) 商务经理的职责

负责项目的商务工作，主要包括：EPC合同的商务解释、合同商务条款修改的审核，投标文件的商务条款的编制和审查，分包和采购合同的商务审查；负责项目的分包计划、投资控制，采购的进度、质量和费用指标；负责与供应分承包商的工作联系和协调。

2) 商务经理的主要工作任务

在项目经理的领导下，编制费用控制大纲和项目资金使用计划书；按项目工作分解结构进行项目费用分解，经项目经理审核、批准后形成分项工程预算，并下达到项目的设计、采购、施工经理，作为项目各阶段费用控制的依据；在项目实施过程中，定期监测和分析费用发展的趋势，并就费用使用状态、费用使用计划、资金风险及时报告项目经理；当项目出现重大变更时，配合进行相应的费用估算和商务谈判。

根据总进度计划，编制采购计划书和详细进度计划，明确项目采购工作的范围、分工，采购原则、程序和方法；选择合格的设备/材料供应商，并报项目经理批准，如合同要求，还需报业主批准；编制和审查投标/招标文件的商务文件；负责采购招标、合同签订；组织设备/材料的催交、检验、监制、运输、验收、交接工作；会同项目控制经理，制定项目总体控制目标，并检查执行；编制采购完工报告。

(6) 控制经理

1) 控制经理的职责

协助项目经理/现场经理做好现场施工分包商的管理和协调工作；协助项目经理负责项目的进度控制和管理；现场项目组与公司其他部门的协调工作，包括人事考核、上级检查、文件审核等工作；负责与商务经理就设备/材料的进场、退场及实施进行协调和管理。

2）控制经理的主要工作任务

在项目经理的领导下，汇总编制项目的详细的全面的进度计划，并形成总进度表、月进度计划表、周进度计划表，分发各相关单位和部门经理；监督上述进度计划的执行情况，并就进度计划的调整协调；对分包商文件、资料、批文进行管理，对分包商的现场行为、实施状态进行监督，并编制检查报告提交项目经理；对监理方、业主和其他第三方的文件进行管理，并分发和监督回复；确定设备/材料具体的进场时间和顺序，及时与商务经理协调，以配合现场施工进度；负责现场的信息管理，文件资料管理，编制现场管理日志。

（7）安全经理

1）安全经理的职责

负责组织合同项目的安全管理工作；负责监督、检查项目设计、采购、施工、开车的安全工作。

2）安全经理的主要工作任务

在项目合同中正确贯彻执行国家和地方劳动、安全、卫生、消防、环保等方面的安全方针、安全法规；编制项目的安全、卫生、环保管理计划书，并监督、检查实施情况；监督、检查各分包商专职安全工程师的工作，并编制安全检查日志和安全预警报告；审查设计文件、施工文件内有关安全、卫生、消防、环保等方面的问题。

建立项目现场的安全、卫生、消防、环保管理体系和设施；负责临时设施（临时水、电、道路，临时建筑物）建设和管理，负责门卫人员、环卫清洁人员、安全巡查人员的管理工作；处理安全问题、事故紧急处理；负责与项目所在地的安全、卫生、消防、环保等部门的工作联系；负责编写项目安全报告。

3. EPC 机构运作

目前从事 EPC 服务的公司绝大多数采取矩阵式项目组织结构。矩阵式项目组织结构的特点是：既有按部门的垂直行政管理体系，也有按照项目合同组建的横向运行管理结构。

其最大的优点就是把公司优秀的人员组织起来，形成一个工作团队（Work Team），为完成项目而一起工作，工作团队的领导核心是项目经理，项目经理直接向公司高级领导层负责。

EPC 项目管理的内容与程序必须体现总承包商企业的决策层、管理层（职能部门）参与的由项目经理部实施的项目管理活动。项目管理的每一过程，都应体现计划、实施、检查、处理（PDCA）的持续改进过程。

EPC 项目部的管理内容应由总承包商法定代表人向项目经理下达的“项目管理目标责任书”确定，并应由项目经理负责组织实施。在项目管理期间，由雇主方以变更令形式下达的工程变更指令或总承包商管理层按规定程序提出导致的额外项目任务或工作，均应列入项目管理范围。

项目管理应体现管理的规律，总承包商将按照制度保证项目管理按规定程序运行。如果总承包商指定工程咨询公司进行项目管理时，工程咨询公司成立的项目经理部应按总承包商批准的“咨询工作计划”和咨询公司提供的相关实施细则的要求开展工作，接受并配合总承包商代表的检查和监督。

项目管理的内容如表 1-3 所示。

项目管理内容表　　表 1-3

项目管理的内容	编制“项目管理规划大纲”和“项目管理实施计划”
	项目进度、质量、成本、安全控制
	项目技术、物资、施工现场管理
	项目开车、合同、会议及文件管理
	项目信息、人力资源、资金管理
	项目组织协调、考核评价

实施程序如图 1-5 所示。

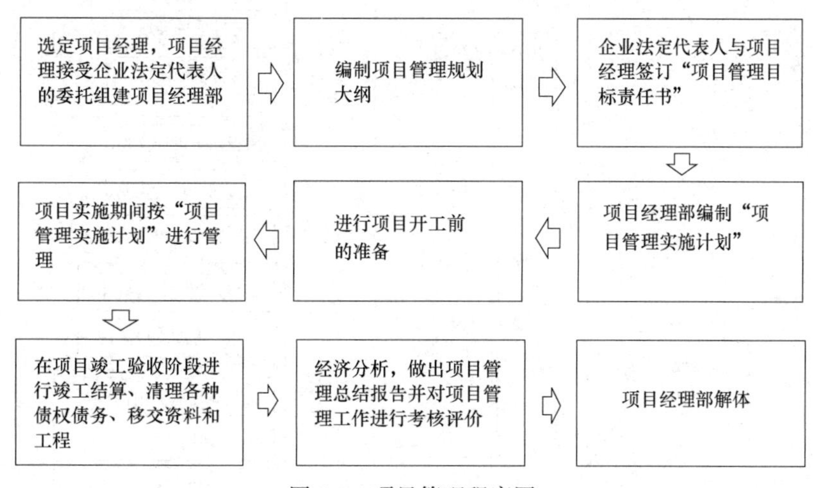

图 1-5　项目管理程序图

1.5　EPC 工程总承包项目策划流程与设计管理流程

1. EPC 工程总承包项目中业主与承包商的责任范围

EPC 工程总承包项目中业主与承包商的责任范围如表 1-4 所示。

EPC 项目中业主与承包商的责任范围　　表 1-4

项目阶段	业主	承包商
机会研究	项目设想转变为初步项目投资方案	
可行性研究	通过技术经济分析判断投资建议的可行性	
项目评估立项	确定是否立项和发包方式	
项目实施准备	组建项目机构，筹集资金，选定项目地址，确定工程承包方式，提出功能性要求，编制招标文件	
初步设计规划	对承包商提交的招标问价进行技术和财务评估，和承包商谈判并签订合同	提出初步的设计方案，递交投标文件，通过谈判和业主签订合同
项目实施	检查进度和质量，确保变更，评估其对工期和成本的影响，并根据合同进行支付	施工图和综合详图，设备材料采购和施工队伍的选择、施工的进度、质量、安全管理等

续表

项目阶段	业主	承包商
移交和试运行	竣工检验和竣工后检验，接收工程，联合承包商进行试运行	接受单位和整体工程的竣工检验，培训业主人员，联合业主进行试运行，移交工程，修补工程缺陷

2. EPC 工程总承包项目流程策划

EPC 工程总承包项目流程策划如图 1-6 所示。

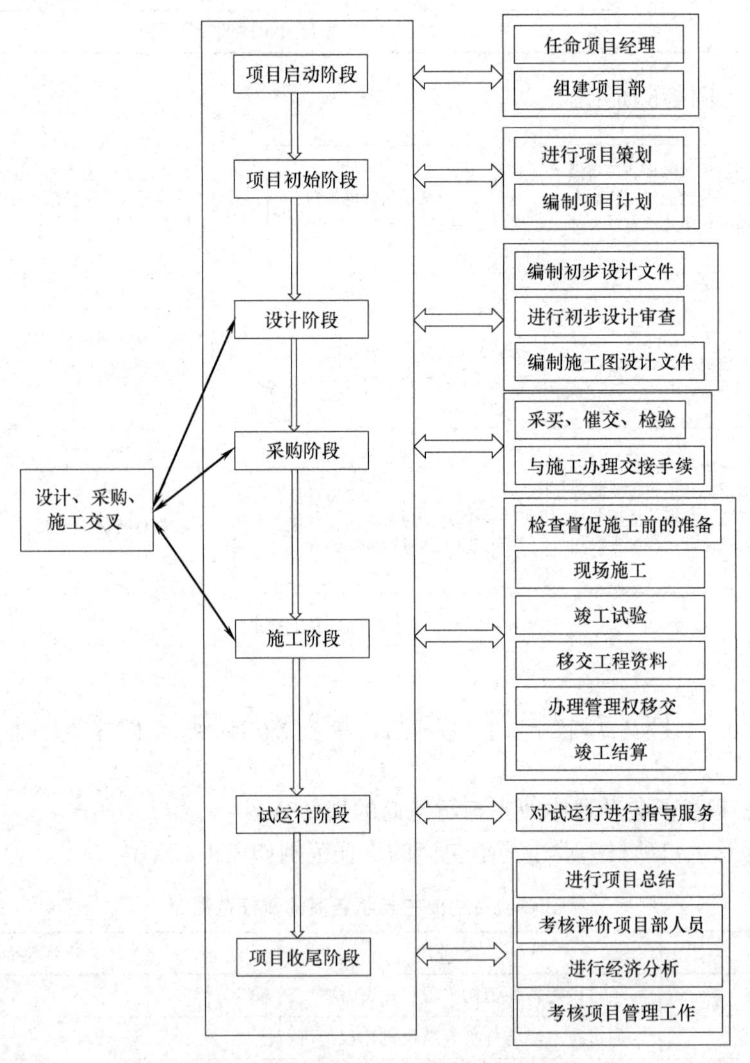

图 1-6　EPC 工程总承包项目流程策划图

EPC 工程总承包商核心业务就是通过投标承揽项目，因此对于总承包商来说做好投标管理工作是非常重要的。总承包商的投标过程可以用如图 1-7 所示的总承包商投标工作流程简单描述。

3. 设计管理流程

设计管理流程如图 1-8 所示。

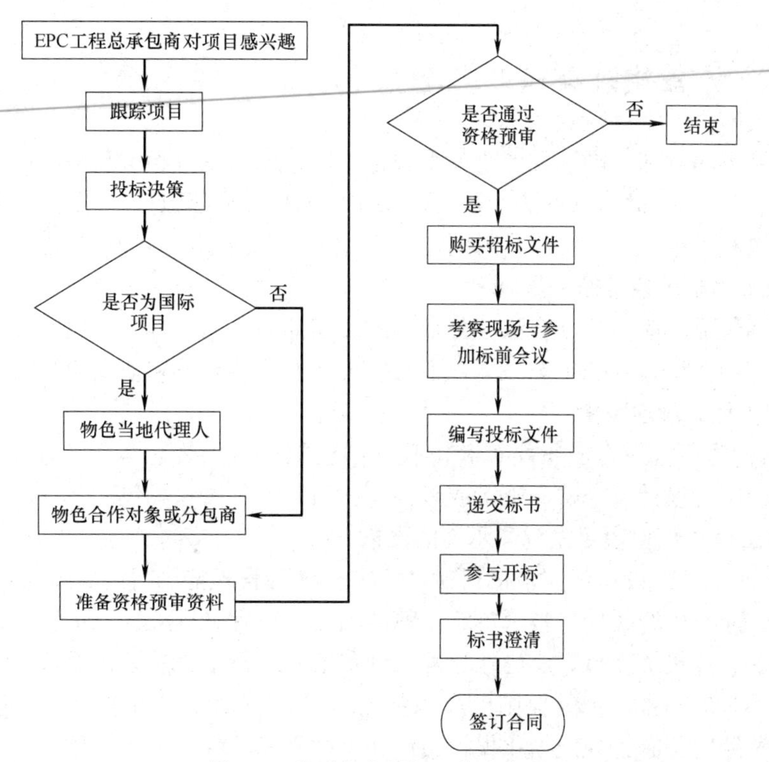

图 1-7　总承包商投标工作流程图

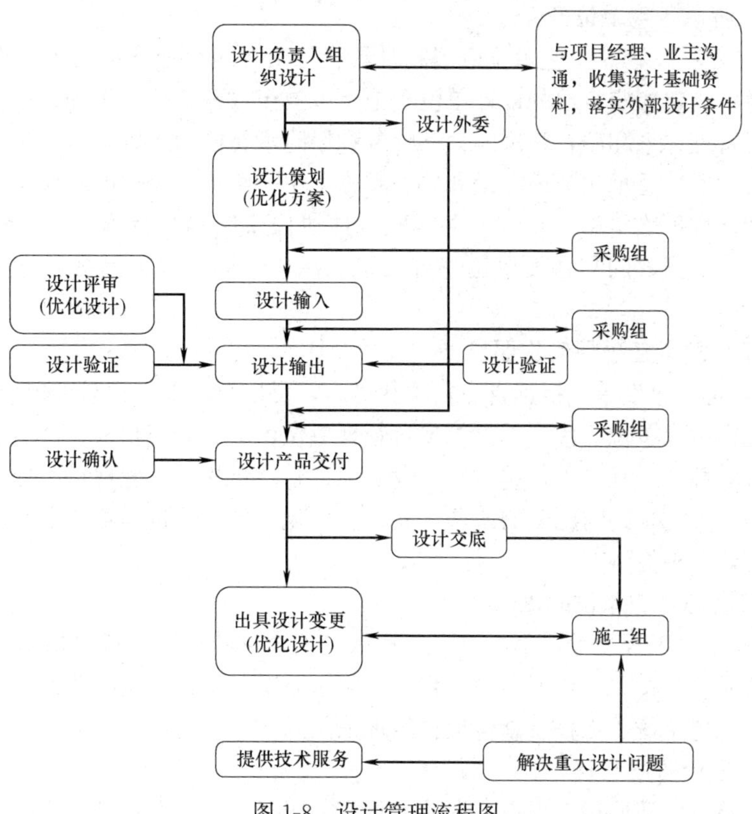

图 1-8　设计管理流程图

1.6　房屋建筑和市政基础设施项目工程总承包管理办法

住房和城乡建设部、国家发展改革委联合印发《房屋建筑和市政基础设施项目工程总承包管理办法》（以下简称《办法》），自2020年3月1日起施行。《办法》分为4章，包括总则、发包和承包、项目实施、附则，共28条，主要规定了以下内容。

1. 明确工程总承包遵循的原则

工程总承包活动应当遵循合法、公平、诚实守信的原则，合理分担风险，保证工程质量和安全，节约能源，保护生态环境，不得损害社会公共利益和他人的合法权益。

2. 明确工程总承包范围

《办法》的适用范围为房屋建筑和市政基础设施项目工程总承包活动及其监督管理，工程总承包范围为设计、采购、施工或者设计、施工等阶段总承包。

3. 明确工程总承包项目发包和承包的要求

《办法》明确，建设单位应当根据项目情况和自身管理能力等，合理选择工程建设组织实施方式，建设内容明确、技术方案成熟的项目，适宜采用工程总承包方式。采用工程总承包方式的企业投资项目，应当在核准或者备案后进行工程总承包项目发包。采用工程总承包方式的政府投资项目，原则上应当在初步设计审批完成后进行工程总承包项目发包；其中，按照国家有关规定简化报批文件和审批程序的政府投资项目，应当在完成相应的投资决策审批后进行工程总承包项目发包。

4. 明确工程总承包单位条件

《办法》指出，工程总承包单位应当同时具有与工程规模相适应的工程设计资质和施工资质，或者由具有相应资质的设计单位和施工单位组成联合体。工程总承包单位应当具有相应的项目管理体系和项目管理能力、财务和风险承担能力，以及与发包工程相类似的设计、施工或者工程总承包业绩。设计单位和施工单位组成联合体的，应当根据项目的特点和复杂程度，合理确定牵头单位，并在联合体协议中明确联合体成员单位的责任和权利。联合体各方应当共同与建设单位签订工程总承包合同，就工程总承包项目承担连带责任。

5. 明确工程总承包项目实施要求

《办法》规定，建设单位根据自身资源和能力，可以自行对工程总承包项目进行管理，也可以委托勘察设计单位、代建单位等项目管理单位，赋予相应权利，依照合同对工程总承包项目进行管理。工程总承包单位应当设立项目管理机构，设置项目经理，配备相应管理人员，加强设计、采购与施工的协调，完善和优化设计，改进施工方案，实现对工程总承包项目的有效管理控制。

6. 明确工程总承包单位的责任

《办法》规定，工程总承包单位应当对其承包的全部建设工程质量负责，分包单位对其分包工程的质量负责，分包不免除工程总承包单位对其承包的全部建设工程所负的质量责任。工程总承包单位、工程总承包项目经理依法承担质量终身责任。

7. 施工、设计资质互认

鼓励施工单位申请取得工程设计资质，具有一级及以上施工总承包资质的单位可以直接申请相应类别的工程设计甲级资质。完成的相应规模工程总承包业绩可以作为设计、施工业绩申报。

鼓励设计单位申请取得施工资质，已取得工程设计综合资质、行业甲级资质、建筑工程专业甲级资质的单位，可以直接申请相应类别施工总承包一级资质。

8. 建设单位承担的风险

主要工程材料、设备、人工价格与招标时基期价相比，波动幅度超过合同约定幅度的部分；因国家法律法规政策变化引起的合同价格的变化；不可预见的地质条件造成的工程费用和工期的变化；因建设单位原因产生的工程费用和工期的变化；不可抗力造成的工程费用和工期的变化。

具体风险分担内容由双方在合同中约定。

建设单位不得设置不合理工期，不得任意压缩合理工期。

9. 工程总承包单位

同时具有与工程规模相适应的工程设计资质和施工资质，或者由具有相应资质的设计单位和施工单位组成联合体。

设计单位和施工单位组成联合体的，应当根据项目的特点和复杂程度，合理确定牵头单位。

工程总承包单位不得是工程总承包项目的代建单位、项目管理单位、监理单位、造价咨询单位、招标代理单位。

10. 招标投标

采用招标或者直接发包等方式选择工程总承包单位。

工程总承包项目范围内的设计、采购或者施工中，有任一项属于依法必须进行招标的项目范围且达到国家规定规模标准的，应当采用招标的方式选择工程总承包单位。

建设单位可以在招标文件中提出对履约担保的要求，依法要求投标文件载明拟分包的内容；对于设有最高投标限价的，应当明确最高投标限价或者最高投标限价的计算方法。

11. 项目发包、分包

企业投资项目，应当在核准或者备案后进行工程总承包项目发包。采用工程总承包方式的政府投资项目，原则上应当在初步设计审批完成后进行工程总承包项目发包。

简化报批文件和审批程序的政府投资项目，应当在完成相应的投资决策审批后进行工程总承包项目发包。工程总承包单位可以采用直接发包的方式进行分包。

12. 关于合同

企业投资项目的工程总承包宜采用总价合同。政府投资项目的工程总承包应当合理确定合同价格形式。采用总价合同的，除合同约定可以调整的情形外，合同总价一般不予调整。可以在合同中约定工程总承包计量规则和计价方法。

13. 项目经理应当具备的条件

取得相应工程建设类注册执业资格，包括注册建筑师、勘察设计注册工程师、注册建造师或者注册监理工程师等；未实施注册执业资格的，取得高级专业技术职称；担任过与拟建项目相类似的工程总承包项目经理、设计项目负责人、施工项目负责人或者项目总监理工程师；熟悉工程技术和工程总承包项目管理知识以及相关法律法规、标准规范；具有较强的组织协调能力和良好的职业道德。

工程总承包项目经理不得同时在两个或者两个以上工程项目担任工程总承包项目经理、施工项目负责人。

工程总承包项目经理依法承担质量终身责任。

复习思考题

1. 请简述 EPC 工程总承包项目管理的特征。
2. 请简述 EPC 工程总承包模式的项目管理要点。
3. EPC 工程总承包有哪些优势?
4. 在 EPC 工程总承包项目中，项目经理有哪些职责和任务?
5. 在 EPC 工程总承包项目中，设计经理有哪些职责和任务?

第 2 章　EPC 工程总承包项目的全流程概述

本章学习目标

通过本章的学习，学生可以了解 EPC 工程总承包项目的全流程管理的 5 大环节，对 EPC 工程总承包的全流程管理有一定的认识。

重点掌握：EPC 工程总承包设计管理。

一般掌握：EPC 工程总承包项目的全流程概论。

本章学习导航

学习导航如图 2-1 所示。

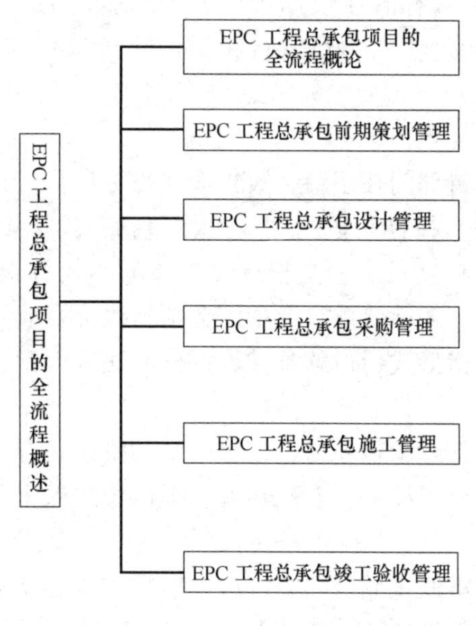

图 2-1　本章学习导航

2.1　EPC 工程总承包项目的全流程概论

EPC 工程总承包项目的运作程序图如图 2-2 所示。

EPC 工程总承包的全流程主要划分为项目市场经营阶段、项目投标阶段、项目合同签约阶段、项目管理策划阶段、项目实施阶段、项目收尾阶段等几个阶段。

1. 项目市场经营阶段

项目市场经营阶段的主要工作内容包括：收集工程总承包项目信息、分析与筛选项

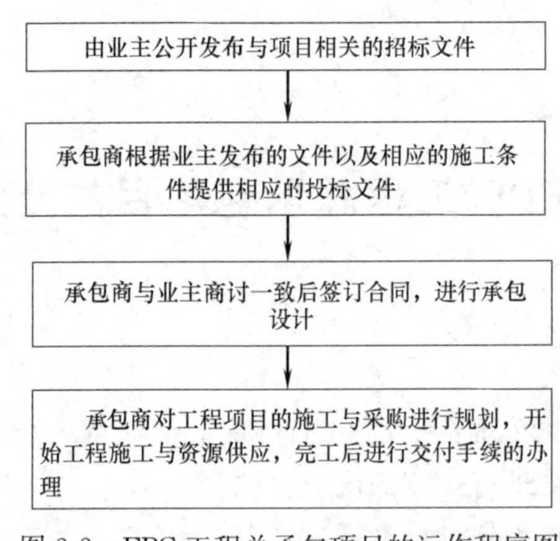

图 2-2　EPC 工程总承包项目的运作程序图

目信息、跟踪项目等。一般由企业经营部门通过公开招标投标、主动来电来函、客户介绍等多种渠道收集工程总承包项目信息。项目信息收集后，企业经营部门和技术支持部门综合项目规模、商务条件、风险因素、建设周期、市场需求等因素，对收集的项目信息进行分析，筛选出具有潜在投标价值的项目。之后，企业经营部门和技术支持部门负责对具有潜在投标价值的项目进行跟踪，收集项目建设方、项目背景、有利条件、不利因素等资料。

2. 项目投标阶段

企业经营部门和技术支持部门在跟踪、收集潜在投标项目资料后，进行工程总承包项目投标准备。工程总承包项目投标阶段的主要工作包括：投标报名、购买招标及询价文件、标前评审、编制项目投标文件、递交投标文件、缴纳投标保证金、缴纳招标服务费(若有)、接收中标通知书等。在标前评审会中综合项目投标资质要求、规模、工期、技术可行性、商务条件、合同价格形式、付款条件、评分办法等因素，确定是否参与投标。

3. 项目合同签约阶段

收到中标通知书后，工程总承包项目进入合同签约阶段。合同签约阶段的主要工作包括：合同起草、合同谈判、合同评审、合同签订、提供履约保函（保证金）等。

4. 项目管理策划阶段

工程总承包项目合同评审通过或合同签订后，项目进入启动策划阶段。工程总承包项目管理启动策划阶段的主要工作包括：任命 EPC 项目经理、组建 EPC 项目部及任命项目团队、签订项目管理目标责任书、召开项目启动会议、编制项目管理计划与项目实施计划等。

(1) 任命 EPC 项目经理

工程总承包企业在 EPC 合同生效后，任命项目经理，并由企业法人代表签发书面授权委托书。按照规范要求，EPC 项目经理应取得工程建设类注册执业资格或高级专业技术职称，具有相应的工作能力和管理经验，并得到建设单位认可。

(2) 组建 EPC 项目部及任命项目团队

工程总承包企业应根据项目类别、项目特点、投标文件和合同要求，按照标准化管理要求拟定项目组织架构和挑选项目部人员。项目部基本岗位包括：项目经理、项目总工

（项目技术负责人）、采购经理、勘察经理、设计经理、施工经理、试运行经理以及各管理要素控制工程师等。项目部组织架构及团队人员信息确定后，经企业人事部门盖章后完成项目团队任命手续。

（3）签订项目管理目标责任书

项目部组建后，企业依据项目合同内容、合同目标，编制项目管理目标责任书，并组织 EPC 项目经理共同签订。项目管理目标责任书的内容包括：项目质量、HSE、进度、结算、文明施工等管理目标，双方的权利、责任与义务，考核与奖惩等内容。

（4）召开项目启动会议

项目启动会议主要内容一般有：进行 EPC 合同交底和全过程项目管理交底，介绍项目背景、项目总体计划、主要利益相关方、相关参与部门配合事项、项目管理目标责任书等，重点讨论分析项目存在的风险及应对策略、重要的技术质量问题等。

（5）编制项目管理计划与项目实施计划

EPC 项目经理负责组织编制项目管理计划与项目实施计划。项目管理计划与项目实施计划包含项目设计、采购、施工等合同全过程工作，经批准后实施。项目管理计划作为项目部实施项目的企业内部指导性、纲领性文件，是编制项目实施计划的依据。项目实施计划需经建设单位确认后，作为项目部实施项目的操作性文件。项目经理应组织项目部人员对项目管理计划与项目实施计划进行交底。

5. 项目实施阶段

工程总承包项目管理启动策划工作完成后，进入项目实施阶段。工程总承包项目实施阶段主要工作包括：勘察设计、采购、施工等工作内容。

（1）工程总承包项目勘察设计阶段

勘察设计管理的主要工作包括：开展勘察，编制初步设计文件、施工图设计文件等。EPC 项目经理负责项目勘察设计阶段各项工作，组织勘察经理、设计经理分别开展勘察、设计管理，项目部其他成员参与。项目部设计经理负责编制设计计划和设计完工报告，报 EPC 项目经理审批。初步设计和施工图设计应体现与采购、施工的接口管理。工程总承包企业应按照合同要求进行优化设计，做好投资控制，确保限额设计，并控制施工图设计进度。施工图应进行设计可施工性分析，确保工程质量。施工图设计完成后，企业配合建设单位进行施工图审查及修编工作。

（2）工程总承包项目采购（分包）阶段

工程总承包项目采购（分包）合同内容一般包括：土建、安装、设备采购、其他服务等。采购（分包）工作包括：提出采购（分包）需求（采购分包需求包括质量标准、技术参数、进度计划、需求数量等），编制采购（分包）招标文件及技术标准，开展采购（分包）招标工作，组织签订采购（分包）合同，进行采购（分包）合同交底，执行采购（分包）合同，采购（分包）总结及评价等。

（3）工程总承包项目施工管理阶段

工程总承包项目施工过程主要控制内容包括：开工准备、编制施工组织设计、编制专项方案、施工过程管理。

6. 项目收尾阶段

项目竣工验收通过后，进入收尾阶段。项目收尾阶段的主要工作包括：现场清理、项目竣工结算、竣工资料移交、项目总结、项目团队绩效考核、EPC 项目部解散、工程保修与回访等。

(1) 现场清理

EPC 项目部根据施工现场情况研究确定工地清理方案，EPC 项目经理组织分包方开展工程清理及零星工作收尾、临时设施拆除、设施设备及剩余材料清理、场地清理、道路清理、废物垃圾清理、现场周边设施清理恢复等工作。

(2) 项目竣工结算

EPC 项目部负责组织分包商依据项目施工图、竣工图、设计变更、现场签证、索赔等资料编制竣工结算报告。EPC 项目部完成竣工结算报告编制后，将竣工结算报告报企业管理部门审核。审核通过后，由 EPC 项目部上报监理单位、建设单位审批。项目竣工结算报告审计通过后，EPC 项目部负责项目尾款催收。依据经审计的竣工结算报告，EPC 项目部负责组织各分包商（供应商）编制结算报告。经审批的分包商结算报告作为合同结算的依据。

(3) 竣工资料移交

项目竣工验收通过后，EPC 项目经理组织项目分包商编制其合同范围内的项目竣工资料，EPC 项目部在汇总分包商竣工资料的基础上，整理形成工程总承包项目竣工资料。EPC 项目部在向建设单位及建设档案管理部门移交项目竣工资料时，同步向建设单位提交使用说明书、工程保修书。

(4) 项目总结

项目收尾完成后，EPC 项目经理负责组织项目部成员就项目实施经验进行总结，形成项目总结报告。总结报告应包含：项目进度、质量、HSE、合同及费用、档案（信息）等方面的执行情况及经验和教训，以及对项目分包商、供应商履约情况的评价。项目总结报告是工程总承包商获取知识和累积经验的重要途径。

(5) 项目团队绩效考核

项目收尾完成后，企业应组织相关部门按照绩效考核办法，对项目团队进行考核。工程总承包商应推行项目经理负责制。

(6) EPC 项目部解散

工程总承包项目收尾工作完成后，EPC 项目经理负责 EPC 项目部解散工作。项目解散申请经企业主管部门审批同意后，项目部解散。

(7) 工程保修与回访

项目移交后，企业还需负责缺陷责任期内的缺陷修复和质量保修期内的质量保修工作。缺陷责任期满后，完成质保金的清收。企业应建立工程回访机制，通过工程回访增强顾客对售后服务的满意程度。

2.2 EPC 工程总承包前期策划管理

1. EPC 工程总承包前期策划的基本流程

EPC 工程总承包前期策划的基本流程如图 2-3 所示。

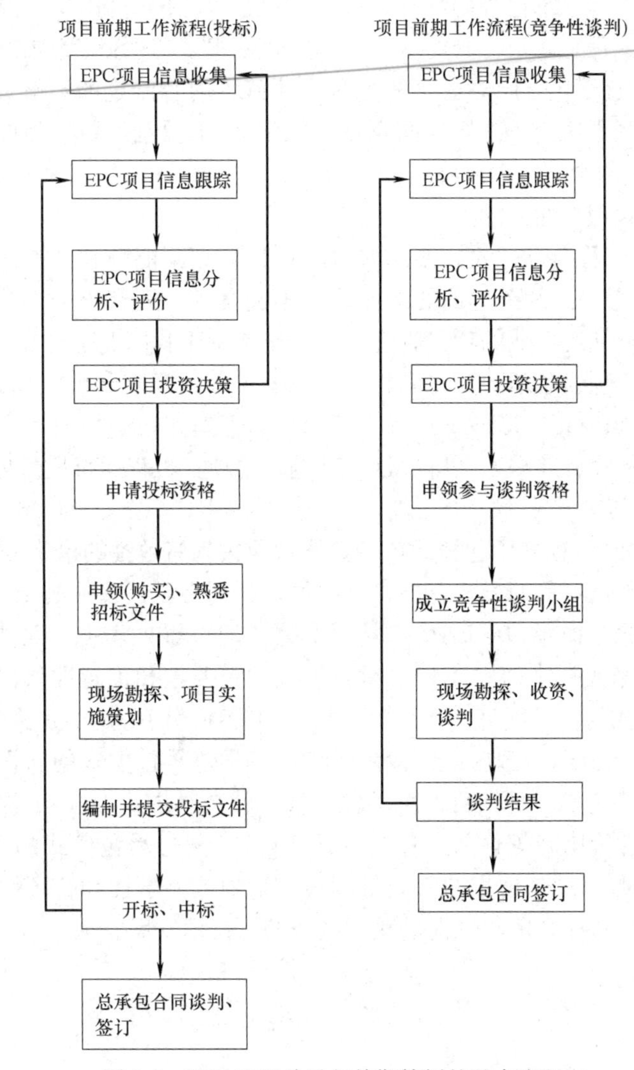

图 2-3　EPC 工程总承包前期策划的基本流程

项目前期工作流程主要包括三个阶段：

① 项目信息搜集、跟踪、分析、评价阶段；

② 项目投标、报价（或竞争性谈判）阶段；

③ 合同签订阶段。

2. EPC 工程总承包模式的前期阶段项目策划过程中存在的问题

（1）相关的法律法规存在漏洞

近些年来，随着我国市场经济体制的不断发展与完善，我国对各个行业发展过程中需要遵守的法律法规和行为准则也在逐步地建立和完善，但是，根据对我国目前 EPC 工程总承包项目前期阶段项目策划的相关情况调查分析表明，目前我国对工程项目总承包方面法律法规的制定还存在一些细微的漏洞和缺陷，对工程项目总承包招标过程中的管理规定还不够健全，导致部分政府和相关的管理部门在对工程项目总承包招标过程进行监督和管理时缺乏相应的法律依据。

同时，我国的工程总承包合同没有进行统一化、规范化的制定，在工程项目总承包过程中，没有标准的工程总承包合同的示范文本，致使很多的项目工程在施工过程中因为当初签订的 EPC 工程总承包合同对权责的划分不明确，内容制定的不够完整、全面，对工程的造价和投资控制无法给予指导性的意见，给 EPC 工程总承包项目前期阶段项目策划工作的顺利展开增添了不小的阻碍。

（2）缺乏项目管理专业人才

影响我国 EPC 工程总承包模式的前期阶段项目策划不能顺利开展的不利因素除了我国对 EPC 工程总承包模式相关方面的法律法规不健全外，还有一个十分重要的原因就是我国的项目的业主方缺乏专业的项目管理人才，正是由于我国业主方在工程项目管理过程中专业人才的缺失，项目总承包商之间相互扯皮的现象频繁地出现，虽然我国已经对工程项目实行项目管理（Project Management，PM）的管理方式，并加大了政府对工程项目的监管力度，但是并没有从根本上解决这一问题，给项目工程运行质量埋下了极大的风险隐患。

3. 提高我国 EPC 工程总承包模式前期阶段项目策划有效性的措施分析

在我国，工程承包项目的方式有主要有四种，分别是设计采购施工（EPC）、设计-施工总承包（D-B）、采购总承包（E-P）以及采购-施工总承包（P-C）四种总承包方式，但是，由于我国很多的业主对 EPC 工程总承包模式的重要性和优越性认识不到位，业主对 EPC 工程总承包模式的认可度过低，因此，相关的管理部门一定要加强对 EPC 工程总承包模式优越性的宣传力度，提高社会各界对 EPC 工程总承包模式的认识程度，确保一提到 EPC，大家就都知道是一种项目的总承包方式，就会联想到 EPC 工程总承包模式具有高效率、低成本、性价比高等优势，促进我国 EPC 工程总承包模式的不断发展与完善，同时确保了 EPC 工程总承包项目的前期阶段项目策划的科学性和合理性，确保企业能够获取理性的经济效益和社会效益，促进我国经济的可持续发展。

2.3 EPC 工程总承包设计管理

1. EPC 工程总承包设计管理的基本流程

EPC 工程总承包设计管理的基本流程如图 2-4 所示。

（1）依据合同的内容确定详细的要求

项目设计的具体要求需要有针对性地制定专门的工作手册，在手册中详细确定每一条设计要求、参数以及工作的程序，经过业主的审核之后予以发布。

（2）明确工作的具体内容并着手安排

在 EPC 模式下，设计计划需要由各专业的设计人员和总体计划人员共同协商敲定项目的里程碑，图纸设计进度，通过审核的进度，计划中各个部门间的关系及计划的时间都必须得到专业人员认可。设计计划必须符合现实情况，必须能够着手实施，否则很有可能导致计划与现实脱节，让参与人员觉得不管如何努力都无法完成计划，从而与设计的初衷相违背，或者无法完全发挥设计的作用。

（3）按照业主要求进行设计，并且向业主提供详细的资料、图纸等，不管是图纸还是文件，都必须按照相应的版次进行设计。

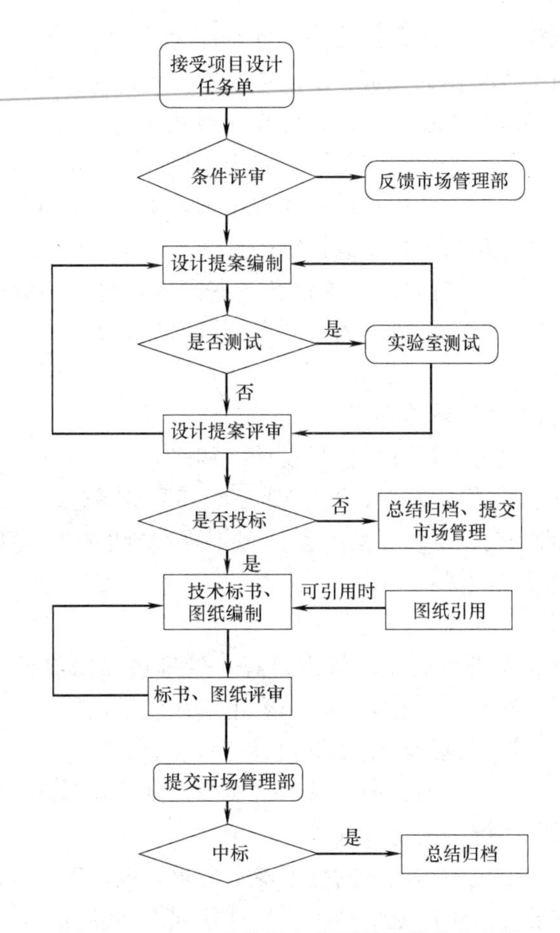

图 2-4　EPC 工程总承包设计管理的基本流程

（4）对文件进行复核，确保其正确无误

EPC 工程总承包商企业内部的设计，要配合做好专门的审核工作，审核的模式可以有三种：第一种是内部进行的审核，一般可分为设计、核对及审核三级；第二种是在不同专业间开展的审核；第三种是如果条件允许，可以提交到业主进行评审，这种评审对于设计准确达到业主要求也是至关重要的。

（5）形成最后的文件

通过内部审核、业主审核，并且通过政府相关单位和部门审查的图纸和文件，可以作为最终设计文件进行提交。其中值得注意的一点是，EPC 合同的特点还规定业主审核及批准后的文件并不能减轻承包商的责任。由此可见，无论资料及文件是否提交业主审核，最终责任承担方仍然是承包商。

（6）对已经完成的工作进行评估。

2. EPC 工程总承包设计管理内容

在 EPC 工程总承包工程全过程中，对于设计的管理需要贯穿始终，包括设计前期考察，方案制定，工艺谈判，设计中往来文件、设计施工图以及图纸的审查确认等内容，以及在采购、施工过程中的技术评阅、现场技术交底、设计澄清与变更、设计资料存档、竣工图的绘制等。如果从设计管理的角度出发，主要是对质量、进度、成本、策划、沟通、风险的设计管理以及对工程整体的投资、工期进度的影响进行全程管理。

目前国内一流的设计院或者设计单位，根据市场需求，均有开展工程总承包的意愿，或者已经开展了工程总承包业务。但在实际工作中，设计单位由于受传统设计模式和观念的影响以及从事工程总承包的设计优势没有体现出来，出现了设计影响总承包，在工程造价、项目采购、施工管理上接口管理难以控制的局面，产生了极大的项目风险。而对以具有优势施工单位作为 EPC 总承包商时，也存在一些问题，比如不擅长项目管理工作致使各阶段搭接不合理等。但二者设计管理的共同点都可以分为承包商内部的设计管理和与分包商、业主的设计管理。

3. EPC 工程总承包设计管理的特点

项目设计的一般流程是方案设计、扩初设计、初步设计、施工图设计，但是随着工程建设模式向 EPC 工程总承包模式发展，要体现 EPC 工程总承包模式的优势，必须深入了解 EPC 项目设计管理的特点，要充分发挥设计对工程造价的控制优势、设计采购施工深度交叉而加快项目建设进度的优势。

（1）设计管理过程的延伸性

EPC 项目设计管理是全寿命周期的管理过程，管理边界向前延伸到项目定义和决策阶段，项目建议书和可行性研究的有关工作内容也应该包括在项目设计管理过程中。

经过相应方案设计、初步设计与施工图设计三个阶段后，在 EPC 项目设计管理过程中，管理边界向后延伸到项目计划、招标采购、实施控制及开车试运行阶段。

（2）设计管理同采购、施工的融合性

设计文件制约采购进度及采购设备的技术参数要求，设计确定的设备技术参数和要求的准确性能加快采购进度，也可以避免采购中出现错误而导致后续进场的设备不符合实际需求。

同时采购过程中了解的有关设备性能，特别是新材料、新设备参数，也影响项目设计和创新。

设计文件的可施工性直接制约现场施工组织，同时把施工经验融入设计中，可以避免返工和设计变更。

（3）设计管理对工程造价的决定性

设计方案直接制约了项目工程费用，如不同的建筑方案、桩基形式、围护体系、主体结构体系等，将对整个工程造价产生巨大影响。

机电设计对设备方案的选择也直接制约项目投资，甚至对项目运营成本也将产生较大影响。

同时，设计质量的好坏也会影响施工过程的图纸变更，也对造价产生较大影响。

4. EPC 工程总承包设计管理的重点

EPC 工程总承包模式下的招标是设计、采购、施工一体化，招标投标工作能否顺利进行必然与设计息息相关，业主在评标决标或 EPC 总承包商在决定投标时，必然要重点关注设计方案的合理性、经济性。

同时，目前 EPC 工程总承包评标办法一般采用综合评标法，评审的主要因素包括工程总承包报价、项目管理组织方案、设计方案及设备采购方案等。

（1）设计方案的经济性

项目设计方案要充分考虑全寿命周期成本，要考虑建造成本和运营成本的关系，要结合当地人文特色和建筑风格，通过方案的经济性比较，最大限度满足当地政府有关经济技术指标、业主等各项要求。

特别是在桩基选型、基坑围护方案、机电设备方案等方面，要进行方案对比，要充分综合考虑建造费用、工期要求及运行成本等因素，力争实现工程项目的全寿命周期费用最低。

（2）设计方案的可施工性

设计方案的可施工性是指将施工经验和施工规范最佳地应用到设计文本中，以方便快捷地实现设计意图，最大限度地减少技术变更，从源头实现项目质量目标、实现项目施工的本质安全。

EPC工程总承包模式下，有经验的工程管理人员应该尽早参与到工程设计中，将施工经验尽可能地融入项目设计中。

对于大型复杂、工期非常紧的总承包工程，EPC总承包商必须组织设计、施工、商务、采购、运营等管理团体，进行全系统的优化设计，以保证项目设计、采购、施工及制造等主要环节的协调性。

同时，还要将施工可行性研究始终贯穿项目实施阶段，进行全过程的施工设计优化，确保项目造价、工期及质量安全目标的实现。

（3）设计成果的正确性

一般EPC工程总承包合同约定，由于EPC总承包商设计的错误造成的有关损失由EPC总承包商自行负责，这就要求EPC总承包商必须加强对设计人员的管理，提高设计质量。各专业设计文件必须严格执行校核、审定流程，以保证各专业设计成果质量。

重大项目的校审最好能让现场施工管理人员参与进来。同时，对于各专业设计范围要明确，避免出现设计错项、漏项等问题。

2.4 EPC工程总承包采购管理

1. 采购的基本流程

EPC工程总承包的采购工作按照采购时间节点可以大致分为三个阶段，分别是采购前期、采购中期和采购后期。

采购前期是指项目在和业主签订总包合同后的采购工作部署阶段。首先需要项目经理指定该项目的采购经理全权负责设备采购的所有工作，采购经理再从采购部人员中选择负责该项目的每个采购环节的项目人员，一般包括三名采购工程师，一名催交工程师，一名运输工程师，一名检验工程师和一名综合管理工程师，并且明确他们的工作职责。然后是制定采购计划。采购计划应包括所采购设备的分包清单，人员的分工，采购进度的计划，以及总包合同中对于设备的特殊要求和技术标准等。这样做可以使采购工作更加具有明确性、条理性，是采购工作的指导方针。

采购中期是从设备招标阶段到合同签订阶段，包括设备的询价，供应商的选择，招标和评标过程，在确定中标人后签订设备采购合同。可以说这个阶段是关系采购成本控制和采购风险控制的阶段。首先需要按照供应商评定和管理流程来选择合适的供应商进行询价并参与设备投标，然后执行严谨的招标和评标流程，在满足业主对设备质量和技术要求的前提下，确定中标供应商。最后进行合同审批流程，根据法律签订采购合同能最大限度地降低采购成本和采购风险，使采购工作能够顺利进行、得到保障。

采购后期包括付款，设备的催交、设备的运输、设备的检验以及整个项目采购过程文件的整理与归档。其中催交、运输和检验各个环节是采购设备能否按时保质保量到达指定现场的关键，需要按照流程按部就班并做好记录。然后是付款审批，需按照合同规定的付款方式付款和审批。待整个采购工作结束后，按照采购计划，将采购过程文件妥善保管并归档，用于体系检查和后期的资料查询。

目前大多数企业在总承包和采购管理方面经验和能力的缺乏与不足，使得制定的采购流程相对简单，并且缺乏完善性和易操作性，不能为采购人员提供工作方针，也无法保证项目采购工作的连续性，采购人员操作起来比较模糊，往往在制度中添加个人的直觉和经验，没有规范性，不能达到采购的预定目标。

采购工作的每一个流程都是整个采购工作能否顺利完成的关键，一个环节的失误就会对整个采购过程产生难以估计的影响，从而对项目的目标实现造成影响。目前的采购流程比较简单，不符合现代企业快速发展的需要，因此需要对采购流程不断改进和完善，使采购工作中的每一个环节都能串联起来，明确每一个程序实施的要点，形成一个整体，环环相扣，步步为营，能够高效率、低成本、低风险地完成项目采购工作，从而提高采购水平，增强企业的竞争力。

2. EPC 工程总承包采购的特点

（1）项目采购的对象较为复杂

项目采购对象较为复杂，有工程类采购，也有服务类采购，而且所采购的物资种类比较多，有材料采购，也有设备采购。例如在某项目中，有污水厂项目、供热项目、道路项目、垃圾焚烧项目等，每个项目所需要采购的设备也都不同。而且项目采购在时间、质量、数量、价格、合同责任、流程等方面都有极其复杂的内部联系，一个项目的所有采购环节之间必须相互协调，环环相扣，形成一个严密统一的体系，才能使采购工作良好运作。

（2）项目采购过程较为复杂

一般来说项目采购的过程较为复杂。为了保证采购任务顺利完成，项目目标顺利实现，需要有全面而复杂的招标过程，合同的签订和履行过程，严格的付款程序以及复杂的催交、运输和检验程序为整个采购服务。其中任何一个环节都需要进行严格化、程序化的把控，不能出现问题，否则将会对整个项目，甚至整个企业造成不利的影响。

（3）项目采购是动态过程

由于采购计划是项目总体计划的一部分，会随着项目的范围、技术要求、总体的实施计划和环境的变化而改变，并且项目采购计划中对各个时间节点的安排是无法提供准确时间的，因此项目采购被视为是一个动态过程。不仅如此，项目采购很容易受到外部环境的影响，例如因为分包商、市场价格、自然条件等诸多外界原因所造成的工期延误等，因此项目采购存在很多风险，且这些风险并不是能完全控制的。

由于项目采购的上述特点，无论是采购类型的复杂性，采购过程的复杂性，还是项目采购的风险性，都为项目采购成本管理造成一定的困难。因此，对于任何一个企业来说，必须有严谨的成本管理程序进行全程掌控，才能使采购工作更好地服务于项目，从而高效、高质量地完成采购目标。

3. 采购成本的概念及其组成分析

根据工程项目成本的基本概念，结合EPC工程总承包项目自身的行业特征，具体地讲，EPC工程总承包项目成本是指项目实施过程中所耗费的设计、采购、施工和试运行费用，EPC工程总承包项目总成本主要由设计成本、采购成本和施工成本构成。尽管各阶段成本对项目总成本的影响程度各异，但是从资源分配的角度考虑，各主要成本所占的比例与其在总造价中的作用不一定是成正比的。经过大量的实践经验表明，项目的主要成本构成比例如下：设计成本3%～5%，采购成本50%～65%，施工成本30%～45%。

采购总成本是构成工程实体的材料、设备以及工程项目有关各采购标的物的成交价格及在采购业务活动中发生的费用总和，是承包商与货物采购有关的各项活动共同影响结果。其包括采购费用分摊到每台设备、每批材料上所有支出的各种费用总和，主要由采购直接成本（采购价格）和间接成本（采购作业成本、维持成本、质量成本等）构成（如图2-5所示）。

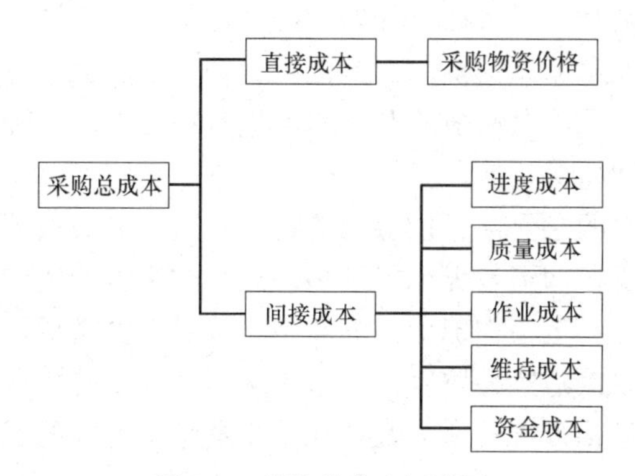

图2-5　采购总成本组成图

在整个项目中采购成本一般占总成本的70%左右，根据GARTNER的调查表明，采购成本每降低1%，相当于企业的销售额提高10%～15%。因此，从某种意义上说项目成本控制成功与否的关键决定于采购阶段的成本控制。而采购阶段的成本控制主要指设备和材料通过招标的方式选择合格的供应商，并包含了整个获取方式和过程。

4. 项目采购成本管理的主要内容

项目采购工作一般由以下几个步骤组成：采购计划和采购进度计划的制定、拟选供应商、对供应商进行监造、确保合同的正常执行。

（1）编制采购计划和采购进度计划

在项目的初始阶段为了有效地避免风险、减小损失，需要编制项目采购计划和采购进度计划。这样的目的在于确定采购货物的数量和进度，使资源得到合理的配置、取得最佳的经济效益。

（2）编制询价计划

记录项目对产品、服务或成果的需求，寻找潜在的供应商。

（3）询价、招标投标

供应商的选择往往是通过招标投标的方式和可能的供应商进行合同谈判，进而签订供货合同、确定合格的供应商。所以，首先要获取供应商适当的信息、报价、投标书或建议书。

（4）供应商选择

通过审核所有建议书和报价，在潜在的供应商中进行选择，并和选中的供应商谈判最终合同。

（5）合同管理及收尾

对供应商进行监造，确保合同的正常执行。同时把此次采购信息建立档案保留下来，这样可以给决策者提供信息以便改进方法。

5. 采购供应商管理

供应商管理，就是包含调查供应商资质、评价供应商能力、选择供应商合作、维护供应商关系等一系列管理活动的集合，其目的在于强化供应商对企业生产经营的支持作用。

（1）采购供应商管理的重要性。所谓供应商管理就是对供应商了解、选择、开发、使用和控制等综合性的管理工作，具有供应商调查、开发、考核、选择、使用、控制等基本环节。其中，考察了解是基础，选择、开发、控制是手段，使用是目的。供应商管理的目的，就是要建立起一个稳定可靠的供应商队伍，为企业生产提供可靠的物资供应。

供应商管理的重要意义可以从战略和技术上进行综合考虑：降低商品采购成本；提高产品质量；降低库存；缩短交货期。

（2）采购供应商管理的必要性。供应商的特点是追求利益最大化。供应商和购买者是利益冲突的，供应商想要在购买者那里得到多一点、购买者希望向供应商少付出一点，为了达到自己的目的，有时甚至在物资商品的质量、数量上做文章，以劣充优、降低质量标准、减少数量，制造假冒伪劣产品坑害购买者。购买者为了防止伪劣质次产品入库，需要花费很多人力、物力加强物资检验，大大增加了物资采购检验的成本。对购买者来说，物资供应没有可靠的保证，产品质量没有保障，采购成本太高，这些都直接影响企业生产和成本效益。

相反，如果找到了一个好的供应商，不但物资供应稳定可靠、质优价廉，准时供货，而且双方关系融洽、相互支持、共同协调，这对采购管理以及企业的生产和成本效益都会有很多好处。

（3）采购供应商管理基本环节

在采购过程中，供应商管理主要包含的几个基本环节如图 2-6 所示。

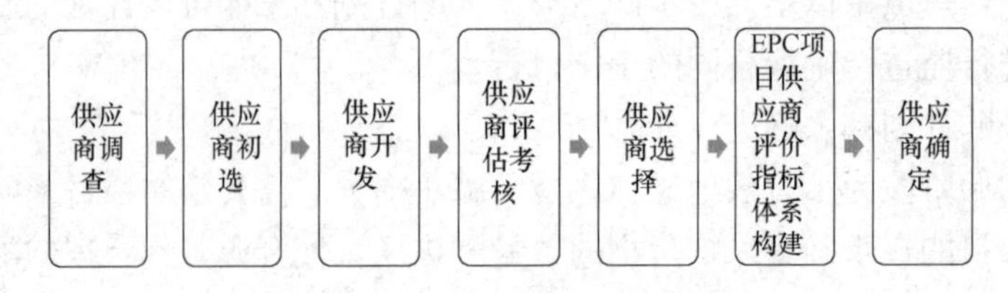

图 2-6　供应商管理的基本环节图

6. EPC 工程总承包商的供应商管理特点

相比传统建设模式，EPC 工程总承包模式下总承包商的项目采购乃至供应商管理呈现出如下特点：

（1）管理活动的周期增长。传统模式下，总承包商的供应商管理活动集中体现于中标后的项目施工准备与施工阶段。而在 EPC 工程总承包模式下，并行工程的引入推动总承包商在项目设计过程中即要考虑与之配套的采购、施工作业。基于此，在项目设计阶段，通过前期的商务接洽，深入交流双方需求，既能详细考察采购物资，规避质量问题，又能为后续订单的备料发货预留充分时间，确保物资供应及时有效，防止出现采购纠纷。

（2）采购种类多、金额大。工程项目实施过程中，采购成本往往占比最高，是决定项目总成本的关键因素。借助 EPC 合同，业主方将原属于自身的部分采购职能让渡于总承包商，后者的采购任务显著加大。与此同时，EPC 工程总承包模式普遍应用于大型基础设施工程建设中。据统计，其大型设备的采购费用一般占到采购总成本的 30%以上。这些都使总承包商面临的资金压力、管理的供应商数量以及物资采购的种类数量等急剧增长。

（3）信息共享更为及时有效。传统建设模式下，总承包商对项目设计介入有限，是基于现成的设计图纸被动地编制施工计划及采购计划。而在 EPC 工程总承包模式下，通过对项目设计环节的自主承担，总承包商得以及时掌握更多项目信息，并将其分享给合作的供应商。与此同时，作为战略合作伙伴的关键供应商亦能尽早介入项目设计，结合自身优势，提出切实可行的项目建议，在保障后续物资供应安全的基础上，推动供应链资源的有效整合。值得注意的是，上述优势的实现，亦对供应商的合作沟通能力提出了更高要求，这就使得总承包商在甄选合作伙伴时，应更加注重对上述指标的考察。

7. 选择采购供应商的考虑因素

在选择采购供应商时，应该综合考虑众多因素，其中比较重要的因素有：

（1）产品质量。质量是重中之重，只有好的质量才能带来好的生产，因此，对于供应商的质量，我们应该严格把关，做到挑选的供应商都能提供好的质量。

（2）供应能力。供应能力是直接影响生产计划、生产进行的重要因素，因此，好的供应能力是保证生产顺利进行的因素，为了生产活动能及时有效地开展，对于供应商的供应能力我们应该更加关注。

（3）价格。采购的过程中，能以低价采购到优质商品，是采购者们追求的共同目的，价格的因素直接关系到生产的成本，在追求价格的同时，我们要注意性价比的权衡，对于好的商品，价格优质最好，但是不能为了一味地追求低价而降低其他标准，要找到一个好的平衡，才是采购者最应该把握的。

（4）地理位置。地理位置的好坏是相对的，对于采购而言，地理位置好坏也会有一定的影响。

（5）售后服务。售后服务是保证采购过程顺利完成的最后一个环节，好的售后服务可以免去很多不必要的麻烦。

2.5 EPC 工程总承包施工管理

1. 进度管理

（1）施工进度控制的主要任务

进度控制的主要任务如表 2-1 所示。

进度控制主要任务　　表 2-1

1	设计准备阶段进度控制的任务	收集有关工程工期的信息，进行工期目标和进度控制决策
		编制工程项目建设总进度计划
		编制设计准备阶段详细工作计划，并控制其执行
		进行环境及施工现场条件的调查和分析
2	设计阶段进度控制的任务	编制设计阶段工作计划，并控制其执行
		编制详细的出图计划，并控制其执行
3	施工阶段进度控制的任务	编制施工总进度计划，并控制其执行
		编制单位工程施工进度计划，并控制其执行
		编制工程年、季、月实施计划，并控制其执行

为了有效地控制建设工程进度，监理工程师要在设计准备阶段向建设单位提供有关工期的信息，协助建设单位确定工期总目标，并进行环境及施工现场条件的调查和分析。

在设计阶段和施工阶段，监理工程师不仅要审查设计单位和施工单位提交的进度计划，更要编制监理进度计划，以确保进度控制目标的实现。

(2) 施工进度控制的措施

施工进度控制措施应包括的内容如图 2-7 所示。

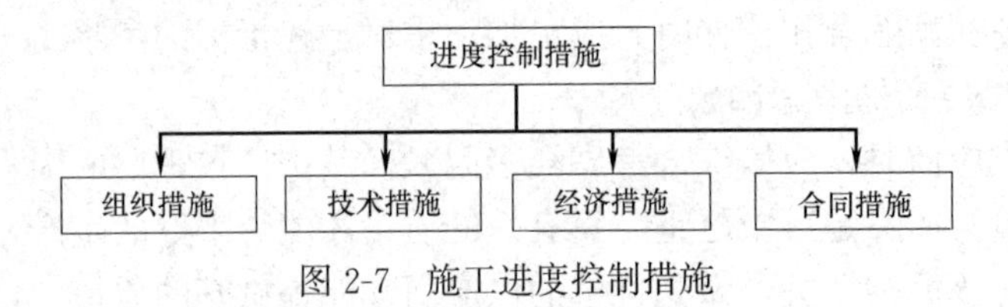

图 2-7　施工进度控制措施

1) 组织措施

建立进度控制目标体系，明确工程项目现场监理组织机构中进度控制人员及其职责分工；

建立工程进度报告制度及进度信息沟通网络；

建立进度计划审核制度和进度计划实施中的检查分析制度；

建立进度协调会议制度，明确协调会议举行的时间、地点，协调会议的参加人员等；

建立图纸审查、工程变更和设计变更管理制度。

2) 技术措施

进度控制的技术措施主要包括：

审查承包商的进度计划，使承包商能在合理的状态下施工；

编制进度控制监理工作细则，指导监理人员实施进度控制；

采用网络计划技术及其他科学方法，并结合电子计算机的应用，对建设工程进度实施动态控制。

3) 经济措施

进度控制的经济措施主要包括：

按合同约定，及时办理工程预付款及工程进度款支付手续；

对应急赶工给予优厚的赶工费用；

对工期提前给予奖励；

按合同对工程延误单位进行处罚；

加强索赔管理，公正地处理索赔。

4）合同措施

进度控制的合同措施主要包括：

推行CM承发包模式，对建设工程实行分段设计、分段发包和分段施工；

加强合同管理，合同工期应满足进度计划之间的要求，保证合同中进度目标的实现；

严格控制合同变更，对参建单位提出的工程变更和设计变更，经监理工程师严格审查后方可实施，并明确工期调整情况；

加强风险管理，在合同中应充分考虑风险因素及其对进度的影响，以及相应的处理方法。

项目施工部应依据项目总进度计划编制施工进度计划，经控制部确认后实施。施工部应对施工进度建立跟踪、监督、检查、报告的管理机制；当采用施工分包时，施工分包商严格执行分包合同规定的施工进度计划，并接受项目施工部的监督，做到不拖项目总进度计划的后腿。

根据现场施工的实际情况和最新数据，施工进度计划管理人员每月都要修订施工逻辑网络图，并且将根据此编制的三月滚动计划，下达给施工分包商。

施工分包商根据三月滚动计划编制三周滚动计划，报项目施工部，同时下达给施工作业组执行。

按项目WBS进行现场统计施工进度完成情况，以保证测量施工进展赢得值和实际消耗值的准确性。

以施工进度计划的检查结果和原因分析为依据，按规定程序调整施工进度计划，并保留相关记录，以备今后工期索赔。

2. 施工成本管理

根据项目成本管理要求，EPC工程总承包项目成本管理，就是在完成工程项目过程中，对所发生的成本费用支出，有组织、系统地进行预测、计划、控制、核算、分析、考核等一系列科学管理工作的总称。成本管理流程图如图2-8所示。

项目成本预测和计划为事前管理，即在成本发生之前，根据工程项目的类型、规模、顺序、工期及质量标准、资源准备等情况，运用一定的科学方法，进行成本指标的测算，并编制工程项目成本计划，作为降低EPC工程总承包项目成本的行动纲领和日常控制成本开支的依据；项目成本控制和成本核算为事中管理，即对EPC工程总承包项目实施过程中所发生的各项开支，根据成本计划实行严格的控制和监督，并正确计算与归集工程项目的实际成本；项目成本分析与考核为事后管理，即通过实际成本与计划成本的比较，找出成本升降的主客观因素，从而制定进一步降低项目成本的具体安排措施，并为制订和调整下期项目成本计

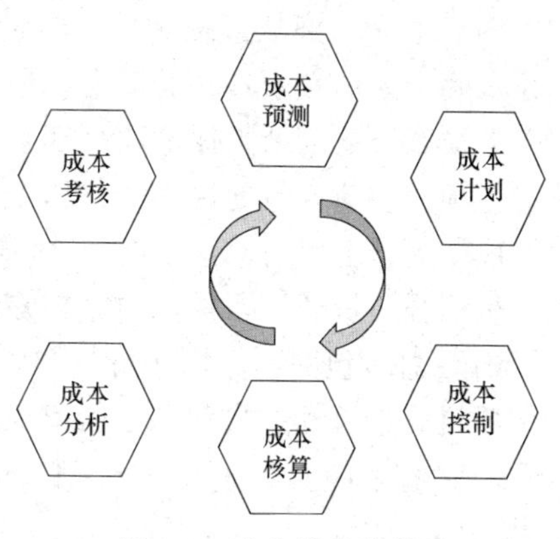

图2-8 成本管理流程图

划提供依据。

由此可见，EPC工程总承包项目成本管理是以正确反映EPC工程总承包项目实施的经济成果，不断降低EPC工程总承包项目成本为宗旨的一项综合性管理工作。

EPC工程总承包项目成本管理的中心任务是在健全的成本管理经济责任制下，以目标工期、约定质量、最低的成本，建成工程项目，为了实现项目成本管理的中心任务，必须提高EPC工程总承包项目成本管理水平，改善经营管理，提高企业的管理水平，合理补偿活动耗费，保证企业再生产的顺利进行，同时加强经济核算，挖潜力，降成本，增效益。只有把EPC工程总承包项目各流程的事情办好，项目成本管理的基础工作有了保障，才会对EPC工程总承包项目成本目标和企业效益最大化的实现打下良好的基础。

3. 施工质量控制

施工前管理。建立完善的质量组织机构，规定有关人员的质量职责；对施工过程中可能影响质量的各因素，包括各岗位人员能力、设备、仪表、材料、施工机械、施工方案、技术等因素进行管理；对施工工作环境、基础设施等进行质量控制。

施工过程中管理。EPC总承包商项目经理部应编制“产品标识和可追溯性管理规定”，对进入现场的各种材料、成品、半成品及自制产品，应进行适当标识。进入施工现场的各种材料、成品、半成品必须经质量检验人员按物资检验规程检验合格后才可使用，EPC总承包商项目经理部应编制“产品的监视和测量控制程序”对产品进行规定。在施工过程中发现的不合格品，其评审处置应按“不合格品控制规定”执行。编制“监视和测量装置控制程序”，对检验、测量和试验设备进行有效控制，确保其处于受控状态。对参与项目的人员进行考核，对施工机械、设备进行检查、维修，确保能够符合施工要求。在施工过程中，对施工过程及各环节质量进行监控，包括各个工序、工序之间交接、隐蔽工程，并对质量关键控制点进行严密的监控。对于施工过程中出现的变更应制定相关的处理程序。应编制“施工质量事故处理规定”，对发生的质量事故进行处理。

4. EPC工程总承包项目资源管理

在EPC工程总承包项目实施过程中，影响项目质量的因素主要包括：参与项目的人员、材料、施工方法及机械等资源情况，以及项目的环境因素。

（1）人员的管理

EPC总承包商从事影响项目质量的人员必须具备相应的能力。根据各种不同的工作岗位，确定人员必须具备的能力，选择配备能胜任的人力资源。

人员素质的高低是保证项目建设质量的重要条件，EPC总承包商要建立培训管理程序，把项目参与人员的培训工作作为首要任务来完成。

EPC总承包商切合项目的实际需要制定培训方式、方法和内容，通过培训使项目参与人员增强质量意识，提高质量的知识和技能。

EPC总承包商制定切实可行的培训计划，对从事影响质量工作的管理人员进行培训，确保项目质量目标的实现和创国家优质工程目标的实现。

EPC总承包商对从事特殊工作的人员要进行专业技术培训和资格考核认证，并保存记录。

EPC总承包商要特别重视对专业岗位新补充的人员及转岗人员和对新设备操作及工作任务变化的培训，并保存培训记录。

(2) 设备材料的管理

在设备材料用于项目前，必须经过各种检验，包括供应商的自检、驻厂监造单位在设备材料出厂前的控制，政府质量监督站、业主、监理、EPC总承包商的进场检验等。不合格的设备材料不能进场，更不能在施工中使用。

(3) 施工方法与施工工艺的管理

EPC总承包商根据项目的特点，组织编写具体施工组织设计，选取适当的施工方法、工艺与方案等，并报监理审查。

施工方法、工艺应符合国家的技术政策，充分考虑总承包合同规定的条件、现场条件及法规条件的要求，突出"质量第一、安全第一"的原则。

施工方法、工艺要有较强的针对性、可操作性。

施工方法、工艺应考虑技术方案的先进性，适用性以及是否成熟。

施工工艺应考虑现场安全、环保、消防和文明施工符合规定。

施工部门严格按照监理审查通过的施工方法、方案、工艺等进行施工。如需变更，应对变更部分重新编写施工组织设计，选取施工方法、方案、工艺等，并报监理审查。

(4) 机械设备以及基础设施的管理

1) 机械设备管理

机械设备的选择，应考虑机械设备的技术性能、工作效率、工作质量、可靠性和维修的难易、能源消耗，以及安全、灵活等方面对项目质量的影响与保证。

应保持机械设备的数量以保证项目质量。

要按照项目进度计划安排所需的机械设备。

2) 基础设施管理

为了满足项目建设的需要，并符合国家法律、法规的要求，EPC总承包商要对所需要的基础设施进行确定、提供和维护。基础设施包括所有工作场所、通信设备、运输设备、控制和检测设备及生产、管理所需的硬件和软件以及其他支持性服务设施等。

(5) 环境因素的管理

EPC总承包商提供的工作环境要体现"以人为本"的原则，并且符合国家、行业有关规范要求等。

EPC总承包商应严格按照实现工程所要求的条件提供项目工作环境。EPC总承包商应要求各分包商识别和研究可能影响工作环境的因素，采取适当的措施，达到要求的水平。

5. EPC工程总承包项目HSE管理内容

(1) 健康管理内容

健康管理内容如图2-9所示。

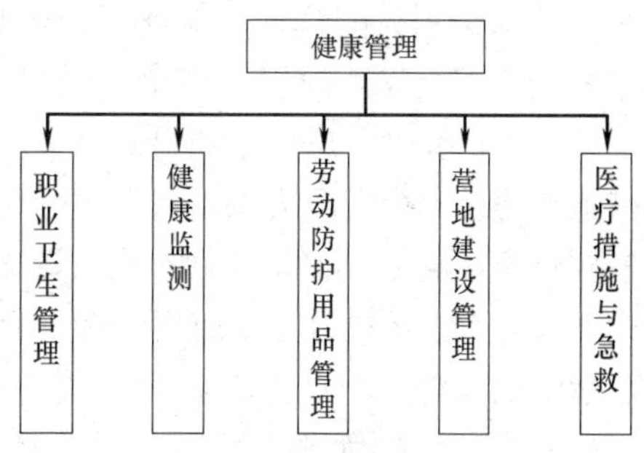

图2-9　健康管理内容

职业卫生管理。采取相应的措施，使工作场所职业危害因素降到最小；所有防护设施、设备应定期维修，保持运转性能良好；所有在危害场所作业的员工，佩戴相应的防护用品；要定期对职业病防治工作进行监督、检查、评价、考核。

健康监测。所有参与项目人员都必须是体检合格人员，并定期对员工，特别是有毒有害工作环境中的人员进行健康检查，并记录；按照“HSE 能力评价管理与培训”的规定，制定项目参与人员职业健康教育与培训计划并组织实施。

劳动防护用品管理。制定劳动防护用品的管理制度，满足项目人员的使用；所有的劳动防护用品必须符合国家及行业标准中的规定；根据安全生产和防止职业病危害的需要，按照不同工种、不同劳动环境配备不同防护作用、不同防护能力的劳动防护用品；须对劳动防护设备、设施、机具进行定期的检查和维护，不合格的禁止使用；对员工上岗使用劳动防护用品情况要经常检查，制定必要的管理制度。

营地建设管理。营地规划时应充分考虑营地周围环境、自然条件、交通等具体情况统筹合理布置，营地的位置、布置、设施应合理；建立营地管理规定，并体现“以人为本”的方针，为员工提供安全、卫生的生活场所；营地内应配备良好的生活设施以及防护设施，包括洁净的宿舍、厨房、餐具、食堂、厕所，消防灭火设施等。

医疗措施与急救。应为员工提供良好的医疗保障措施和医疗急救设备；必须设立具有一定装备、药品、有资质的医护人员的医疗站，方便员工就诊；应调查项目所在地周边的医疗卫生机构，了解其所在位置，医疗救护设施、能力，交通、通信情况并登记建立档案；确定适合的、可提供良好医疗保障、医疗急救的医疗单位，与之取得联系，建立医疗保障、急救关系；现场配备相应的急救设施包括车辆，保证在出现意外时能够紧急救援。

(2) 安全管理内容

安全生产责任制。以制度的形式明确各个领导、各个部门、各类人员在项目中应负的责任。严格执行安全生产责任制，使所有参与项目人员负起责任，建立健全安全专职机构，加强安全部门的领导，严格执行安全检查制度。EPC 总承包商、各分包商要加强生产安全管理，贯彻“安全第一，预防为主”的方针，认真落实安全生产责任制。所有项目参与人员应自觉遵守安全生产规章制度、清楚和熟悉自己岗位的职责和安全程序，不违章作业、不违章指挥，遵守工作纪律和职业道德，主动做好事故预防工作。

安全生产管理。对所有员工定期进行安全培训；各有关部门必须制定并严格执行安全检查制度；项目的劳动安全卫生设施必须与主体工程同时设计、同时施工、同时投入使用，即“三同时”；对危险性较大的作业，在作业前应编制和审批安全预案和安全应急计划，在作业过程中，应随情况变化及时对安全应急计划进行修改和补充；对关键生产设备、安全防护设施和装备应进行严格管理；对危害应进行识别并对事故隐患进行管理；加强对劳动保护用品的管理，保证其合格和适用；对重点要害部位进行安全管理；消防安全工作和交通安全工作应纳入整个安全生产的工作部署。

安全生产奖惩。应设立项目安全生产奖励资金，在年度预算中应核定；运用行政、经济等措施对违反安全生产法规、制度的行为实行重罚；对认真履行安全生产责任，及时发现重大事故隐患，避免重特大事故的员工要实行重奖；对各类事故要按照“四不放过”原则（事故原因没有查清不放过；事故责任者没有严肃处理不放过；广大员工没有受到教育不放过；防范措施没有落实不放过)，严肃处理，追究有关责任人的行政和经济乃至法律责任。

(3) 环境保护管理

在 EPC 工程总承包项目执行过程中，应采取措施合理利用自然，防止对自然资源、生态资源等造成污染，保护人类的生态环境，并促进项目可持续发展，创一流 HSE

业绩。

施工过程中会产生施工垃圾、污水、噪声等环境污染，所以施工阶段环境保护工作的主要内容应涉及以下方面：废弃物、垃圾的处理；危险物溢出的预防与控制；粉尘、烟尘、污水、放射性物质和噪声的管理；文物、古迹的管理；人工林、天然林和自然保护区的管理；水源、湿地、河流保护的管理；河道、路面影响控制；水土保持的控制；地貌恢复。

6. EPC 工程总承包项目分包合同管理

（1）了解法律对雇用分包商的规定

EPC 总承包商应该了解当地法律对雇用分包商的规定，如 EPC 总承包商是否有义务代扣分包商应缴纳的各类税费，是否对分包商在从事分包工作中发生的债务承担连带责任。

（2）分包项目范围和内容

EPC 总承包商应对分包合同的工作内容和范围进行精确的描述和定义，防止不必要的争执和纠纷。分包合同内容不能与主合同相矛盾，主合同的某些内容必须写入分包合同。EPC 总承包商应向分包商提供一份主合同（EPC 总承包商的价格细节除外）、主合同的投标书附录、专用条件的副本以及适用于主合同的任何其他合同条件细节。应认为分包商已全面了解主合同（EPC 总承包商的价格细节除外）的各项规定。

（3）分包项目的工程变更

EPC 总承包商项目经理部根据项目情况和需要，向分包商发出书面指令或通知，要求对项目范围和内容进行变更，经双方评审并确认后则构成分包工程变更，应按变更程序处理；项目经理部接受分包商书面的“合理化建议”，对其在各方面的作用及产生的影响进行澄清和评审，确认后，则构成变更，应按变更程序处理。由分包商实施分包合同约定范围内的变化和更改均不构成分包工程变更。

（4）工期延误的违约赔偿

EPC 总承包商应制定合理的、责任明确的条款，防止分包商工期的延误。一般应规定 EPC 总承包商有权督促分包商的进度。

（5）分包合同争端处理

分包合同争端处理最主要的原则是按照程序和法律规定办理并优先采用“和解”或“调解”的方式求得解决。

争议解决原则：以事实为基础；以法律为准绳；以合同为依据；以项目顺利实施为目标；以友好协商为途径。

争议解决程序：准备并提供合同争议事件的证据和详细报告；邀请中间人，通过“和解”或“调解”达成协议；当“和解”或“调解”无效时，可按合同约定提交仲裁或诉讼处理；接受并执行最终裁定或判决的结果。

（6）分包合同的索赔处理

对于变更出现的原因，可以将索赔理由划分为业主导致的变更和非业主导致的但由业主承担责任的变更。对于业主导致的变更，EPC 总承包商不仅可以依据合同规定要求工期或费用的补偿，还可以要求合理利润的补偿。而对于非业主导致的但由业主承担责任的变更，EPC 总承包商只可以依据合同规定要求工期或费用的补偿。

(7) 分包合同文件管理

分包合同文件管理应纳入总承包合同文件管理系统。

(8) 分包合同收尾管理

应对分包合同约定目标进行核查和验证，当确认已完成缺陷修补并达标时，及时进行分包合同的最终结算和结束分包合同的工作。当分包合同结束后应进行总结评价工作，包括对分包合同订立、履行及其相关效果评价。

7. 施工变更管理

EPC总承包商的项目经理部应根据总承包合同变更规定的原则，建立施工变更管理程序和规定，管理施工变更。

项目施工部对业主或施工分包商提出的施工变更，应按合同约定，对费用和工期影响进行评估，上报EPC总承包商的项目经理部以及监理，经确认后才能实施。

施工部应加强施工变更的文档管理。所有的施工变更都必须有书面文件和记录，并有相关方代表签字。

2.6 EPC工程总承包竣工验收管理

1. EPC工程总承包竣工验收

竣工验收是工程建设的最后一道程序，由工程竣工验收委员会，对合同规定的工程进行验收，验收合格后颁发竣工验收合格证书。

EPC项目部主管领导负责，由各部门成立竣工验收检查与监督小组，严格按照与业主约定的时间和竣工验收程序，进行工程竣工验收。

EPC项目部要求各分包商安排专人负责竣工验收工作，具体工作人员和负责人员不经过批准不得随意更换，在监理、业主与分包商等单位中建立竣工验收工作人员信息库，以便协调与沟通，确保竣工验收工作进度。

EPC项目部承担协调地方政府、质量监督、业主、监理与各分包商等单位在工程实体质量监督检查、竣工档案验收等竣工验收相关的工作关系，承担信息交流和沟通的平台与组织作用。

EPC项目部制定详细的竣工验收制度和相关管理程序，及时宣贯、下发和传达到相关部门与单位，对工程施工内容和竣工验收资料进行日常检查和随机抽查，检查工程实施内容、规模是否符合项目承包合同约定的工程质量验收评定标准及初步设计审定的范围、标准和内容（包括变更设计），是否按施工技术规范要求建成。

施工过程中，主动邀请运行单位派驻现场人员对施工过程进行检查和监督，运行单位从生产运行角度提出的建议应给予积极响应和采纳。

对施工、设计、采办等部门和单位的竣工档案编制的准确性、及时性进行例行检查、巡回检查和突击检查，以保证竣工验收的顺利进行。

EPC项目部邀请质量监督机构、监理单位、设计单位及运行单位分成两个检查小组分别对施工分包商的工程实体和竣工档案进行预验收。运行单位作为最终的使用者，在满足生产需求方面最具发言权，预验收阶段邀请运行单位可及时发现问题，为问题的整改争取时间，保证如期进行竣工验收。

EPC 项目部制定竣工验收奖惩制度，在检查和预验收过程中发现的工程质量和竣工档案的缺陷和问题时，通报全线，及时下发整改清单和整改通知单，限期整改。

EPC 总承包商负责督促和落实施工分包商的整改措施和消项情况，对限期不整改或整改不彻底的单位，采取相应的惩罚措施。

EPC 项目部预验收完成后，按照竣工验收有关规定，编制和整理好设计、采购、施工情况报告及技术资料等相关竣工档案，经监理审查后向业主提交竣工验收申请。

EPC 项目部配合业主进行竣工验收工作，确认竣工预验收或检查中发现的在工程质量、竣工档案移交及竣工决算等方面的不符合项均已整改，并经过监理确认，按照业主的要求和程序统一安排各分包商的竣工验收工作。

工程的竣工验收分为初步验收、全面竣工验收两个阶段，EPC 总承包商负责工程初步验收中提出问题的整改，编制整改方案和整改时间表。

（1）初步验收

在项目具备竣工验收条件后，由业主在正式竣工验收前组织调控中心、运行单位、EPC 总承包商以及监理等单位开展项目初步验收。初步验收的主要任务是检查和评价工程的设计和施工质量，检查竣工档案和竣工验收文件准备情况，为竣工验收做好准备。

初步验收程序：召开预备会，协商成立初步验收委员会或验收组，确定初步验收工作日程；现场查验工程建设情况；检查专项验收完成情况；审议、审查竣工验收报告书和各专项总结；审议、审查竣工档案；审议、审查建设单位验收工作报告；对审议、审查和查验中发现的问题提出要求，明确分工，落实整改措施并限定完成时间；听取工程质量监督机构对工程质量及验收程序的监督报告；编写初步验收报告。

业主根据初步验收检查情况及调控中心和运行单位检查意见组织 EPC 总承包商及其他工程服务商进行整改，EPC 总承包商及其他工程服务商将逐条整改情况以正式文件形式反馈给业主、调控中心和运行单位。

业主在初步验收整改完成后向专业公司上报竣工验收申请文件，申请文件的附件包括：竣工决算审计报告；用户评价；项目安全、环保、水土保持等专项验收文件清单；初步验收及整改报告，调控中心和运行单位对初步验收的检查意见，建设单位的反馈意见，调控中心、运行单位对初步验收中存在问题整改情况的书面确认；建设项目竣工验收方案条件落实单。

（2）全面竣工验收

竣工验收是指 EPC 总承包商通过了单项工程验收后，并经过了规定期限的试运投产，完成了全部资产移交和竣工档案移交，由工程竣工验收委员会，对合同规定的工程进行验收，验收合格后颁发竣工验收合格证书。

如果竣工验收表明工程还没有满足竣工条件，则可以拒绝签发该竣工证书，同时指出 EPC 总承包商获得竣工证书之前仍需要完成的工作，在 EPC 总承包商完成相关工作并复检合格后，再向 EPC 总承包商签发竣工证书，并在该证书上写明工程竣工的日期。

2. 参与方职责

竣工验收必须执行国家、集团公司和业主有关建设项目竣工验收管理的相关规定。

业主的职责和工作内容如表 2-2 所示。

业主职责表 表 2-2

项目前期阶段的工作内容	负责收集(预)可行性研究报告及批准文件、核准申请文件及批复文件、初步设计及批准文件等项目前期工作文件;项目开工报告、勘察设计有关批准文件、招标投标文件、合同文件等;负责组织项目划分,统一工程编号,作为建设项目进行计划统计、工程管理、采购管理、工程结算、竣工决算以及竣工档案、竣工验收文件编制的基础;明确各单位承担的竣工档案编制任务、责任以及完成的时间等,并对完成情况进行检查
项目建设过程中的工作内容	负责指导、监督和检查 EPC 总承包商及时做好竣工档案的收集、整理、编制工作;负责做好项目试运投产及考核期间相关资料的收集、整理和存档工作;负责对各单位提供竣工档案的审核、签收工作
项目竣工验收前的工作内容	组织监理、EPC 总承包商、无损检测、监造等单位完成竣工档案的编制工作,查验合格后组卷存档,完成档案验收工作;通过国家及地方相关行政主管部门完成竣工环境保护验收、建设项目安全设施竣工验收、开发建设项目水土保持设施验收、土地利用、建设项目职业病防护设施竣工验收、消防设施验收等验收工作,并完成验收手续办理工作;完成竣工决算并通过竣工决算审计;完成竣工验收报告书编制工作,会同运行单位完成生产准备和试运考核总结工作,组织监理、EPC 总承包商、无损检测、监造等单位完成各专项总结编制工作;组织完成初步验收及整改工作;清理未完工程和遗留问题,会同有关单位落实资金、实施方案及完成时间等;承担竣工验收的组织工作及竣工验收费用;做好与竣工验收相关的其他工作

监理单位的职责和工作内容如表 2-3 所示。

监理职责表 表 2-3

序号	内　容
1	负责完成监理竣工档案编制、整理、汇总和组卷工作;负责编制监理工作总结
2	清理未完工程和遗留问题,督促有关单位制定实施方案,落实施工安排
3	负责指导、监督和检查 EPC 总承包商、施工、无损检测等单位竣工档案的编制
4	整理、汇总和组卷工作;参加初步验收、竣工验收

EPC 总承包商的职责和工作内容如表 2-4 所示。

EPC 总承包商职责表 表 2-4

序号	内　容
1	负责完成 EPC 总承包商竣工档案编制、整理、汇总和组卷工作
2	负责编制 EPC 项目管理工作总结
3	清理未完工程和遗留问题,组织有关单位制定实施方案,落实施工安排和资源
4	参加业主组织的初步验收,负责组织有关单位对初步验收问题进行整改
5	参加竣工验收

复习思考题

一、单选题

1. 项目的主要成本构成分为设计成本、采购成本、施工成本，其中采购成本构成比例为（　　）。

A. 50％～65％　　B. 60％～70％

C. 30％～45％　　D. 40％～50％

2. 在进度控制中，属于组织措施的是（　　）。

A. 按合同约定，及时办理工程预付款及工程进度款支付手续

B. 严格控制合同变更

C. 编制进度控制监理工作细则，指导监理人员实施进度控制

D. 建立工程进度报告制度及进度信息沟通网络

3. 在进度控制中，属于技术措施的是（　　）。

A. 对工期提前给予奖励

B. 建立图纸审查、工程变更和设计变更管理制度

C. 采用网络计划技术等方法，结合电子计算机的应用对工程进度实施动态控制

D. 按合同对工程延误单位进行处罚

二、多选题

1. EPC 工程总承包的全流程主要划分为（　　）等几个阶段。

A. 项目市场经营阶段　　B. 项目招标阶段

C. 项目合同签约阶段　　D. 项目实施阶段

2. 属于采购总成本中间接成本的有（　　）。

A. 采购物资价格　　B. 进度成本

C. 维持成本　　D. 资金成本

3. 选择采购供应商应考虑的因素有（　　）。

A. 产品质量　　B. 供应能力

C. 地理位置　　D. 售后服务

4. 进度控制措施主要有（　　）。

A. 组织措施　　B. 技术措施

C. 经济措施　　D. 合同措施

三、简答题

1. 简述 EPC 工程总承包设计管理的特点。

2. 简述 EPC 工程总承包设计管理的重点。

3. 简述 EPC 工程总承包采购的特点。

4. 简述选择采购供应商时应考虑的因素。

5. 施工进度控制的组织措施主要包括哪些?

第 3 章　EPC 工程总承包前期策划

本章学习目标

通过本章学习，学生可以掌握 EPC 工程总承包前期策划的各项内容以及对流程可以熟练掌握。

重点掌握：EPC 工程总承包项目投标策划、EPC 工程总承包项目管理策划。

一般掌握：EPC 工程总承包项目组织机构设置策划、境外 EPC 工程总承包项目实施策划。

本章学习导航

学习导航如图 3-1 所示。

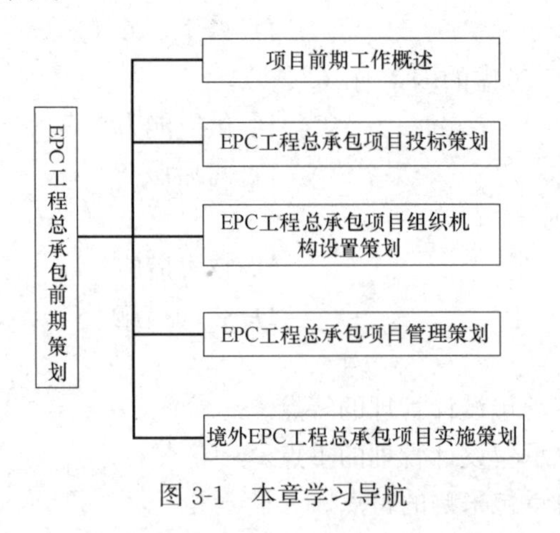

图 3-1　本章学习导航

3.1　项目前期工作概述

1. 项目前期工作定义

EPC 工程总承包项目前期，指的是从项目信息跟踪开始，参与投标报价或竞争性谈判，合同谈判直至总承包合同签订一系列工作完成的过程。

2. 前期项目策划的重要性

EPC 工程总承包模式的实质含义是指对整个工程项目承包过程的设计、采购以及施工进行全程、全方位的监督和管理，而 EPC 工程总承包项目的前期阶段的项目策划则是对承包工程的工作内容进行策划的过程，EPC 工程总承包模式的前期阶段项目策划直接影响着整个项目的可行性，直接决定了此工程项目能否获得审批。前期阶段的项目策划在整个 EPC 工程总承包模式的运行过程中发挥着十分重要的作用，是项目运行过程中的关键环节，项目前期阶段策划的科学性和合理性直接关系着整个项目运行的效果，对项目能够实现高效、有效的运行发挥着十分重要且不可替代的作用。

一般而言，判断一个项目是否具有可行性，首先要看的就是该项目是否符合我国市场的需要，是否能够解决或者是缓解市场经济发展过程中存在的供求矛盾，由此我们不难看出，前期阶段的项目策划直接关系着整个项目的成败，如果前期项目策划做得好，能为企业带来巨大的经济效益和社会效益，促进企业的经济发展，反之，如果前期项目策划做得不够合理，则会直接导致项目的流产，可能还会造成巨大的资金浪费，不利于企业经济的可持续发展。

项目的运行过程中，所有的环节之间都具有十分紧密的联系，项目的管理作为一项科学的、合理的、有效的管理活动，需要在工作过程中通过对专业知识合理、灵活地运用，确保项目施工过程中的科学性和合理性，实现项目的高效运行，为企业获取理想的经济效益和社会效益，在项目管理工作的开展过程中需要对项目进行策划、设计，对项目运行的进度、项目运行的质量进行管理和控制，项目的管理工作是贯穿于整个项目全过程中的，为实现项目运行的最终目标和促进企业的经济发展提供保障。

3. EPC 工程总承包策划的原则

项目策划的过程是专家知识的组织和集成，以及信息的组织和集成的过程，其实质是：知识管理的过程，即通过知识的获取，经过知识的编写、组合和整理，而形成新的知识。项目策划是一个开放性的工作过程，它需整合多方面专家的知识。

EPC 工程总承包策划的原则：（1）独创原则：如果项目的定位、设计的理念、策划方案没有独创之处，毫无新意，要想在市场竞争中赢得主动是不可能的。独创就是独到、创新、差异化、有个性。独创具有超越一般的功能，它应贯穿工程项目策划的各个环节，使工程项目在众多的竞争项目中脱颖而出。策划观念要独创，策划主题要独创，策划手段要独创；策划观念是否独创、新颖，取决于策划人的基本素质。有的人策划观念经常有新的创意，有的人只能“克隆”或照搬别人的概念，这些都影响到策划人所策划项目的成败。在众多工程项目中，能在强敌中站稳了脚并销售成功的，策划观念一定是创新出奇的。主题是项目的总体主导思想，是赋予项目的“灵魂”。策划主题是否独创、新颖，立意是否创新，关系到项目的差异化和个性化；策划主题独创，与发展潮流有很大的关系。工程项目策划手段就是工程项目策划的具体方法、手段。方法、手段不同，策划出的效果也就不一样。策划手段独到，往往会达到意想不到的效果。（2）整合原则：①要把握好整合资源的技巧。在整理、分类、组合中要有的放矢，抓住重点，使客观资源合理加强，达到 1+1>2 的效果；②整合好的各种客观资源要围绕项目开发的主题中心，远离主题中心的资源往往很难达到目的；③要善于挖掘、发现隐性资源。创新、独到的主题资源大都是隐藏起来的，不易被人发现，需要策划人用聪慧的头脑去提炼、去创造。（3）客观原则：①实事求是地进行策划，不讲大话、空话；②做好客观市场的调研、分析、预测工作，提高策划的准确性；③在客观实际的基础上谨慎行动，避免引起故意“炒作”之嫌；④策划的观念、理念既符合实际，又有所超前。（4）定位原则：所谓“定位”，就是给工程项目策划的基本内容确定具体位置和方向，找准明确的目标。项目的具体定位很重要，关系到项目的发展方向。一个目标定位错了，会影响其他目标定位的准确。（5）可行原则：可行性原则是指工程项目策划运行的方案是否达到并符合切实可行的策划目标和效果。可行性原则就是要求工程项目策划行为应时时刻刻地为项目的科学性、可行性着想，避免出现不必要的差错。(6) 全局原则：项目策划要从整体性出发，注意全局的目标、效益和效果；项目策划要从长期性出发，处理好项目眼前利益和长远利益的关系；项目策划要从层次性出发，总揽全局。(7) 人文原则：对我国人文精神的精髓要深入地领会。策划中把握准人文精神的精髓，并在人文精神的具体形式中深入贯彻，将起到意想不到的效果。运用社会学原理把握好人口的各个要素；策划中把握好人口各个要素的内容、形式以及它们的功用，找出它们运行的具体规律，成果就会与众不同，赢得人们的信赖；把文化因素渗透到策划项目的各个方面，设计策划必须把文化因素渗透到项目建设中去，建立自己的项目个性。从目前 EPC 工程总承包项目策划的状况看，策划人员依然会随时被问到这样的问题：项目策划人员在整个 EPC 工程总承包项目建设过程中起多大的作用？能起到“增值”效果吗？

3.2 EPC 工程总承包项目投标策划

1. EPC 工程总承包项目投标的工作流程

EPC 工程总承包项目投标的工作流程如图 3-2 所示。

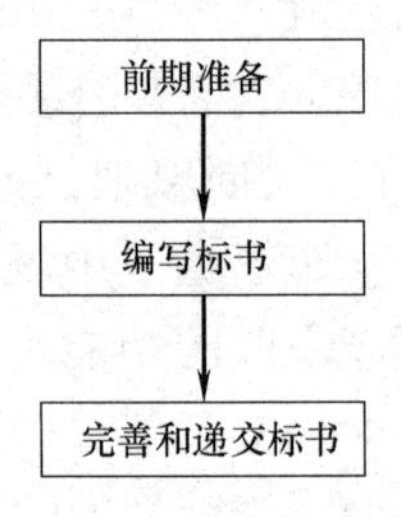

图 3-2 EPC 工程总承包项目投标工作流程图

对于 EPC 工程总承包项目而言，投标工作流程具有自身的特殊性。在投标的每一阶段，总承包商工作的重点内容和应对技巧都有所不同。下面从前期准备、编写标书和完善与递交标书三个阶段分别说明 EPC 工程总承包项目的投标工作。

(1) 前期准备

前期准备的主要工作如表 3-1 所示。

前期准备工作表 **表 3-1**

序号	工作内容
1	准备资格预审文件
2	研究招标文件
3	决定投标的总体实施方案
4	选定分包商
5	确定主要采购计划
6	参加现场勘察与标前会议

（2）编写标书

编写标书是投标准备最为关键的阶段，投标小组主要完成的工作，如表 3-2 所示。

编写标书工作内容表 **表 3-2**

序号	工作内容
1	标书总体规划
2	技术方案准备
3	设计规划与管理
4	施工方案制定
5	采购策略
6	管理方案准备
7	总承包管理计划
8	总承包管理组织和协调
9	总承包管理控制
10	分包策略
11	总承包经验策略(若有)
12	商务方案准备

（3）完善与递交标书

完善与递交标书的工作内容如表 3-3 所示。

完善与递交标书工作内容表 **表 3-3**

序号	工作内容
1	检查与修改标书
2	办理投标保函/保证金业务
3	呈递标书

2. EPC 工程总承包项目投标的资格预审

由于能否成功实施总承包项目关系到业主的经济利益和社会影响，因此在选择总承包商时业主都持比较谨慎的态度，他们会在资格预审的准备阶段设置全面考核机制，主要从总承包商的能力和资历上判断其是否适合投标。

准备资格预审文件首先要详细了解业主进行资格预审的初衷和对提交的资格预审文件的要求。然后按照业主的要求准备相关材料，在材料的丰富程度和证明力度上作深入分析。业主在资格预审时一般通过判断“总承包商是否有能力提供服务”这一终极准则进行筛选。在这一准则下，业主要求投标人提供的证明材料有资质、经验、能力、财力、组织、人员、资源、诉讼史等。

准备资格预审文件需要根据投标的总承包项目的特点有针对地提供证明材料，表 3-4 为常用的投标小组准备的具体文件内容清单。

投标者准备的资料清单 **表 3-4**

项目	分　类	准备内容
资质	资格证书	设计资质，总承包资质
	荣誉证书	过去曾经获得的社会及工程获奖证书
经验	信誉水平	已竣工项目业主或合作伙伴的推荐材料
	总承包项目经验	项目专业经验和项目团队机构设置
		主要项目团队成员曾经执行过的类似项目信息
能力	专业特长	设计专长、特殊施工技能、专用工装设备等
	专业技术	指明该技术可用于该工程的哪些项目；预计可降低费用的水平
	项目控制	质量和安全控制、工期控制、费用控制措施
	履约表现	过去类似项目参与方的背景信息
		当前工作负荷：拟建项目团队中每一个成员的当前任务，能够在该工程实施过程中提供的服务时间
财力	融资	自有资金数量、已完项目的融资实例
	担保	担保能力及历史，银行给予的授信规模
	财力支持	公司总部对该工程的财力支持
组织	总部	公司总部的组织结构
	项目	拟用项目团队的组织结构
	能力	组织与计划程序
人员	执业资质	各种证书与资质证明
	背景与经验	项目团队每一位成员的背景与经验
	人员安排	项目团队需要定义在该工程各个阶段拟用人员的工作性质和服务功能
资源	设备	现有设备及新增设备承诺
	分包商	拟用分包商名单
	供应商	拟用供应商名单
其他	任何可以证明降低该工程风险、减少费用支出和提高实施效率的清单	

3. EPC 工程总承包项目投标的前期准备

前期准备的各项工作是投标工作的基础，通过资格预审后对业主招标文件的深入分析将为接下来所有的投标工作提供实施依据。

（1）投标者须知

对于“投标者须知”，除了常规分析之外，要重点阅读和分析的内容有：“总述”部分中有关招标范围、资金来源以及投标者资格的内容，“标书准备”部分中有关投标书的文件组成、投标报价与报价分解、可替代方案的内容，“开标与评标”部分中有关标书初评、标书的比较和评价以及相关优惠政策的内容。上述虽然在传统模式的招标文件中也有所对应，但是在 EPC 工程总承包模式下这些内容会发生较大的变化，投标小组应予以特别关注。

（2）合同条件

在通读合同通用和专用条件之后，要重点分析有关合同各方责任与义务、设计要求、检查与检验、缺陷责任、变更与索赔、支付以及风险条款的具体规定，归纳出总承包商容易忽略的问题清单。

（3）业主要求

对于“业主要求”，它是总承包商投标准备过程中最重要的文件，因此投标小组要反复研究，将业主要求系统归类和解释，并制定出相应的解决方案，融汇到下一阶段标书中的各个文件中去。完成招标文件的研读之后，需要制定决定投标的总体实施方案，选定分包商，确定主要采购计划，参加现场勘察和标前会议。

（4）总体实施方案

确定总体实施方案需要大量有经验的项目管理人员投入进来。

对于 EPC 工程总承包项目，总体实施方案包括以设计为导向的方案比选，以及相关资源分配和预算估计。按照业主的设计要求和已提供的设计参数，投标小组要尽快决定设计方案，制定指导下一步编写标书技术方案、管理方案和商务方案的总体计划。

（5）选定分包商和制定采购计划

选定分包商和制定采购计划是两项较为费时的工作，需要提早开始。如果 EPC 工程总承包项目含有较多的专业技术时，可能需要在早期阶段进行选择分包商和签订分包意向书的工作，这也是为总承包商增强实力、提高中标机会的手段。

制定采购计划同样需要总承包商事先选择合适的供应商作为合作伙伴，由于大型总承包项目一般都含有较多的采购环节，能否做到设计、采购和施工的合理衔接是业主判断总承包商能力的重要因素之一，因此有必要在投标准备阶段就初步制定采购计划，尽早开展与供应商的业务联系，这样也有助于总承包商利用他们的专业经验和信息制定优秀的采购方案。

（6）现场勘察和标前会议

现场勘察和标前会议是总承包商唯一一次在投标之前与业主和竞争对手接触的机会，如果允许，总承包商可以协同部分分包商代表一同参加。

搜集完以上信息之后进行整理，作为项目报价、标书编制和项目实施策划的参考和依据。在标前会议上，投标人应注意提问的技巧，不能批评或否定业主在招标文件中的有关规定，提出的问题应是招标文件中比较明显的错误或疏漏，不要将对己方有利的错误或疏漏提出来，也不要将己方机密的设计方案或施工方案透露给竞争对手，同时要仔细倾听业主、工程师和竞争对手的谈话，从中探察他们的态度、经验和管理水平。当然，投标人也可以选择沉默，但是对于有较强竞争实力的总承包商来说，在会上发言无疑是给业主、工程师留下良好印象的绝佳机会。

4. EPC 工程总承包项目投标的关键决策点分析

完成 EPC 工程总承包投标前期准备工作后，投标小组应按照既定的投标工作思路和实施计划继续着手完成投标文件的编制工作。

按照 EPC 工程总承包投标内容要求，投标文件一般划分为技术标和商务标两部分：技术标包括设计方案、采购计划、施工方案和管理方案以及其他辅助性文件，商务标包括报价书及其相关价格分解、投标保函、法定代表人的资格证明文件、授权委托书等。在准备这两部分内容时应当充分考虑影响总承包投标质量和水平的关键因素，设立关键决策点。EPC 工程总承包投标文件编制中的关键决策点如表 3-5 所示。其中最为重要的两大问题是：总承包设计管理问题和总承包设计与采购、施工如何合理衔接问题。因为以设计为主导的 EPC 工程总承包模式与传统模式的最大区别是设计因素，因此在投标中与传统模式具有明显差别的必然是设计引起的管理与协调问题。

EPC 工程总承包投标文件编制中的关键决策点 **表 3-5**

<table>
<tr><th></th><th>分类</th><th>分析内容</th><th>关键决策</th></tr>
<tr><td rowspan="17">技术标</td><td rowspan="6">技术方案</td><td rowspan="3">设计</td><td>应投入的设计资源</td></tr>
<tr><td>业主需求识别</td></tr>
<tr><td>设计方案的可建造性</td></tr>
<tr><td rowspan="2">施工</td><td>怎样实现业主的要求、如何解决施工中的技术难题</td></tr>
<tr><td>施工方案是否可行</td></tr>
<tr><td>采购</td><td>采购需求和应对策略</td></tr>
<tr><td rowspan="11">管理方案</td><td>计划</td><td>各种计划日程(设计、采购和施工进度)</td></tr>
<tr><td>组织</td><td>项目管理团队的组织结构</td></tr>
<tr><td rowspan="7">协调与控制</td><td>设计阶段的内部协调与控制</td></tr>
<tr><td>采购阶段的内部协调与控制</td></tr>
<tr><td>施工阶段的内部协调与控制</td></tr>
<tr><td>设计、采购与施工的协调与衔接</td></tr>
<tr><td>进度控制</td></tr>
<tr><td>质量和安全控制</td></tr>
<tr><td>分包策略</td></tr>
<tr><td>分包</td><td>分包策略</td></tr>
<tr><td>经验</td><td>经验策略</td></tr>
<tr><td rowspan="6">商务标</td><td rowspan="6">商务方案</td><td rowspan="3">成本分析</td><td>成本组成</td></tr>
<tr><td>费率确定</td></tr>
<tr><td>全寿命期成本分析</td></tr>
<tr><td rowspan="3">标高金的分析</td><td>价值增值点判断</td></tr>
<tr><td>风险识别</td></tr>
<tr><td>报价模型选择</td></tr>
</table>

（1）技术方案分析

技术方案分析是总承包项目投标阶段与报价分析同等重要的一项任务，它也是管理方案设计的基础。技术方案主要涵盖对总承包设计方案、施工方案和采购方案的内容。在技术方案的编制过程中需要针对各项内容深入分析其合理性和对业主招标文件的响应程度，研究如何在技术方案上突出公司在总承包实施管理方面的优势。在正式编写技术方案之前须全面了解业主对技术标的各项要求和评标规则。对不同规模和不同设计难度的总承包项目而言，技术方案在评标中所占的权重是不一样的。

1）设计方案

设计方案不仅要提供达到业主要求的设计深度的各种设计构想和必要的基础技术资料，还要提供工程量估算清单用以在投标报价时使用。设计方案编制开始之前，首先应设立此项工作的资源配置和主要任务。

设计资源配置就是要对相关设计人员、资料提供和设计期限上做出安排。设计资源的配置要视 EPC 工程总承包项目的设计难度和业主要求的设计深度而定，并且是针对投标阶段而言的，与中标后的设计资源安排有所区别。投标的总承包商公司可能以施工管理为主导，设计工作需要再分包，因此在投标阶段应安排设计分包商的关键设计人员介入投标工作。识别业主的设计要求和设计深度，在有限时间内给出一个或多个最佳设计方案。我国的总承包项目开始招标时，业主往往已经完成了初步设计，设计图纸和相关技术参数都提供给投标者，因此在投标阶段的方案设计基本是对业主的初步设计的延伸。这一区别可能对投标阶段整体的设计安排产生影响，对设计人员的要求也有所不同。

资源配置完成后要制定本阶段的主要任务书：识别业主的要求和对设计方案评价的准则，不同设计方案的优选。

对 EPC 工程总承包项目而言，投标阶段的设计要求是投标小组需要认真研究的首要问题。业主的设计要求一般都写在招标文件的“投标者须知”“业主要求”和“图纸”信息中。首先明确业主已经完成的设计深度，招标文件中的图纸与基础数据是否完整；其次明确投标阶段的设计深度和需要提供的文件清单。考虑到报价的准确性，在资源允许的情况下适当加深设计深度，这样报价所需的工程量和设备询价所需的技术参数就更加准确。

EPC 工程总承包模式下的设计与施工、采购工作衔接非常紧密，如果方案设计得不切实际，技术实现困难，工期和投资目标不能保证，则这一方案是失败的。因为不同的设计方案所导致的工程未来的运营费是不同的，运营费越高说明该方案越不经济，可能降低业主对投标者的投资满意度。表 3-6 是编制设计投标方案时的关键决策点。

设计投标方案编制的关键决策点 **表 3-6**

分类	分析内容	关键决策
设计资源配置	人员	根据业主的投标设计要求安排合适的设计人员
	设计资料	收集业主设计资料和公司内部的设计基础数据
	期限	怎样在投标期限内安排设计时限
需求识别	设计深度	业主已完成的设计深度
		投标阶段的设计深度
		是否需要根据竞争环境加深设计
	评价准则	设计方案评价
		对方案设计的其他因素的评价
方案优选	方案的可建造性	设计方案的适用性
		是否需要施工和采购人员介入方案设计
	价值工程	比较不同方案的单位功能成本
	投资影响	比较不同方案的全寿命期成本差异

2）施工方案

EPC 工程总承包项目的施工方案内容与传统模式下的技术标书内容很相似，施工方案需要描述施工组织设计，各种资源安排的进度计划和主要采用的施工技术和对应的施工机械、测量仪器等。EPC 工程总承包项目投标阶段编写的施工方案要说明使用何种施工技术手段来实现设计方案中的种种构想。

识别业主需求，如果业主需要投标人在施工方案中采用业主规定的施工技术，一定会在招标文件的“业主要求”中说明，如果该技术难度超过了公司现有的技术水平，公司可以考虑与其他专业技术公司合作来满足业主要求，最好提前与专业技术公司签订分包合作意向书。

可行性分析，完成施工方案的编制后需要进行方案的可行性论证，保证施工方案在技术上可行，在经济上合理。

施工方案是设计方案的延伸，也是投标报价的基础，因此其论证要根据项目特点和施工难度尽量细化。论证的过程中要有各方专家在场，设计师、采购师和估算师都应参与其中。关键施工技术的描述不能过于详细，以免投标失败后该技术成为中标者的“免费果实”；技术描述要紧密结合招标文件，不宜细化和引申，更不应作过多的承诺。

3）采购方案

制定采购方案是总承包投标的一项重要工作，尤其对于工艺设计较多的总承包项目，如大型石化或电力工程，在投标时需要确定材料、设备的采购范围。由于这类项目的报价中材料、设备的报价占到总报价的50%以上，因此制定完善的采购方案、提供具有竞争力的价格信息无疑对中标与否非常重要。采购方案则需要说明拟用材料、仪器和设备的用途、采购途径、进场时间和对项目的适应程度等。

对初次参加投标的总承包商而言，关键设备采购计划能否通过业主的技术评标是不可忽视的重要条件，只要存在任何一个关键设备未通过技术评标，都将视为不合格的投标人。

(2) 管理方案分析

从业主评标的角度看，在技术方案可行的条件下，总承包商能否按期、保质、安全并以环保的方式顺利完成整个工程，主要取决于总承包商的管理水平。

制定周密的管理方案主要为业主提供各种管理计划和协调方案，尤其对EPC工程总承包模式而言，优秀的设计管理和设计、采购与施工的紧密衔接是获取业主信任的重要砝码。在投标阶段不必在方案的具体措施上过细深入，一是投标期限不允许，二是不应将涉及商业秘密的详细内容呈现给业主，只需点到为止，突出结构化语言。

EPC工程总承包项目管理方案的解决思路，投标小组在进行内容讨论和问题决策时可以按照以设计、采购、施工为主体进行管理基本要素的分析，也可以按照管理要素分类统一权衡总承包项目的计划、组织、协调和控制来分析。包括：总承包项目管理计划、总承包项目协调与控制、分包策略。本书将采用后者的论述方式。

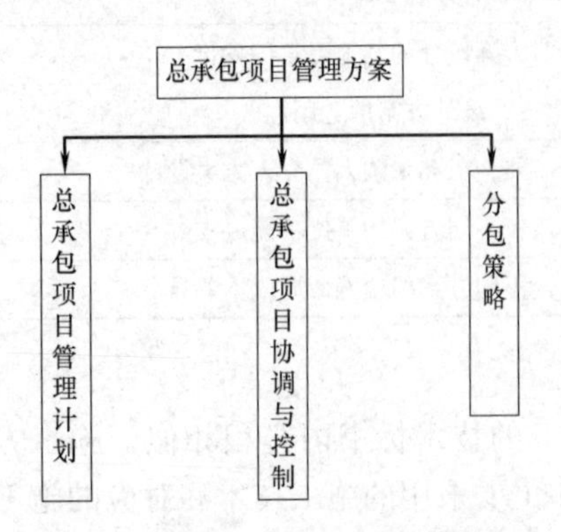

图3-3　总承包项目管理方案

总承包项目管理方案主要包括的内容如图3-3所示。

1）总承包项目管理计划

在投标阶段，总承包项目管理计划可以从设计计划、采购计划和施工计划来准备，提纲挈领地描述总承包商在项目管理计划上做出的周密安排，争取给业主留下“已经为未来的工程做好充分的准备”的印象。由于各种管理计划是项目实施的基础，好的管理计划可以使项目实施效率事半功倍，因此计划水平的高低在很大程度上可以判断一个总承包商的实力。

投标小组首先应做出一个类似于项目总体计划表的文件，包括进度计划、资源安排和管理程序等内容，然后分述设计、施工和采购计划。

设计管理计划：对于投标小组而言，设计管理计划的重点是制定设计进度计划和设计与采购、施工的“接口”计划。特别是对设计决定造价的概念要贯穿于整个设计工作过程中。设计进度直接影响总承包项目的采购和施工进度，此计划的合理性关系到业主的投资目标能否如期实现，是业主评标的重要因素之一。

设计进度与设计方案要紧密结合，使用进度计划工具如网络计划等，将工程设计的关键里程碑和下一级子任务的进度安排提供给业主即可。

施工管理计划：施工管理计划最主要的内容是给业主提供施工组织计划、施工进度计划、施工分包计划和各项施工程序文件的概述，施工管理计划中要含有与采购工作接口的计划内容。施工组织计划中首先要向业主提供拟建的项目施工部组织结构、关键人员的情况、关键技术方案的实施要点、资源部署计划等内容。

施工进度计划是在总承包项目计划中施工计划的细化，同设计进度计划一样，施工进度计划要把关键里程碑和下一级子任务的进度安排提供给业主。

施工分包计划，写明业主指定分包商的分包内容，总承包商主要分包工程计划和拟用分包商名单。

涉及施工管理的各项程序文件的概述是证明总承包商项目管理能力的文件，投标小组可以在该文件中简单罗列以下内容：项目施工的协调机构和程序、分包合同管理办法、施工材料控制程序、质量保证体系、施工安全保证体系和环境保护程序，以及事故处理预案等。

采购管理计划：含有大量采购任务的总承包项目，采购管理的水平直接影响工程的造价和进度，并将决定项目建成后能否连续、稳定和安全地运转。投标小组要将采购管理计划与设计、施工管理计划结合，同步进行。

在投标文件中主要写入的采购管理计划包括：采购管理的组织机构、关键设备和大批量材料的进场计划、设备安装及调试接口计划、管理程序文件等。采购的接口计划是保证总承包项目设计、采购和施工的重要文件。为业主提供采购部门与设计部门、施工部门的协同工作计划以及专业间的搭接，资源共享与配置计划，是接口计划的重要编制内容。

2）总承包项目协调与控制

总承包项目的协调与控制措施力求为业主提供公司对内外部协调、过程控制以及纠偏措施的能力和经验，因此应尽量使用数据、程序或实例说明总承包商在未来项目实施中的协调控制上具有很强的执行力，尤其是总承包商对多专业分包设计的管理程序、协调反馈程序、专业综合图、施工位置详图等协调流程的表述。

设计、采购与施工的内部协调控制：设计内部的协调与控制措施以设计方案和设计管理计划为基础编制。措施要说明如何使既定设计方案构想在设计管理计划的引导下按时完成，重点放在制定怎样的控制程序保证设计人员的工作质量、设计投资控制和设计进度计划，尤其是设计质量问题，应在投标文件中写明项目采用的质量保证体系以及如何响应业主的质量要求。

采购内部的协调控制措施简要描述在采买、催交、检验和运输过程中对材料、设备质量和供货进度要求的保证措施，出现偏差后的调整方案，同时介绍公司对供应链系统的应用情况，尤其应突出公司在提高采购效率上所作的努力。

施工内部的协调与控制机制和措施对总承包项目实现合同工期最为关键。投标小组在这一部分中可以很大程度上借鉴传统模式下的施工经验，如进度、费用、质量、安全等控制措施，不过应突出 EPC 工程总承包模式的特征，如当出现设计、采购的协调问题时是否设立了完善的协调机制等。

设计、采购与施工的外部协调控制：对设计、采购与施工的外部协调控制是完成三者接口计划的过程控制措施。投标小组可以为业主呈现设计与采购的协调控制大纲、设计与施工的协调控制大纲以及采购与施工的协调控制大纲文件。

控制能力：项目的进度和质量是总承包项目业主最关心的问题之一。投标小组需要在进度控制和质量控制方面阐述总承包商的能力和行动方案。

在进度控制方面，投标小组需要考虑总承包项目的进度控制点、拟采用的进度控制系统和控制方法，必要时对设计、采购和施工的进度控制方案分别描述。如设计进度中作业分解、控制周期、设计进度测量系统和人力分析方法，采购进度中设计-采购循环基准周期、采购单进度跟踪曲线、材料状态报告，施工进度中设计-采购-施工循环基准周期、施工人力分析、施工进度控制基准和测量等。

在质量控制方面，主要针对设计、采购与施工的质量循环控制措施进行设计，首先设立质量控制中心，对质量管理组织机构、质量保证文件体系等纲领性内容进行介绍，然后针对设计、采购与施工分别举例说明其质量控制程序。如果业主在招标文件中对工程质量提出特别的要求，为了增加业主对质量管理方案的可信度，投标小组可以进一步提供更细一级的作业指导文件，但是应注意“适度”原则，不要过多显示公司在质量管理方面的内部规定。

3）分包策略

为了满足业主的要求，总承包商除了在项目的技术方案、管理架构流程以及寻价、组价方面上花大量精力之外，还要掌握“借力”和协力的技巧，将分包的专业长处也纳入总包的能力之中。

在投标文件中写入总承包商的分包计划，利用分包策略能为总承包商节省投标资源，加大中标概率。成熟的总承包商会利用分包策略，充分利用投标的前期阶段与分包商和供应商取得联系，利用他们的专业技能和合作关系为投标准备增加有效资源，同时为业主展现总承包商在专业分包方面的管理能力。分包策略运用得法可在很大程度上降低总承包商的风险，有利于工程在约定的工期内顺利完成。

利用分包策略时要从长远角度出发，寻求与分包商建立持久的合作关系，把分包商看成合伙人，在规划、协调和管理工作上彼此完全平等。在选择分包商时要注意选择原则，因为分包策略是一把双刃剑，如果失去原则，总承包商可能会为自己埋下各种风险隐患，例如信用危机、服务质量缺陷等问题。

（3）商务标

总承包项目的商务方案最主要部分是项目的投标报价以及有关的价格分解。报价的高低直接影响投标人能否通过评标，获得项目。在策划报价方案之前应确信业主的评标体系，尤其是怎样评价技术标和商务标、最后的评标总分按照何种标准计算。

1）评标体系

常用的两种评价标准：一种是最佳价值标，即评标小组将技术标与商务标分别打分，并按照各自权重计算后相加得评标总分；

另一种是经调整后的最低报价，即将技术标进行打分后按照反比关系，即打分越高调整的价格越低的原则，将原有商务报价进行调整后取报价最低的投标者为中标人。

如果业主采用上述评标方法，在准备总承包报价书时要充分考虑技术标的竞争实力，如果实力欠缺则要尽量报低价以赢得主动，如果拥有特殊的技术优势就可以在较大余地范围内报出理想的报价，并充分考虑公司的盈利目标。

2）报价决策

明确评标体系后就可以按照报价工作的程序展开工作。

投标报价决策的第一步应准确估计成本，即成本分析和费率分析，第二步是标高金决策，由于这是带给总承包商的价值增值部分，因此首先要进行价值增值分析，然后对风险进行评估，选择合适的风险费率，最后用特定的方法如报价的博弈模型对不同的报价方案进行决策，选择最适合的报价方案。

一般总承包商的报价策略原则是该报价可以带来最佳支付，因此必须选择一个报价足够高以至带来充足的管理费和利润，同时还得低到在一个充满竞争对手的未知环境中有足够把握获得中标机会。

（4）完善与递交标书

承包商对工程招标进行投标时，主要应该在先进合理的技术方案和较低的投标价格上下功夫，以争取中标。但是还有其他一些手段对中标有辅助性的作用，如表3-7所示。

完善与递交标书技巧 **表3-7**

序号	内　　容
1	许诺优惠条件
2	聘请当地代理人
3	与实力雄厚公司联合投标
4	选用受业主赞赏的具有专业特长的公司作为分包商
5	开展外交活动

1）标书的排版编制包装

投标的报价最终确定以后，投标的排版编制、包装和各种签名盖章等，要完全严格按照招标文件的要求编制，不能颠倒页码次序，不能缺项漏页，更不允许随意带有任何附加条件。任何一点差错，都可能导致成为不合格的标书而废标。严格按章办事，才是投标企业提高中标率的最基本途径。另外，投标人还要重视印刷装帧质量，使招标人或招标采购代理机构能从投标书的外观和内容上感觉到投标人工作认真、作风严谨。

2）递送投标书

标书的递交为投标的最后一关，递交操作不正确很可能造成前功尽弃，所以要完全严格按照招标文件的递交要求包括递交地点、递交时限、递交份数等递交标书。递送方式可以邮寄或派专人送达，后者比较好，可以灵活掌握时间，例如在开标前一个小时送达，使投标人根据情况，临时改变投标报价，掌握报价的主动权。邮寄投标文件时，一定要留出足够的时间，使之能在接受标书截止时间之前到达招标人或招标采购代理机构的手中。

3.3 EPC工程总承包项目组织机构设置策划

1. EPC工程总承包项目组织机构设置原则

（1）一次性和动态性原则

一次性主要体现为EPC工程总承包项目组织是为实施工程项目而建立的专门的组织机构，由于工程项目的实施是一次性的，因此，当项目完成以后，其项目管理组织机构也随之解体。

动态性主要体现在根据项目实施的不同阶段，动态地配置技术和管理人员，并对组织进行动态管理。

（2）系统性原则

在EPC工程总承包项目管理组织中，无论是业主项目组织，还是EPC总承包商项目组织，都应纳入统一的项目管理组织系统中，要符合项目建设系统化管理的需要。项目管理组织系统的基础是项目组织分解结构。每一组织都应在组织分解结构中找到自己合适的位置。

（3）管理跨度与层次匹配原则

现代项目组织理论十分强调管理跨度的科学性，在EPC工程总承包项目的组织管理过程中更应该体现这一点。适当的管理跨度与适当的层次划分和适当授权相结合，是建立高效率组织的基本条件。对EPC工程总承包项目组织来说，要适当控制管理跨度，以保证得到最有价值的信息；要适当划分层次，使每一级领导都保持适当领导幅度，以便集中精力在职责范围内实施有效的领导。

（4）分工原则

EPC工程总承包项目管理涉及的知识面广、技术多，因此需要各方面的管理、技术人员来组成总承包项目经理部。对人员的适当分工能将工程建设项目的所有活动和工作的管理任务分配到各专业人员身上，并会起到激励作用，从而提高组织效率。

2. EPC工程总承包项目组织机构模式

对于EPC工程总承包项目组织机构模式，必须从三个方面进行考虑，即总承包项目管理组织与总承包企业组织的关系；总承包项目管理组织自身内部的组织机构；总承包项目管理组织与其各分包商的关系。总承包项目常用的组织机构模式包括以下几种，如图3-4所示。

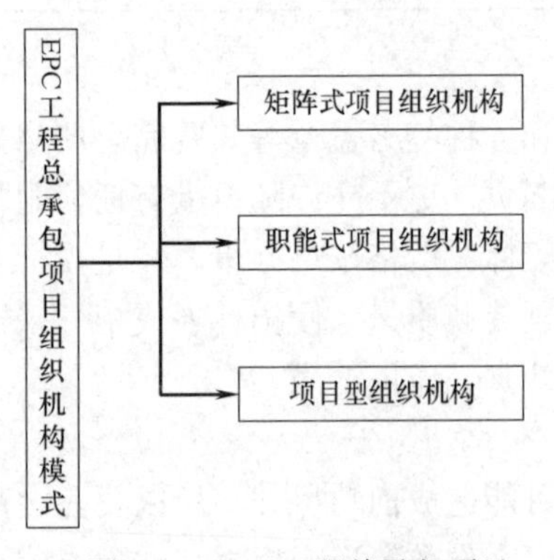

图3-4　EPC工程总承包项目组织机构模式种类

（1）矩阵式项目组织机构

当总承包企业在一个经营期内同时承建多个工程项目时，总承包企业对每一个工程项目都需要建立一个项目管理机构，其管理人员的配置，根据项目的规模、特点和管理的需要，从总承包企业各部门中选派，从而形成各项目管理组织与总承包企业职能业务部门的矩阵关系。

矩阵式项目组织机构的主要特点在于可以实现组

织人员配置的优化组合和动态管理，实现总承包企业内部人力资源的合理使用，提高效率、降低管理成本。此种项目组织机构模式，也是总承包企业中用得比较多的项目组织机构模式。组织机构的设置，应根据项目性质、规模、特点来确定管理层级、管理跨度、管理部门，以提高管理效率，降低管理成本。

（2）职能式项目组织机构

所谓职能式项目组织机构是指在项目总负责人下，根据业务的划分设置若干业务职能部门，构成按基本业务分工的职能式组织模式。

职能式项目组织机构的主要特点是，职能业务界面比较清晰，专业化管理程度较高，有利于管理目标的分解和落实。

（3）项目型组织机构

在项目型组织机构中，需要单独配备项目团队成员。组织的绝大部分资源都用于项目工作，且项目经理具有很强自主权。在项目型组织机构中一般将组织单元称为部门。这些部门经理向项目经理直接汇报各类情况，并提供支持性服务。

3.4　EPC 工程总承包项目管理策划

1. EPC 工程总承包界区

（1）总承包界区

根据业主的招标文件及相关的设计文件确定。

（2）工作范围

总承包商范围：工程勘察；工程设计；设备材料采购；建筑安装工程施工；生产人员提前进场工作和人员培训；设备单体试车和无负荷联动试车，以及负荷联动试车、投料试车，投产一年后向业主进行移交。

业主范围：项目用地的合法性；工程监理及工程质量监督；环保与水土保持、安全评价；有关工程开工、邀请招标、交工、施工许可证等申请办证；保证正常工程施工的外部协调工作；特种设备和压力容器使用许可证及消防、防雷合格证；进行性能考核及组织竣工验收。

以上内容均根据业主的招标文件或界区表来确定并调整。

2. EPC 工程总承包项目管理策划内容

EPC 工程总承包项目管理策划内容如图 3-5 所示。

（1）项目进度管理策划

根据项目总体进度计划的要求，编制设计各专业出图计划，满足现场需求。编制设备采购计划，报业主审定后执行，采购计划满足现场设备基础施工要求以及设备安装的进度要求。审核施工分包商提供的施工网络计划，重点审查关键控制点及里程碑，并针对关键控制点和里程碑提出相应的控制措施。

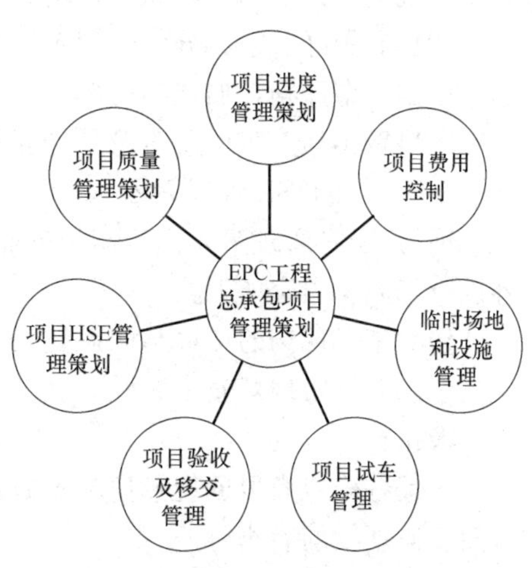

图 3-5　EPC 工程总承包项目管理策划内容

根据项目进展，编制试车计划和交工计划。

（2）项目质量管理策划

根据 PDCA 循环，按事前控制、事中控制和事后控制进行质量管理。

1）事前控制

要求分包商建立现场质量管理体系并检查其运行情况；检查分包商现场管理人员及主要作业人员资质；组织审查施工组织设计及各类专项方案；实行施工分包商开工审核制度；用于工程的主要材料采购前需经总承包商、监理、业主确认；对送检材料及试块的试验室资质进行核验；划定单位工程、分部工程、分项工程、检验批，确定质量控制点。

2）事中控制

对检验批、分项、分部、单位工程实行分包商自检、总承包商检查、监理复检、质量监督站核定的质量验收制度，上道工序不合格，不得进入下一道工序；对进场的原材料、半成品、构配件进行复检报审制度；对进场的施工机械、施工辅材进行检查，对用于施工的计量、检测、实验等重要设备进行核查，做好相应记录；做好施工图现场交底及会审工作；对每道施工工序进行检查，重点检查隐蔽部位及质量控制点；对质量检查不合格的工程，不给予计量，每月工程量进度审批时不得批准，工程款不予支付。

3）事后控制

及时做好成品质量的检查，不合格产品按照相应规定进行处置；督促分包商做好成品保护工作；每周召开会议，对上周质量情况进行通报，做好相应记录；督促分包商做好工程资料的收集、整理、归档工作；做好工程实体验收、工程资料验收、问题消缺工作；参加工程竣工验收；做好质量体系记录和项目质量过程记录，所有质量记录及时录入项目管理平台。

在项目具体实施时，需通过编制质量计划及现场各项质量管理规定，以保证质量管理的进一步实现。

（3）项目费用控制

加强施工图预算的控制，根据设计图纸编制各专业施工图预算并经业主确认，作为工程进度款支付及结算的依据。

加强设计计划变更的管理，分析变更原因，按相关规定审核设计变更费用、基础处理费用、现场签证费用等，做好费用索赔工作。

特别要做好总包、分包合同包干价部分的费用支付控制与变更控制。

根据资金计划，加强项目部日常费用开支，把每一项支出控制在计划范围内。

项目费用相关数据及时录入管理平台，利用管理平台做好费用控制的各项工作。

（4）项目 HSE 管理策划

项目 HSE 管理策划内容需根据业主招标文件要求，结合公司一体化认证体系相关内容进行编制。内容如下：

建立施工现场的环境与职业健康安全管理流程，明确各自的安全管理职责。

编制并发布现场安全、职业健康与环境管理的各项管理规定，督促并检查分包商按规定要求执行。

督促各分包商根据现场情况，编制切实可行的施工组织设计及各类专项方案，报总承包商、监理批准后执行。

建立安全例会制度，安全例会每周一次，检查安全生产情况，掌握安全生产动态，研究解决安全生产的有关问题。

设立专职安全员，对施工现场实行每天巡检，每周、每月进行专项检查。

通过合同、经济、技术手段，严格监督各分包商在施工现场的作业行为，建立现场奖罚制度，对危及安全、质量、环境的现象坚决制止。

按照公司一体化管理的要求，做好施工现场及项目部日常管理工作。对项目现场安全、职业健康与环境管理的具体内容，可通过在实施阶段编制的安全计划及现场安全管理相关规定来补充和完善。

（5）临时场地和设施管理

工程分包商较多，为了合理有效地利用现场空间，使各分包商临时设施布置及场地管理处于整齐有序的状态，对现场场地的分配和使用，总承包商将对分包商坚持以下总体原则：现场平面布置与管理应以确保用电、安全防护、消防、交通顺畅为重点，及时做好现场给水排水、清理，减少环境污染，保证场容符合创建安全文明工地的要求。

施工现场场地的使用和布置，由总承包商协调经理负责组织、协调，并由协调管理部具体实施，各分包商进行配合。各分包商临时设施的布置和场地的使用将遵循以下具体原则：

1）总承包商严格按照各阶段施工总平面图的要求进行临时设施和场地使用的布置，各分包商严格执行项目经理部的统一管理，并与总承包商在进场前签订《总平面管理责任书》。

2）施工过程中，可能会由于现场场地狭小，在施工过程中，根据不同施工阶段的需要，场地临时设施和场地布置将会出现变动，公司应加强和各分包商的沟通协调，对各单位进行统一协调和调度。要求各分包商加工场地等布置在地下室内，室外场地只允许临时卸料，不得长期占用和堆放材料。

3）各分包商的临时仓库、临时防护等，在施工前，必须报方案给总承包商，严格按总承包商的统一要求进行搭设。临时仓库要求全部采用压型钢板进行封闭。

4）总承包商管理将对现场平面布置进行责任分区布置，对各分包商使用的场地进行责任分区，要求责任分区的责任人管理好各自负责的场地的临时设施和场地管理，并统一服从总承包商的协调管理部管理。

5）总承包商对主要入口和临时设施、场地按公司统一标准要求悬挂规章制度、安全警示牌、文明施工条例、施工简介、CI 标识等。

6）总承包商将制定临时场地和设施管理办法，各分包商严格按照管理办法对各自的责任区的临时设施和场地进行管理，总承包商将根据各分包商的管理情况进行奖罚。

（6）项目试车管理

根据业主招标文件、总承包界区及工作内容来编制试车管理文件。项目试车管理具体包括：单体试车方案编制；单体试车实施；空负荷联动试车方案编制；空负荷联动试车实施；配合业主编制热负荷试车方案；配合业主进行热负荷试车；配合业主进行性能考核。

（7）项目验收及移交管理

根据业主招标文件中验收及移交要求、公司对项目验收移交的相关文件及管理制度来编制项目验收及移交管理文件。境外项目的竣工验收与移交管理，需根据项目所在国相关法律法规、业主招标文件的要求以及项目自身的特点来进行流程设计，最终作为专用条款的一部分，写入合同文本。

3. EPC 工程总承包项目管理目标

根据业主招标文件的要求，结合公司自身体系文件的要求，确定项目管理的进度目标、质量目标、HSE 目标等。

（1）进度目标

为保证工期，除合理制定工期计划外，要充分考虑各类影响工期的因素，施工准备工作尽可能提前进行，给施工预留充足的时间。同时要做好工期的控制，要预测各个环节对工期的影响并有应急保证措施。

1）制定详细的施工计划

为科学合理地安排施工先后次序以及充分说明工程施工计划安排情况，工程将施工进度计划的控制采用多级计划管理体系。

一级总体控制计划：表述各专业工程各阶段目标，提供给业主、监理、设计和相关分包商，实现对各专业工程计划实施监控及动态管理，是工程施工进度的总体控制目标。详见施工总体进度计划。

二级进度计划：以专业工程的阶段目标为指导，分解成该专业工程的具体实施步骤，以达到满足一级总体控制计划的要求，便于对该专业工程进度进行组织、安排和落实，有效控制工程进度。各分包商在施工前编制自身的二级进度计划，并报总承包商，严格实施。

三级进度计划：是以二级进度计划为依据，进一步分解二级进度计划，进行流水施工和交叉施工的计划安排，一般以月度计划的形式提供给业主、监理、分包商及项目管理人员和作业班组，具体控制每一个分项工程在各个流水段的工序工期。三级计划将根据实际进展情况提前一周提供上月计划情况分析及下月计划安排。

周、日计划：是以文本格式或横道图的形式表述的作业计划，计划管理人员随工程例会下发，并进行检查、分析和计划安排。保证每天工期计划得以落实。通过日计划保周计划、周计划保月计划、月计划保阶段计划、阶段计划保总体计划的控制手段，使阶段目标计划考核分解到每一周。所有计划管理均采用计算机进行严格的动态管理，从而不折不扣地实现预期的进度目标，达到控制工程进度的目标。

2）进度计划的管理

工程项目进度计划在工程建设的管理中起控制中心作用，在整个建设实施中起主导作用。加强工程进度计划的控制，重点要放在施工阶段的进度管理。根据工程总进度计划要求，必须采取以下措施来控制工程进度，并通过这些措施达到对工程进度的有效管理及确保总工期目标的实现。

编制进度计划时，必须将相应的资源配置、调配方案、资源需求时间纳入工期计划，以保证各项资源的按时到位。

当工期进度计划有偏差时，按照《工程风险分级预控管理办法》采取星级控制，项目必须立即制定纠偏方案，并严格按纠偏方案实施。

编制并优化施工组织总设计及单位工程和分部分项工程施工方案，所有制定的方案必须经由项目各部门评审后方可严格实施，从技术上保证工程施工的顺利进行。

认真审核和深刻理解体会总进度计划，重点审查：项目划分合理与否；施工顺序安排是否符合逻辑及施工程序；物质供应的均衡性是否满足要求；人力、物力、财力供应计划是否能确保总进度计划的实现。

将分包商的施工纳入总承包商的统一管理之下，各分包商的工期必须符合总承包商制定的工期计划，当有偏差时，向业主和分包商提出索赔。

项目每周召开计划协调会和分包协调会，解决在工期计划执行过程中出现的问题，解决总承包商、分包商之间在工序衔接、工作面移交、垂直运输等方面的问题，保证工期的顺利实现。

项目每天下班前召开碰头会，对当天的进度执行情况进行检查，并安排第二天的工作。

工程施工的计划管理由工程部门负责，技术、物资、财务、经营、质量等部门配合。工程部对整个工程施工进度计划的执行情况进行检查、监督、督促，把执行情况定期向项目经理部汇报。

技术、质保部门根据工程进度计划，提前编制施工方案、各种技术文件资料和质量保证资料，及时上报监理审批。

物资部门应根据工程部门制定的月计划，及时编制物资、机械供应计划，并采取可靠措施，确保物资按期、保质供应。

财务部门应根据施工进度计划，制定资金使用计划，在确保工程按期施工的前提下，控制非生产性开支。

经营人员负责根据工程施工进度，编制劳动力供应计划，平衡劳动力，并与公司劳务部门及时联系，确保劳动力供应。

施工队是施工任务落实的基层组织，在项目部的指挥下，根据工程施工进度计划合理、有序地组织各种生产要素，确保工程按期施工。

工程施工进度计划的管理和控制，一方面实行节点控制，根据工程进度计划确定关键线路，确定工期节点，针对节点分析可能出现的不利因素，制定可靠的保证措施，确保控制点的实现。另一方面根据总的土建施工进度计划和阶段性施工进度计划制定月、周施工进度计划，以周保月，以月保阶段，以阶段计划保总体计划。

(2) 质量目标

全面贯彻 ISO 9001：2015 质量管理体系，现场建立完善的质量保证体系，针对工程的特点，对施工全过程中与质量有关的全部职能活动进行管理和控制，使全体管理人员和员工按各自的质量职责承担其相应的质量责任。对特殊、关键部位和过程设置质量控制点。消除不合格品，提供满足顾客需求的产品。

1) 质量创优工作安排

为实现工程的创优目标，在质量管理方面，做如下安排：项目成立后，设置创优领导小组，全面负责创优工作，加强过程控制，保证工程验收一次通过。积极与政府相关部门进行对接，上报创优策划，由政府质量监督部门对工程进行过程监督。向质量监督部门上报质量创优计划表和创优策划方案，并在施工过程中，始终与政府部门做好沟通，请质量监督部门专家对创优工作进行培训和指导，在工程完工具备申报条件时，及时进行申报。制定完善的各项管理文件、方案、措施，并严格在现场施工中贯彻落实，确保按方案进行施工。加强过程质量控制，现场做好工序管理和过程控制，加强材料的选择与使用，加强成品保护。加强工程重点、难点的施工方法研究与总结，保证工程的安全与质量。结合工程设计，加强新技术、新材料、新工艺、新设备的应用。实施样板制，各道工序在施工前必须先做样板，样板经验收合格后方可进行大面积施工。实施公司标准化质量分册，并针对工程特点，对标准化手册进行深化，保证工程质量。过程中设专人负责声像资料的收集以及工程资料的收集，严格按相关标准要求实施。

2）质量保证体系的建立

为确保工程创优目标的实现，调集各种资源，组织精兵强将，科学管理，精心施工。按照 ISO 9001 质量管理体系的相关要求，现场建立严密的质量管理组织机构，实行全员、全过程的管理，加强过程控制，以每一道工序的质量保证分部分项工程质量，以每个分部分项的工程质量保证整体工程质量。

项目经理部建立相应的质量组织机构，项目经理为质量第一负责人，项目质量总监为现场质量负责人，建立各级岗位人员的质量责任制，分级管理，分级负责。

项目配备质保部，负责现场质量的过程控制，质保部为现场的质量监督检查部门，配备懂技术、有责任心的专职质量检查员检查现场施工质量，执行“三检制”，对出现的不合格品进行标识，并发出整改通知单，负责核定分项工程的质量等级。

各施工班组配备自己的质量检查人员，工长应做到每天检查自己当天的作业，并在班组中开展相互评比。

强调人的管理，根据项目的特点，合理设置管理岗位，择优配置管理人员，确保对工程的每个单项工程、每个分部分项工程、每个专业、每个分包商都能进行高效的、到位的管理，真正做到事无巨细、均有人管理。

坚持“质量要提高，意识要先行”的原则，重视对各级领导和全体员工质量意识的强化工作，使每一位员工认识到质量是企业的生命，树立“质量第一”的观点，形成人人重视质量，人人抓质量的良好局面。

3）成立质量创优领导小组

为了实现创优管理目标，除建立质量管理组织机构，实行全员的质量管理外，项目将成立以项目经理为组长的质量创优领导小组，全面负责创优管理工作，抓好现场质量管理，并积极与质监站、业主、监理等沟通，取得支持，以确保创优目标的顺利实现。

（3）安全文明施工目标

施工现场的安全文明施工管理是衡量项目部管理水平的第一窗口，为搞好施工现场的安全及文明施工，提高项目管理水平，逐步向规范化、制度化、标准化、精细化管理迈进，工程安全文明施工目标如下：

通过对施工现场中的质量、安全防护、安全用电、机械设备、技术、消防保卫、场容、卫生、环保、材料等各个方面的管理，创造良好的施工环境和施工秩序，特别是做好施工总平面的动态管理。达到安全生产、加快施工进度、保证工程质量、降低工程成本、提高社会效益，确保工程达到可供观瞻工地，创安全文明施工优良工地。

1）安全、文明施工目标的实施

为确保安全文明施工目标的顺利实现，主要从以下方面着手，打造可供观瞻的现场安全及文明工地：对现场总平面进行详细策划，在地下室阶段，由于场地狭小，现场重点是做好基坑安全防护，按标准搭设临时通道和实施结构样板。在地下室完成后，重新对总平面进行详细布置，严格按照可供观瞻的要求，将现场总平面分区规划，分类堆码，各种车间、防护设施严格按照标准化手册的要求实施。

在施工过程中，积极与政府部门对接，请相关部门对现场进行指导，为实现安全文明工地和组织观瞻打下基础。

在施工过程中，加强总平面的控制和保持，设专人负责总平面和现场完工场清的维护，保证现场始终有一个良好的形象。

始终把现场安全文明施工和 CI 的实施结合在一起，创造良好的企业形象。

始终抓住标准化施工这条主线，在临时设施布置、场平布置、场容场貌、安全防护、质量管理等各方面，按照局、公司相关标准要求实施，确保现场整体形象和展示企业的良好形象。

2）安全管理组织机构

按照安全总体指导思想的要求，为了确保实现安全目标，将在现场建立严密的安全管理组织机构，以形成严密的安全管理体系。项目经理为第一安全负责人，并亲自抓安全生产。建立公司总部、项目管理层、作业层三级安全管理网络，建立安全保障体系，制定安全保证措施，服从监理、业主的统一管理，确保施工人员安全与健康。

安全员必须执证上岗，现场建立健全安全执法队，全权负责现场安全工作，充分给予安全生产的一票否决权，确保安全管理目标的全面实现。要求专职安全员具有行使安全管理的资格，精通安全操作规程，并能认真负责，严格执行安全管理条例。施工现场所有施工人员均有明确的安全职责，形成一个严密的安全保证体系，以做到“安全第一，预防为主”。

（4）消防保卫目标

遵守现场消防、保卫规定，不发生火灾，不出现偷盗和丢失现象及施工成品破坏现象。

3.5 境外 EPC 工程总承包项目实施策划

境外 EPC 工程总承包项目除上述内容外，还受自然环境、所在国法律法规、物流、基础建设等条件影响，存在较大不确定因素，而这些不确定性因素对项目的报价及实施有直接影响。因此，在项目实施策划阶段，应根据现场踏勘收集的资料，按图 3-6 所示内容进行项目实施策划。

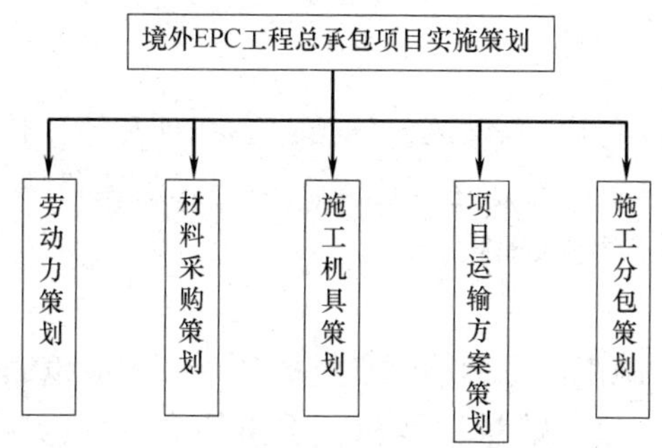

图 3-6 境外 EPC 工程总承包项目实施策划

1. 劳动力策划

（1）来源选择

境外项目建设期所需劳动力来源分三类：①来自项目所在国当地；②来自中国国内；③来自项目所在国和中国以外的第三方国家。劳动力来源的选择主要受项目所在国相关法律法规、国情、国民素质几大因素制约。

对于有多种劳动力来源选择方案的，需进行劳动力方案比选，从成本、作业素质、管理难易度综合考虑。一般情况下，土建技术工种（钢筋工、木工、水电工、焊工等）和安装作业工种优先选择国内的工人，其他杂工在项目所在国就地招聘，并委托有经验的中国工长进行管理和培训（如具备条件）。

（2）劳动力进场计划

劳动力进场计划需根据项目规模、劳动力来源、项目网络计划来编制。最终根据进场计划，编制项目劳动力柱状分布图。

2. 材料采购策划

建设期所需要的材料来源渠道分为三类：①在项目所在国采购；②从中国国内采购，海运＋陆运运至施工现场；③从项目所在国及中国以外的第三国就近采购，并运至项目现场。

材料来源的选择主要受以下因素的影响：

（1）设计标准的选择

对于业主在招标文件或其他文件中明确使用非中国标准的项目，如项目所在国有较成熟的原材料市场，尽量考虑就地采购基材，以避免因材料选型不符合设计标准而导致项目无法交工的风险。

（2）项目所在国工业、贸易发达程度

项目所在国工业和贸易发达，工业产品和原材料市场化程度较高的，尽量考虑就地采购基材；如项目所在国基础工业水平低，工业产品和原材料市场化程度低的，则应考虑就近从第三方采购，或者直接从中国国内采购后，运输至现场。

（3）项目所在国相关的法律法规及政策

与材料来源相关的法律法规主要有两类：①项目所在国进口、关税方面的法律法规；②环保、资源类法律法规。在项目策划时，需根据相应的法规来制定材料供应计划，如对原材料进口有惩罚性关税措施的国家，应尽量考虑在当地采购。

3. 施工机具策划

（1）来源选择

建设期所需要的施工机具来源渠道分三类：①在项目所在国租赁（或采购）；②从中国国内租赁（或采购），海运＋陆运运至施工现场；③从项目所在国及中国以外的第三国就近租赁（采购），并运至项目现场。

（2）施工机具清单

对于选择从国内采购施工机具运输至现场的项目，还应该编制施工机具清单，清单中包含机具名称、型号、厂家、数量、体积、重量等参数，为项目物流策划及报价提供依据。

4. 项目运输方案策划

（1）运输物品清单

运输物品清单应包括以下三部分：从国内采购的设备、材料的数量、重量及体积；从国内采购的施工机具数量、重量及体积；从第三国引进的设备、材料数量、重量及体积。

（2）运输路线

运输路线的选择需从三个方面考虑：国内集散地、出发港的选择；海上运输路线的选择；从港口到项目所在地物流路线的选择。

（3）物流分包策划

确定所需要运输的物品清单；确定物流路线；邀请一定数量的物流公司来参与项目运输报价；报价比选后，有倾向性地选择一家或两家物流公司合作，待项目启动后，将物流工作整体发包给合作物流公司。

5. 施工分包策划

（1）国内分包商

在项目所在国政策允许、业主招标文件没有明确要求使用国外分包商的前提下，应尽量发包给国内分包商。在发包给国内分包商时，应根据项目规模确定分包商数量，小项目直接发包给一家分包商，大中型项目可选取2～3家分包商，便于项目的运作和施工管理。

同时，应按市场化运作的原则，根据分包商的资质、单位自身实力、在项目所在地是否有相关业绩、以往合作情况以及管理难易程度等因素，选取3～4家意向合作单位，并在项目前期邀请这些单位配合项目策划及投标工作，待项目中标后，则按照相关制度，严格按照招标程序，选择进场施工的分包商。

（2）国外分包商

在项目所在国相关政策不允许中国承包商，或业主招标文件中明确要求使用当地分包商或第三国分包商的情况下，项目施工需发包给国外分包商。在选取国外分包商时，应充分考虑国外分包商的工人素质和装备水平，在选取分包商时，尽量征求业主的意见，或者请业主提供部分与业主单位合作过的分包商，再进行评价、选择。若国外分包商的技术及装备水平普遍较低，则发包时尽量只将土建部分发给国外分包商，对于技术含量高的工作，可邀请国内分包商派人以总承包商的名义到现场实施（需遵守项目所在国的法律）。

如确需将建安工程全部发包给国外分包商，项目部可通过国内分包商，聘用一批有经验的工人作为工长和技术指导人员，到现场协助，以保证现场安装、筑炉等工作的质量能满足设计要求。

复习思考题

一、单选题

1. EPC工程总承包模式的（　　）直接影响着整个项目的可行性，直接决定了此工程项目能否获得审批。

A. 前期阶段项目策划

B. EPC工程总承包项目投标策划

C. EPC工程总承包项目投标的资格预审

D. EPC工程总承包项目投标的前期准备

2. 由于能否成功实施 EPC 工程总承包项目关系到业主的经济利益和社会影响，因此（ ）时业主都持比较谨慎的态度，他们会在资格预审的准备阶段设置全面考核机制。

A. EPC 工程总承包项目投标的前期准备　B. 在选择总承包商

C. 选定分包商和制定采购方案　D. 现场勘察和标前会议

3. （ ）是投标准备最为关键的阶段。

A. 前期准备　B. 完善与递交标书

C. 编写标书　D. 合同条件

4. 对 EPC 工程总承包项目而言，（ ）是投标小组需要认真研究的首要问题。

A. 识别业主的要求　B. 对设计方案评价

C. 需要提供的文件清单　D. 投标阶段的设计要求

5. 从业主评标的角度看，在技术方案可行的条件下，总承包商能否按期、保质、安全并以环保的方式顺利完成整个工程，主要取决于（ ）。

A. 总承包商的管理水平　B. 业主的技术评标

C. 提供具有竞争力的价格信息　D. 关键设备采购计划

二、多选题

1. 设计投标方案编制的关键决策点的分类包括（ ）。

A. 设计资源配置　B. 需求识别　C. 方案优选　D. 施工方案

2. EPC 工程总承包项目投标的前期准备包括（ ）。

A. 投标者须知　B. 合同条件　C. 业主要求　D. 总体实施方案

3. 业主的设计要求一般都写在招标文件的（ ）中。

A. 投标者须知　B. 业主要求　C. 图纸　D. 投标方案

4. EPC 工程总承包项目组织机构设置原则包括（ ）。

A. 一次性和动态性原则　B. 系统性原则

C. 管理跨度与层次匹配原则　D. 分工原则

5. EPC 工程总承包项目组织机构模式包括（ ）。

A. 矩阵式项目组织机构　B. 职能式项目组织机构

C. 项目型组织机构　D. 全球型组织机构

三、简答题

1. 请简述 EPC 工程总承包项目投标的前期准备工作。

2. 请对 EPC 工程总承包投标文件编制中的关键决策点进行分析。

3. 请简述 EPC 工程总承包项目管理方案的主要内容。

4. 请简述 EPC 工程总承包项目组织机构设置原则。

5. 请简述 EPC 工程总承包项目组织机构模式。

6. 请简述 EPC 工程总承包管理策划的主要内容。

第 4 章　EPC 工程总承包规划管理

本章学习目标

通过本章的学习，学生可以掌握 EPC 工程总承包规划的各个重要环节，对 EPC 工程总承包项目整体的规划与管理有更深入的认识。

重点掌握：EPC 工程总承包项目的融资过程、分包商管理。

一般掌握：EPC 工程总承包项目的进度与质量管理。

本章学习导航

学习导航如图 4-1 所示。

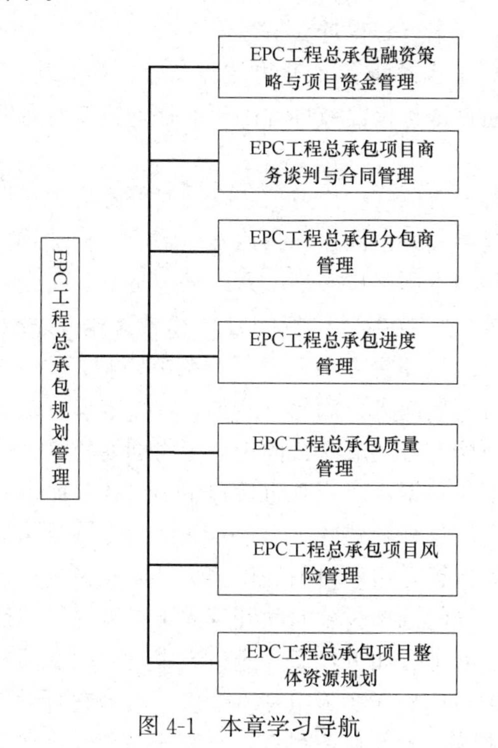

图 4-1　本章学习导航

4.1　EPC 工程总承包融资策略与项目资金管理

1. EPC 工程总承包的融资渠道

自有资金包括现金和其他速动资产以及可以在近期内收回的各种应收款等。企业存在银行的现金通常不会很多，但某些存于银行作透支贷款、保函或信用证的担保金等冻结资金，如果能够争取早日解除冻结，也属于现金一类。速动资产包括各种应收银行票据、股票和债券（可以抵押、贴现、交易而获得现金的证券），以及其他可以脱手的存货等。至于各种应收款，包括已完合同的应收工程款、近期可以完工的在建工程款等。此外，企业已有的施工机具设备，凡可以用于本工程者，都可以按照拟摊入本工程的折旧值作为自有资金。

自有资金无筹集成本，风险较小，利用自有资金可以获得较高的利润回报。但是承包商的自由资金通常是有限的，且国内很多工程需要承包商垫资，因此利用其他途径获取资金的能力非常重要，尤其对承包商竞标的成功起着很大作用。承包商可以通过国内金融机构和国外金融机构融资。

（1）利用国内金融市场进行融资

1）利用财政部贷款与商务部贷款

我国财政部有少量对外承包企业周转金贷款，商务部有少量国际经济合作基金贷款，如果承包的是国外工程，可以争取申请这些低息贷款。

2）利用商业银行贷款

利用短期透支贷款。这种方式适用于每月按完成工程量贷款的项目，可由有信誉、有实力的企业担保向国内商业银行获得透支贷款。

利用抵押贷款。EPC工程总承包企业可用设备、厂房、房产等固定资产作抵押向国内商业银行获得贷款，通过银行指定或推荐的资产评估机构对企业的资产进行评估后就可以得到此类贷款。

利用我国材料及设备出口信贷。出口信贷又称对外贸易中长期贷款，是本国银行向本国出口商或外国进口商提供的并由国家承担信贷风险的一种贷款。它是扩大出口的一种重要力量，出口信贷是一种与本国出口密切联系的信用贷款，它受到官方资助，许多国家都设有专门的出口信贷机构，负责出口信贷的管理和经营业务。根据接受信贷的对象来划分，出口信贷分买方出口信贷和卖方出口信贷。买方出口信贷（Buyer Credit）的具体方式有两种：①出口方银行直接向进口商提供贷款，并由进口方银行或第三国银行为该项贷款担保，出口商与进口商所签订的成交合同中规定为即期付款方式。出口方银行根据合同规定，凭出口商提供的交货单据，将贷款直接付给出口商，而进口商按合同规定将贷款本利陆续偿还给出口方银行。这种形式的出口信贷实际上是银行信用。②由出口方银行贷款给进口方银行，再由进口方银行为进口商提供信贷，以支付进口机械设备等的贷款。进口方银行可以按进口商原计划的分期付款时间陆续向出口方银行归还贷款，也可以按照双方银行另行商定的还款办法办理。而进口商与进口方银行之间的债务，则由双方在国内直接结算清偿。这种形式的出口信贷在实际中用得最多，因为它可以提高进口商的贸易谈判效率，有利于出口商简化手续，改善财务报表，有利于节省费用并降低出口方银行的风险。卖方出口信贷（Supplier Credit）是出口方银行向国外进口商提供的一种延期付款的信贷方式。使用卖方出口信贷，进口商在订货时须交一定数额的现汇定金，具体数额由购买商品所决定。如成套设备和机电产品一般不低于合同金额的15%，船舶则不低于合同金额的20%。定金以外的贷款，要在全部交货或工程建成后陆续偿还，一般是每半年偿还一次。使用卖方出口信贷的最大好处是进口方不须亲自筹资，而且可以延期付款，有效地解决暂时支付困难问题，不利的是出口商往往把向银行支付的贷款利息、保险理赔费等都打入货价内，使进口商不易了解贷款的真实成本。

我国 EPC 工程总承包企业在很多情况下承包的是国际工程，在国际工程承包经营中需要大量的材料、设备，利用我国出口信贷既利于我国材料、设备的出口，又利于我国 EPC 工程总承包企业节省资金，还能使承包工程顺利进行。现在，我国已专门成立了进出口银行来扶持我国的出口贸易，同时也为我国承包企业利用我国出口信贷提供了便利。

3）利用信托机构融资

① 信托贷款

信托贷款是信托机构开办的一项主要信托业务，它是信托机构利用吸收的一般性信托存款和部分自有资金，对自主选定的企业和项目发放的贷款。

信托贷款作为信托业务的重要组成部分，以其方式活、内容多、范围大等优势解决了许多银行解决不了的资金急需问题。因此利用信托贷款融通资金也是一个很有前途的融资方式。

信托投资公司办理的信托贷款与一般商业银行贷款相比，有两个特点：资金来源于一般信托存款；信托贷款利率比较灵活，可在国家规定的范围内浮动。

信托贷款的条件：信托贷款的对象必须是具有独立法人资格的企业。凡经营性的企业经营效益好，均可申请信托贷款，我国 EPC 工程总承包企业具备申请信托贷款的条件，这是因为：

a）EPC 工程总承包企业实行独立核算、自负盈亏，有齐全的会计账务和财务报表。

b）EPC 工程总承包企业具有规定比例的自有资金和必要的设备与场地。自有资金水平的高低，是承包企业自身发展能力大小的决定因素之一，同时又是减少经营风险、偿还债务的重要保障。

c）EPC 工程总承包企业经营的范围符合国家产业政策，企业布局合理，经营正当，为社会生产、经济发展所需要。

d）EPC 工程总承包企业都是国内较有实力的企业，有足够资产作抵押。

综合上述，我国 EPC 工程总承包企业符合信托贷款的条件，既有发展前途又有还款保证，因此可利用这一融资渠道。

信托贷款按借款人使用资金的性质分为固定资产贷款、流动资金贷款、临时周转贷款三种。

a）利用固定资产贷款。信托机构发放的固定资产贷款额，最高不超过当年增加的信托存款额、发行债券与实收资本金之和的 60%，EPC 工程总承包企业可利用固定资产贷款购置设备等固定资产。

b）利用信托流动资金贷款。贷款时要考虑总承包企业自有资金的拥有和使用情况，以及向银行借用流动资金贷款的情况。信托投资公司要审查总承包企业申请流动资金贷款的原因及直接用途，要落实还款来源及保障措施。

c）利用信托临时周转贷款。当原定购进的材料、设备提前到货，资金临时占压时，企业暂时出现资金短缺，可以申请该种贷款。

② 委托贷款

信托机构融资的另一种方式就是利用委托贷款融资。委托贷款就是委托单位将确属自主使用的一定资金交存信托机构，作为委托贷款保证金，即委托存款，同时委托信托机构按其指定的单位、项目、用途、金额、期限、利率发放的贷款业务。

委托贷款是和委托存款（委托贷款保证金）相对应的一种由委托人指定对象、方向、用途、期限、利率并由委托人自担风险的贷款，是一种多边信用，信托机构作为金融中介，可把需求资金的EPC工程总承包企业与资金供给者联系起来，帮助企业融通资金。

委托贷款的特点：委托贷款纯属中间业务，若资金需求者为EPC工程总承包企业，那么信托机构只是企业和资金供给者之间的一架桥梁，它既要与委托单位联系，又要与借款的EPC工程总承包企业联系。信托机构只收一定手续费，所有可能的风险也由委托单位承担，信托机构不承担经济责任。对于委托贷款合同中的每项条款的确定和修改，信托机构无权处理，必须由借贷双方商定。

我国EPC工程总承包企业应对信托机构的业务做深入了解，充分利用这一融资渠道。

4）利用国内证券市场融资

改革开放以来，我国企业利用国内有价证券市场筹集资金工作取得很大成就。有价证券市场包括债券市场和股票市场，证券市场作为长期资本的最初投资者和最终使用者之间的有效中介，是金融市场的重要组成部分，投资者通过证券市场买卖有价证券而向发行企业提供资金，企业通过证券市场发行股票或债券，可以筹措到相对稳定的长期资金。

① 利用国内股票市场融资

股份制是EPC工程总承包企业必走之路。随着人类社会进入社会化大生产时期，企业经营规模扩大与资本需求不足的矛盾日益突出，于是产生了以股东共同出资经营，以股份公司形态出现的企业组织，股份公司的变化和发展产生了股票形态的融资活动，股票融资的发展产生了股票交易的需求，股票的交易需求促成了股票市场的形成和发展，而股票市场的发展最终又促成了股票融资活动和股份公司的完善和发展。因此，股份公司、股票融资和股票市场的相互联系和相互作用，推动着股份公司、股票融资和股票市场的共同发展。

我国EPC工程总承包企业实行股份制更有其内在必要性。EPC工程总承包企业一般都是承包大型工程，而大型工程承包中一个重要而明显的特点是竞争激烈，一些发达国家的大公司依靠其雄厚的资本、先进的技术，在大型工程承包市场上占据主导地位，我国单个EPC工程总承包企业很难与这些公司展开竞争。我国EPC工程总承包企业走股份制道路，联合成立股份制集团公司，大规模利用社会闲散资金，可以从规模、技术、资本、信息等各个方面提高自己的综合实力，这有利于在大型承包市场中与那些大公司相抗衡，提高竞争力。

目前我国EPC工程总承包企业绝大多数是国有企业，实行股份制，就形成了较合理、较规范的权、责、利制衡机制，经营权、所有权分离，形成了有效的监督机制，使经营者的经营行为受到监督，有利于约束和规范经营者行为，有助于国有资产流失问题的解决，还能促进国有资产的保值、增值。EPC工程总承包企业实行股份制改革，使各类产权有了明确的界定，有利于企业的进一步融资和发展，从而更有效率地开展国际工程的承包活动。

股票筹集资金的特点是直接向公众筹集资本性资金，投资者拥有企业的股权，分享企业利润。股票上市必须具备以下条件：

股票经国务院证券管理部门批准，已向社会公开发行；公司股本总额不少于人民币5000万元；开业时间在3年以上，最近3年连续盈利，原国有企业依法改建而设立的，或者《公司法》实施后新组建成立的，其主要发起人为国有大中型企业的，可连续计算；持有股票面值达人民币1000元以上的股东人数不少于11人，向社会公开发行的股份达公司股份总数的25%以上；公司股本总额超过人民币4亿元的，其向社会公开发行股份的比例为15%以上；在最近3年内无重大违法行为，财务会计报告无虚假记载；国务院规定的其他条件。

EPC工程总承包企业只要具备了上述条件，不妨通过股票融资的方式上市融资，获取大量资金，为承包更大的工程做好资金准备。

② 利用国内债券市场融资

债券是常见的投资手段和集资工具，EPC工程总承包企业利用债券市场融资是其资金来源的重要方式之一。

债券就是各种政府债券、金融债券和公司债券的总称。它是由政府、金融机构或工商企业向社会借债时所出具的标明借债金额、期限、利率、到期还本付息金额的债务凭证。债券体现了一种债权和债务的关系，具有流动性、自主性、安全性等特征。

债券的发行从改革趋势看，更多的企业将通过发行债券来筹资，作为企业的决策者，应全面掌握发行企业债券的基本要求和技巧。我国对发行债券筹资是有一定限制的，按照有关规定企业必须具备以下条件才能发行债券：

股份制有限公司的净资产额不低于人民3000万元，有限责任公司的净资产额不低于人民币6000万元；累计债券总额不超过公司净资产额的40%；最近3年平均可分配利润足以支付公司债券1年的利息；筹集的资金投向符合国家产业政策；债券的利率不得超过国务院限定的利率水平；国务院规定的其他条件。

发行债券筹集的资金必须用于审批机关批准的用途，不得用于弥补亏损和非生产性支出。企业发行债券要有一定的程序。申请和审批、进行资信评估、企业债券负债表印制应表明具体内容、债券的发行及上市交易。

发行方式主要有：自营发行、代理发行、承销发行、联合发行。债券的偿还方式有：到期一次偿还、分期偿还、提前偿还、债券替代。

债券融资的优点是：债权人不能参加企业赢利分配；企业债券的发行费也不能很高，融资成本比银行贷款低；发行债券，股东对企业的控制权不受损害；债券本金、利息可在税前分发，可享受税收优惠；企业可以回收债券；利用债券融资的财务杠杆作用，可以使企业的利润大幅度上升，也便于企业调整公司资本结构。随着我国人民生活水平的提高，人们手中的闲散资金也越来越多，我国EPC工程总承包企业可以根据公司的情况发行国内债券进行筹资。

5）利用与国内其他企业联合承包融资

大型工程承包市场竞争越来越激烈，我国的EPC工程总承包企业往往势单力薄，特别是与国际上一些大的国际承包商在大型项目的竞争中常常遇到自有资金不够、技术储备和资深专家不足、管理手段不适应等困难。我国EPC工程总承包企业在国际工程市场中得到的大多是发展中国家的工程，且多为中小规模的工程，有的还只能承担专业分包或分项工程。

我国EPC工程总承包企业要发展壮大，要上新台阶，占领更多的市场份额，最重要的就是要迅速增强实力和竞争力。提高我国EPC工程总承包企业竞标时的综合实力，有很多方法，其中一种切实可行的方法就是我国 EPC 工程总承包企业走联合之路，成立集团公司。EPC 工程总承包企业的联合，可使要素优化组合而得到更充分合理利用，优势互补，提高效益，而且有能力承包更大的、更高档次的项目，在不增加外部资金的情况下，资金实力雄厚了，对外承包工程有了坚定的资金后盾。技术力量强大了，对一些高新技术，困难问题都可顺利解决。联合之后，统筹分工配合，目标一致可重点承包一些大项目。

6）利用其他融资方式

随着我国市场经济的深入发展，企业之间的竞争越来越激烈，而国家金融市场的建立和完善，使得企业的融资方式、渠道逐渐增加，企业家也越来越重视融资成本、融资效益、融资风险和融资渠道的开拓。下面浅谈一下我国企业的一些新融资方法。

① 企业收购和合并融资

企业收购指企业通过另一家企业的资产或股票取得这家企业的经营控制权。企业合并指企业间无偿合并资产或股票，组成一个企业。企业收购分为资产收购和股份收购。企业合并分为企业合并后不成立新公司和合并后成立新公司。

在激烈的市场竞争中，有的工程承包企业管理不当，效益低下，处于竞争劣势地位，但有的工程承包企业却因经营管理有方，经济效益好，在竞争中处于优势地位。由于在市场竞争中，规模优势有利于企业降低成本，提高抗风险能力，因此处于优势的企业往往需要扩大生产规模以发展生产，如要重新建厂房、购置设备等，耗费较大，如果利用劣势企业的厂房、设备等，然后注入本企业的经营管理、企业文化等因素，那么收购劣势企业就可以成为解决优势企业问题的好办法。我国 EPC 工程总承包企业可以利用这种方法扩大自己的规模，利用规模经济效应获得更大的竞标能力和项目运作能力。

② 赊购赊销融资

当一个企业出售产品时，需要找买主，而另一个需要这种产品的企业又没有钱，这种难题可以通过赊购赊销的形式解决。一般，买卖双方先商定付款时间，买方从卖方取走产品，真正付款时间是预定延后的时间。在这种交易中，买方企业通过赊购，实际上等于不用签署正式借据，就筹措到了一笔相当于货款数额的短期资金，当所购得的货物用于买方企业的生产经营时，则可获得利润的增加，因而这是一种简单的融资方式。目前，社会上时兴的分期付款，实际上就是一种赊购赊销的融资形式。EPC 工程总承包企业及其分包企业可以通过向下游材料供应商等进行赊购，从而获得更大的资金调剂能力。

（2）利用国际金融市场融资

世界上许多国际工程承包公司在很大程度上利用了国际金融市场进行融资。随着国际金融市场的发展，这种方式在国际工程承包中日益普遍和重要。在发达国家国际工程承包公司的资金来源中 50%以上都依赖于外部融通资金，其中美国为 55%，德国为 59%，英国为 44%，日本则高达 82%，目前许多发展中国家在国际工程承包中越来越多地采用国际融资。所以我国 EPC 工程总承包企业在利用好国内资金的同时，也应当面向国际金融市场拓宽融资渠道。国际金融市场是一个庞大而完备的市场，利用它可以融通大量自由外汇资金和工程所在国货币及第三国货币，使借、用、还一致，减少汇率风险。在过去的这些年里，我国的 EPC 工程总承包企业进行国际融资的还很少，因资金短缺缘故而流失掉了许多有利可图的工程项目。国际融资对于我国 EPC 工程总承包企业来说还是一门新的课题，如何掌握国际融资这门技巧已成为我国EPC工程总承包企业急需解决的问题之一。

EPC工程总承包企业除在充分利用自有资金、国内金融机构贷款、证券市场筹资外，应积极开展国际融资，利用好国外市场。

在国际经济发展过程中，一方面是发达国家出现了大量的过剩资本，当这些资本在本国找不到有利的投资环境时，就要突破国界，向资本短缺、生产要素中资本比例低而市场又较为广阔的经济不发达国家或地区输出。另一方面，发展中国家为了加速本国经济发展需要大量资本，在自己资金缺乏的情况下，就需要引进外资以弥补不足。投资收益的国际差异、国际分工的发展、生产国际化水平的提高和国际竞争的激化，进一步影响了国际资本的流动，也促进了国际信贷的发展。

1）利用政府间双边贷款

政府贷款是由一国政府向另一国政府提供财政资金的优惠性有偿借款。政府贷款属于经济援助型的一种贷款，它利率低、期限长、条件较优惠，在双边关系比较协调的情况下，贷款双方政府容易达成协议。通过合理利用发达国家政府贷款开发本国资源，发展生产，可以提高科学技术水平，增强出口能力和我国在国际市场上的竞争能力。

我国与周边国家关系较好，国际地位和信誉高，可充分利用这一优势，利用政府间双边贷款融资。世界上几个主要对外提供政府贷款的国家有日本、美国和德国。日本属亚太地区，中国与它有着地域的优势，且互补利益关系相当密切。同时，中国的巨大市场又对美国和德国具有极大诱惑力，它们对向我国提供政府贷款有很大兴趣，我国政府应积极利用这些有利条件进行融资，支持我国EPC工程总承包企业开拓国际市场，提高竞争力。但政府间贷款数量要受贷款国家的国民生产总值、国家财政及国际收支状况的限制，金额一般不会太大。政府间贷款具有援助性质，利率低，偿还期长，贷款与专门的项目相联系，因此往往又带有一些非经济性条件。政府间贷款一般不会直接用来对外直接承包工程，而只作为项目投资的一部分用于对外招标发包，我国EPC工程总承包企业应积极关注国际市场上这些有外国政府贷款的工程项目，争取中标，因这类项目一般都经过严密评估论证，管理较严密。我国企业一旦中标成为此类项目的承包商，就可望获得可靠收入和信贷支持。

2）利用国际金融组织融资

国际金融组织是指一些国家为了达到某项共同目的，联合兴办的在国际上进行金融活动的机构，世界性的国际金融组织主要有国际货币基金组织（IMF）和世界银行，世界银行的附属机构——国际开发协会的贷款也应是我国筹资的主要来源之一。它的优点是利率固定，低于市场利率，并根据工程项目的需要定出较为有利的宽限期与偿还办法。世界银行与国际开发协会对工程项目所提供的贷款要在广泛的国际承包商中进行竞争性招标，从而压低建设成本，保证建设技术最为先进。该组织以资金支持的项目其基础是扎实的，工程都能按计划完成，而且所提供资金的项目带有一定的技术援助成分。缺点是手续繁杂，从设计到投产所需时间长；贷款资金的取得在较大程度上取决于该组织对项目的评价；该项目所坚持的项目实施条件如收费标准与构成、管理机构、管理方法等都与东道国传统做法不同，但东道国要被迫接受；该组织对工程项目发放的贷款，直接给予工程项目中标的国际承包商，借款国无法知道费用核算结果。

3）利用国际商业银行贷款

国际商业信贷是指借款人在国际金融市场上向外国银行按商业条件承借的贷款。国际上的这种贷款人一般都是企业和其他法人机构，其中包括与出口相联系的贷款。

各国经济的发展需要借用国外资金，而无论是外国政府贷款还是国际金融组织贷款等优惠信贷都有条件限制，资金数量有限，也不易争取，于是各国就积极争取吸收国际市场的资金，以便灵活应用。EPC 工程总承包企业在此方面具体应用方式是多种多样的。

短期透支贷款这种方式较适用于每月按完成工程量付款的项目。如果承包工程所在国的货币是软通货，而且支付货币属于当地货币，利用当地银行透支贷款可减轻货币贬值风险。我国 EPC 工程总承包企业在周转流动资金不足时，可向我国的商业银行或国际公认的金融机构担保向当地银行开出透支担保保函，保函规定最高透支金额及担保有效期，即可获得透支贷款。

透支贷款是指企业从当地银行借一定数量的当地货币或外币，用于购买材料和设备，一旦收到每月的工程付款，立即归还银行。由于这种贷款是随借随还的，银行只按公司账号中的赤字金额逐日计息，尽管贷款年利率可能较高，但实际赤字金额时大时小，而且计息时间并不长，因此花费的利息总值并不多。同时，只要业主付款确实可靠，公司善于经营，贷款最高限额不大，承包商和银行的风险都不会很大。对于贷款时间太长，长久保持的赤字金额较大时，采取透支贷款就不够合算了。承包商应当寻找其他贷款形式，以降低利息费用。

存款抵押贷款。有些国家的当地银行不接受别国银行的透支担保保函，但通过协商，如果承包商的资信可靠，而且其承包的工程是确实有支付保证的，银行可能愿意提供存款抵押贷款。在工程所在国的支付货币是软通货和按进度付款的条件下，采用这种方法是比较有利的。

承包商可以用很少部分硬通货，或者以工程设备作为抵押，从当地银行获得较多的当地货币贷款。抵押款和借款比例称之为抵押存款限额，限额越低对承包商越有利，只有资信极好的 EPC 工程总承包企业，才可以争取到银行的特别优惠，给予最低抵押存款限额（如 10%～15%），我国 EPC 工程总承包企业在工程所在国应当广交银行界朋友，保持良好信誉，经常向银行介绍本公司工程进度，这样才能争取到优惠的存款限额条件。

采用存款抵押贷款方法，一方面可以少存多借，获得大大超过自有资金的流动资金信贷；另一方面还可以保持自己的硬通货及其利息收入，可避免当地货币贬值的风险。

利用业主开出的银行付款保函作抵押向外国银行申请中短期贷款，当业主要求延期偿付工程款时，这实际上是要求承包商垫付建设资金，而后由业主在一定时间内分次偿还，并支付一定利息。在这种情况下，承包商因垫付资金额较多，可以要求业主从一家可被接受的银行（如国家商业银行）开出付款保函作为支付工程款的保证，这时承包商可利用这份保函同外国银行协商，只要该国银行对承包商的信誉和开保函的银行资信是相信的，而且审查了该项目的可行性，可能接受这份保函为抵押而给予承包商一笔项目专用贷款。

使用这种贷款，一般来说，工程业主给承包商延期付款的利率是较低的，而从外国银行取得商业信贷的利率的确较高，两者之间可能出现较大差额，承包商应当认真计算，将利息差额计入工程保价之中，否则承包商将降低自己的利润来弥补这一差额，甚至会由此造成亏损。

利用材料及设备出口信贷承包国际工程，承包商需从第三国进口材料、设备，因此承包商可充分利用第三国的出口信贷来融资。许多国家都设有专门的出口信贷机构，负责出口信贷的管理和经营业务。

出口信贷的贷款利率一般比相同期限的商业贷款利率低，并且由于出口信贷金额大、期限较长，因而存在一定风险，西方发达国家一般都设有国家贷款保险机构，对出口信贷给予担保，风险由保险机构承担。

利用国际银团的银团贷款。贷款银团就是由一家或几家银行牵头，多家银行参加而组成的银行集团。由这样的一个集团按照内部分工和各自分担比例向某一借款人发放的贷款就是银团贷款，又称辛迪加贷款。

许多大型工程需要的资金太多，承包商带资垫款承包或接受延期付款颇感困难，可以利用国际银团联合贷款的方式融通资金。一般国际承包商同某些较大的国际银行有着良好和密切的关系，他们经常互通情报，碰到某些大型建设项目可以相互合作。在工程项目基本可行的条件下，承包商常常邀请一家国际银行帮助进行专门财务可行性研究，而后组织工程业主、工程所在国的国家商业银行、银团首席银行坐在一起讨论，对所有涉及贷款、使用和还款以及利息等问题，做出各方都能接受的安排，而后共同签署协议。

我国一些 EPC 工程总承包商已开始注意进行这样的工作，并已取得一定成效。对于某些大型工程项目采取这种形式，不仅可解决工程业主和我国公司企业都缺少资金的困难，还可以在这种项目中采用我国生产的设备，带动我国材料、设备的出口。

4）利用国际证券市场融资

① 利用国际债券市场融资

国际债券是指在本国境外发行的一切债券。国际债券可分为外国债券与欧洲债券两种，外国债券是一国企业或政府在另一国发行的以发行地国家货币为面值的债券，并由该国的银行或证券公司组织承购和推销，并首先出售给该国居民的债券。世界上主要的外国债券市场有瑞士法郎市场、美国扬基市场、德国马克债券市场、日本武士债券市场，它们的规模占整个外国债券市场的95%，中国已多次在美国、日本等成功发行了外国债券。

欧洲债券是指在别国发行的不以该国货币为面值的债券。其特点为：没有官方机构管制，发行债券的手续简便，不需要在证券委员会登记注册；发行时机、发行条件可随行就市，由当事双方自由决定；发行债券由跨国的银团、包销团和销售团组成；债券为不记名的实物债券，有利于发行者和投资者保密；投资者购买债券先交利息所得税，可以促进债券的流通。

欧洲债券市场由辛迪加财团控制，借款者大部分是跨国银行或跨国公司、国有企业和地方政府。国际债券发行的方式有两种：私募与公募。私募又称不公开发行或内部发行，是指面向少数特定的投资人出售债券的方式。私募发行的对象大致有两类，一类是个人投资者，例如公司老股东或发行机构自己的员工；另一类是机构投资者，如大的金融机构或与发行人有密切往来关系的企业等。私募的主要好处是可免去向有关管理机构进行登记，发行费用也较低。公募是指把债券发行到社会广大的公众而非特定的对象。在公开发行的场合，新发行的债券由投资银行承购，并由其分销。发行者在委托外国证券公司或承购辛迪加发行国际债券的过程中，要就全部发行工作进行协商，确定适当的发行条件，包括发行债券的评级、债券发行额、票息率、发行价格、偿还年限、认购者的收益率。这些条件影响到发行者的筹资成本、发行效果，也影响到债券对投资者的吸引力。

发行国际债券的优点包括：资金来源广，债权人分散，发行者可根据自己的需要发行不同币种、面值的债券，另外发行欧洲债券不会受到任何形式的干扰，没有任何附加条件，但发行外国债券受市场所在国官方严格限制、管理、监督，困难多一些。只要我方严守信用，履约偿债，也是可以逐步打开外国债券市场；债券偿还办法灵活，发行者处于主动地位。发行者在债券到期前，如偿还贷款，可到二级市场购买，如欲延期偿还，可在债券未到期前再发行新债券更替；还款期限较长，利率比较稳定，金额也较大；发行国际债券可提高发行者的声誉，又可能取得在较优惠的条件上连续发行的机会。发行者信誉越高，偿还能力越强，以后发行债券就越容易。如能连续发行，发行费就可能降低。能在国际市场上发行债券是发行者信誉高、偿还能力强的表现，同时又可提高发行者的信誉；筹措的资金可以自由运用，不必与项目挂钩；可以连续发行。我国 EPC 工程总承包企业的国际地位日益上升，信誉好，实力强。近几年，每年都有数十家公司进入全球国际承包商 250 强，具有在国际金融市场发行债券的实力和可行性，再加上我国政府的大力支持、中国银行的信誉和经验，我国 EPC 工程总承包企业应利用这一国际金融市场开拓国际承包市场。

② 利用国际股票市场筹资

国际股票市场是在国际金融市场上，通过发行股票来筹集资金的市场。与国内股票市场不同，国际股票的认购和对投资者的销售都是在发行公司所在国之外进行的，亦即在许多由国际银团和证券交易商参与的国际资本市场上的一种筹资方式。股票市场行情的狂涨和暴跌对各国经济的荣衰产生着深刻的影响，国际股票市场在现代世界经济中占有不容忽视的重要地位，我国 EPC 工程总承包企业应积极参与国际金融市场，利用国际金融市场，发行国际股票，它不但可以在国际上筹集资金，还可提高公司的国际信誉。

企业通过发行国际股票进行融资的特点是：企业可以获得大额外币资本，大大改善企业财务结构，减轻企业财务负担，增强借债能力；在国际上发行股票并上市提高企业的知名度，为企业进一步在国际资本市场上融资争取优惠税率奠定了基础；上市企业也将面临信息披露和投资者的压力，同时将面临竞争的压力，因为股票市场对上市公司永远存在兼并收购的压力；此外企业国际股票融资存在较大的局限性，它只限于效益好的企业。

5）利用国际租赁市场融资

国际租赁是解决资金供需矛盾的有效手段之一。国际租赁是一种以租物形式达到融资目的结合的信贷方式，在当前国际经济活动中，国际租赁是承包商获得资本设备使用权的一种融资方式，是融通中长期资金的一种有效手段。利用国际租赁方式，承包商所需的设备和物品，由租赁公司筹资购买并交付承包商使用，承包商不用一次付清设备的全部款项即可获得设备的使用权，以后再以租金形式分期支付设备费用。承包商要按期以外汇付给出租人租金，即租赁费，在租赁期内，设备所有权属于出租人，使用权属于承包商。因此，通过租赁引进设备资金就实际上利用了外部资金。

租赁在促进承包商设备改进技术进步、筹措资金、提高资金利用率方面具有重要作用：租赁为承包商开辟了一条新的融资渠道，弥补了承包商资金空缺，有利于承包商加速固定资产的更新，改造提高承包商技术装备水平；租赁可为承包商节约资金，争取时间，保持资金流动性，提高资金利用率，使承包商免受信用紧缩和通货膨胀等方面的不利影响，因而可回避风险；有利于承包商加强经济管理，合理调整资金结构和技术结构，从而适应市场需求的变化，提高竞争力；租赁是先用设备后付租金，设备到货后若发现其性能与合同不符，在索赔上就有主动权；可能享受一定的税收优惠。根据我国《企业所得税暂行条例实施细则》规定，纳税人以经营租赁方式租入固定资产发生的租赁费，可在计算应纳所得税额时据实扣除，以融资性租赁方式租入固定资产发生的租赁费虽不直接扣除，但承租人支付的手续费及安装交付使用后支付的利息仍可在支付时直接扣除；目前世界上多数国家允许不把租赁设备列入资产负债表，不把未付完租金的设备视为负债。

6）利用与国外企业联合承包融资

寻找一家或几家有经济实力的外国公司合作成立联合集团公司也是一种解决资金问题的方法，这是一种分散或转移资金压力的较好办法，承包商可以组织这个集团的联合成员发挥各自的优势，并由各成员分别承担和筹集各自需要的资金。对于我国 EPC 工程总承包企业来说，资金问题是困扰我国 EPC 工程总承包企业在国际承包市场上顺利发展的重要原因，与国外有实力的公司联合，不仅可以解决资金问题，还可以学到他人先进的技术、科学的管理方法。当然，必然要相应地让出一部分利益。

与国外有实力的公司合作承包重要的是要选好伙伴，对它进行财务分析，对市场占有额、资金实力、信誉进行综合评估，要求通过与之合作，资金问题能得到切实解决，且有利于公司的健康发展。

7）国外流行的其他融资方式

以下融资方式在国内目前还应用不广，有的甚至没有应用，但在发达国家，特别是欧美应用非常广泛，现在我国正处于经济体制转型期，探索新奇、高效、简便、安全的融资方法是我国国际工程承包企业所乐意接受的。

① 存货融资

存货融资通常是利用存货作为抵押获得贷款，是西方较常见的一种融资方法，通常如果一个企业拥有很好的财务信誉，那么它只要有存货就可以筹集到资金，而且数目十分可观。存货是一种具有变现能力的资产，适于作为短期借款的担保品。存货抵押一般分为保留所有权的存货抵押和不保留所有权的存货抵押。存货融资是一个较好的融资办法。

② 应收账款融资

通过应收账款的抵押可以取得应收账款抵押贷款。应收账款抵押的特点是贷款人不仅有应收账款的债权，而且还有向借款人的追索权，坏账的损失风险仍在卖方而不在银行。

在西方国家，应收账款可以采取代理方式，即将应收账款卖给代理人，这时贷款人通常没有向借款人的追索权，也就是在代理中卖方明确告知货物买方将货款直接付给代理公司，因此代理公司将承担风险，这也就决定了代理公司鉴于坏账风险必须进行详尽的信用调查。应收账款融资的最大优点是融资来源弹性较大；其次，它提供了企业以其他方式很难获得的借款担保；最后，当应收账款予以代理或出售时，企业可以获得在其他情况下无法获得或即使能够获得但成本也会特别高的信用部门服务。

在国际工程承包企业中，由于企业承包的项目规模较大，垫资的数目也相应较高，承包企业应收账款数目过大，给企业的资金周转带来一定困难。在这种情况下，承包企业利用应收账款的抵押取得应收账款的抵押款，可减缓企业因资金不足造成的压力。因其融资的空间较大，在国外目前这种方法较常见。

③ 杠杆购买融资

杠杆购买融资，是指企业用其准备收购的企业的资产做抵押向银行申请贷款，再得到的贷款作为收购企业的资金，这种方法特别适用于资金短缺又急于扩大生产规模的企业。利用杠杆购买融资一方面筹集到了所需要的资金，另一方面又买下了企业，一般只要投入较少的人力、物力、财力，改造好目标企业就能投产，这相对于新建一个企业要省钱、省力得多，因此这种方法被许多西方国家的企业所采用。

2. 项目资金管理

国内外项目资金管理模式是多样性的，有多少组织形式就有多少资金管理模式，企业的管理战略决定着其资金管理模式。随着世界经济全球化，知识经济的蓬勃发展，管理学领域在组织形式和管理模式方面不断创新，各种管理模式应运而生，项目资金管理模式也呈现不断求新、不断发展的局面。

（1）项目资金管理模式

国内项目资金管理模式的选择主要是根据企业的战略发展规划、组织形式、规模、业务范围和类型等因素决定的。政治、经济和法律环境从宏观层面影响着企业的战略，从而也直接或间接地影响着资金管理模式的采用。目前大体可以归纳为三种主要模式：集权式管理、集散式管理和分散式管理。

① 集权式管理模式公司规模较少，组织形式简单，企业多为一元化经营，工程项目较少并且工程项目所在地比较集中，公司可以直接通过资金集中控制来控制工程项目的质量和进度。但从目前情况看即便是企业规模较大，专业的承包企业也较多采用此种资金管理模式。

② 集散式管理模式公司规模较大，组织形式多样化，企业多为一元化经营，工程项目较多并且工程项目所在地比较分散。资金管理模式采用集权管理为主、分权管理为辅的资金管理模式。这样除了集权式管理模式外，工程项目所在地的分散，给工程项目部一定的资金调配权，便于工程项目部通过资金调配的控制来控制项目设计、分包和采购的质量和进度控制，资金调配权通过资金金额和管理权限加以控制，既能有效控制资金风险，又提高工作效率，集而不死，散而不乱。

③ 分散式管理模式主要集中在贸易公司或从事多元化经营的企业，一般为集团公司，有若干子公司，各子公司所从事的领域具有较大的差别，组织形式为子公司为独立法人，独立核算自负盈亏，工程项目较多并且工程项目规模承包合同总价较少，从而风险也较小，那么子公司根据本公司工程项目的特点，独立地支配资金，集团公司提供一定的指导。由于此类企业承包工程项目的市场较小，又由于此种资金管理模式的弱点，已较少在建筑企业中采用。

（2）项目资金管理的基本内容

1）项目筹资

企业筹资是指企业向其外部、内部筹措和集中经营所需资金的财务活动，是保持企业经营活动顺利进行的条件之一。资金已成为企业竞争的关键性因素，尤其是国际承包工程企业，如何保证承包的工程项目资金畅通，防止出现资金停滞、流失是资金管理的第一要务。

EPC工程总承包项目具有项目金额大、施工周期长、技术含量高的特点，这一特点也决定了通过企业自身的资金规模和技术力量很难完成项目，往往伴随着筹资需求。作为

EPC 工程总承包企业，筹措项目资金的原则体现在以下几个方面：

① 应从资金管理理念上进行转变。只有这样才能强化资金管理，提高资金使用效益和防止资金流失，才能保证工程项目顺利实施，从而促进企业的可持续发展。

② 要从企业的战略上加以考虑。企业资金管理存在的主要问题是缺乏现代企业应有的资金管理意识，大多数企业管理者对资金的重要性都有广泛的认同，但有时缺少资金时间价值观和资金流量观。例如：忽视资金的时间价值，在资金的筹集、使用和分配等方面缺少科学性，对现金流量缺乏科学的预测，导致实施项目半途而废，甚至实施项目时高负债经营，项目亏损时面临破产的命运。工程承包企业具有高风险经营的特点，因此作为从事高风险的承包企业，必须从战略高度重视本企业包括筹资活动的资金管理。

③ 资金筹集要有预测性和灵活性。对资金需要量应有科学的预测，充足的资金来源是保证生产经营活动正常开展的必要前提，因而对筹资环节的控制是资金控制的基础，企业在筹资活动中根据客观需要和实际来安排筹资数量是关键的一环。若认为筹集的资金数量越多越好，有备无患，从而忽略了资金的时间价值和企业资本结构的合理比例，因此，容易使企业陷入负债经营的恶性循环之中。企业之间、企业与银行之间又形成了多角债务关系，严重制约了企业经营活动的正常运转。在现代经济全球化的条件下，对于各种资本，企业可采取不同的方式筹集，选择哪种方式则要权衡筹资收益与风险的大小，我国承包企业由于以前筹集方式单一，对适应国际化现代企业的筹资方式缺乏了解和认识，很少结合对未来收益的预测来考虑筹资风险的问题，只是摸着石头过河，缺乏适应现代企业的风险预测机制，筹资渠道单一，随着我国国际化程度的加深，承包企业“走出去”势在必行，要从企业生存角度考虑，同时我国市场经济的进一步发展，金融市场逐步完善，随着我国加入 WTO，金融市场也进一步国际化，承包企业筹资渠道也可有多种选择。因此从对承包企业最经济合理的角度考虑，筹资活动必须有预测性和灵活性。

④ 资金使用的合理性和计划性。资金使用结构不合理，全部资金分配比例失衡，把过多的资金用于还款周期长的项目，致使流动资金补偿不足，几乎全部以流动负债来维持运转，财务风险骤增。另外，流动资金内部各项目之间的分配也不合理，致使资金使用效率低下，其原因在于：盲目承揽项目，项目的经济性差，造成企业的现金流为负值，严重的会使应收账款倍增。由此可见，资金筹集和分配结构要合理，使企业资金结构更为合理，减少企业的财务风险和经营风险。

⑤ 加强对资金的事后控制。资金管理事后控制必须有信息反馈制度，企业可根据资金的筹资使用分配过程观察出市场动态以及资金结构的不合理之处，以此作为新的资金循环运动中的借鉴，择其优去其弊，形成经营的良性循环。但有的企业内部缺乏科学的信息反馈制度，使企业的资金运作越来越紧，面对多变的市场，缺乏应变能力，从而形成经贸的感性循环，缺乏及时处理沉淀资金的措施。沉淀资金是企业经营中的正常现象，但有的企业由于资金管理机制不健全，面对结构多变的市场，形成了严重的沉淀资金，如果这部分资金处理得不及时，企业的潜亏程度必定会不断加大。

⑥ 优化资金筹措结构，科学地预测资金需求量。资金需求量的预测方法很多，如定性预测法、趋势预测法、销售百分比法等。企业在选用时，必须充分考虑各种方法的适应条件，避免脱离企业实际的简单套用，使预测流于形式而毫无意义。企业在多数情况下，对资金需要量影响最大的是预计销售额，因此销售百分比法是预测资金需要量最常用的方

法。企业无论采用哪种预测方法，都应熟知不同时点上资金的不同价值以及生产经营中的现金流量，以合理安排筹措时间，适时适量地获取资金。

2）资金成本控制

资金成本是指企业为取得和使用资金而付出的代价，包括资金占用费用和资金筹措费用。

作为企业，需优化资金使用结构，科学地制定资金使用机制，优化资金占用结构。首先，合理确定长期资金与流动资金之间的比例。企业应该保持多大的流动资金限度，应当根据企业经营状况、产品结构以及市场动态等因素而定，而且不同的市场环境所需的流动资金也是不同的。对于工程承包企业流动资金占有比例较大，尤其对于现汇工程项目，企业应全方位管理资金，兼顾长远利益和近期利益。其次，合理确定流动资金内部各项目的比例。企业的流动资金占用像一个链条，科学的联结和合理的约束机制会减少浪费，加速资金的周转，在周转价值不变的条件下，周转次数增加一倍，预付资金可以减少一半。量入为出，并进行科学的风险预测和收益预测，以选择最优的资金组合，企业在运筹项目建设资金时应确立资金与知识优化组合的思想。

企业资金的分配要考虑债权人各方面利益的均衡关系，科学合理地确定投资者利润和保持盈余的比例，企业在保证向投资者分配的利润不低于行业内的平均报酬，在满足现有投资者期望收益的同时，还需保留一定的积累，满足扩大新开工项目的需要，为企业的长远发展奠定良好的基础；建立奖励基金，企业要将人力资本作为一个与资金并重的生产要素，对资金分配享有参与权，有必要在企业设立人才奖励基金，资金的来源可以从税后利润中取得，以激励人力资本所有者为企业投入更多的资源，创造出更大的经济价值；加强对资金的事后控制，建立科学的信息反馈制度，企业在从资金筹集到资金分配的全部资金运动过程中，都要求各部门将有关信息及时反馈到决策部门。资金计划部门应做到及时发现问题，及时研究解决，将风险和损失控制在一定范围内，保证资金管理目标的科学性、系统性、连续性，制定盘活沉淀资金的科学措施，企业对不同的沉淀资金可作不同的处理，建立与金融市场相适应的偿债机制和清债机制，对沉淀资金的使用，应尽可能减少损失，更主要的是防患于未然，建立严格的资金使用机制。从而从资金各个角度考虑，防止资金管理的偏颇，达到有效控制资金成本的目的。

3）资金风险控制

在市场经济条件下，企业已成为市场竞争的主体，它所面临的风险将比其他任何经济制度中的风险都要复杂，风险和风险管理问题已成为现代企业能否健康发展的关键。资金风险具有客观性、必然性、无意性和不确定性，应清醒地认识到风险的客观存在，不断增强风险意识，而不能逃避现实，更不能对风险视而不见，否则将会受到它的惩罚。企业的财务风险存在于企业财务活动的各个环节，企业的理财活动还受到外汇汇率的影响。企业财务风险从财务内容来看，主要包括筹资风险、投资风险、资金回收风险和外汇风险。而如何防范企业财务风险，则是现代企业财务战略管理的重要内容。

① 企业筹资风险的防范。工程项目融资多元化经营、工程项目国别多样性是企业分散借入资金和自有资金风险的主要方法。多元化经营分散风险的理论依据在于：从概率统计原理来看，不同产品的利润率是独立的或不完全相关的，经营多种产业、多种产品在时间、空间、利润上相互补充抵消，可以减少企业利润风险。企业在突出主业的前提条件

下，可以结合自身的人力、财力与技术研制和开发能力，适度涉足多元化经营和多元化投资，分散财务风险。应根据企业实际情况，制定负债计划。根据企业一定资产数额，按照需要与可能安排适量的负债。同时，还应根据负债的情况制定出还款计划。如果举债不当，经营不善，到了债务偿还日无法偿还，就会影响企业信誉。因此，工程承包企业如何利用负债经营加速发展，就必须从加强管理、加速资金周转上下功夫，努力降低资金占用额，尽力缩短工程施工周期，加快工程款的回收，降低应收账款比率，增强对风险的防范意识，使企业在充分考虑影响负债各项因素的基础上，谨慎负债。在制定负债计划的同时须制定出还款计划，使其具有一定的还款保证，建筑企业负债后的速动比率不低于1∶1，流动比率保持在2∶1左右的安全区域。只有这样，才能最大限度地降低风险，提高企业的盈利水平。同时还要注意，在借入资金中，长短期资金应根据需要合理安排，使其结构趋于合理，并要防止还款期过分集中。针对由利率变动带来的筹资风险，应认真研究资金市场的供求情况，根据利率走势做出相应的筹资安排，在利率处于高水平时期，尽量少筹资或只筹集急需的短期资金。在利率处于由高向低的过渡时期，也应尽量少筹资或只筹集不得不筹的资金，应采用浮动利率的计息方式。在利率处于低水平时，筹资较为有利。在利率处于由低向高的过渡时期，应积极筹集长期资金，并尽量采用固定利率的计息方式。

② 资金回收风险的防范。应加强对应收账款政策的制定及应收账款的管理。出口信贷项目尤其是出口卖方信贷，业主采用延期付款，在建设期内除了收取一定的预付款外，项目大部分工程款项是在宽限期后才开始偿还，因此在制定和实施分期收款的赊销政策时，必须充分考虑尽量减少应收账款的占用额度和占用时间，降低应收账款的管理成本，并防止形成企业的坏账。选择边际利润大于应收账款管理总成本的赊销政策，这样才能真正使企业的赊销政策发挥出优势，保持和提高企业的市场竞争力。当企业应收账款遭到客户拖欠或拒付时，企业应当首先分析现行的信用标准及信用审批制度是否存在纰漏，然后对违约客户的资信等级重新调查摸底，进行再认识。对于恶意拖欠、信用品质差的客户应当从信用清单中除名，不再对其延期付款，除非其采用信用证付款，这样由商业信用上升为银行信用，避免收款风险。应争取在延续、增进相互业务关系中妥善地解决账款拖欠的问题。同时可实行应收账款保理业务。应收账款保理业务是指企业把由于延期付款而形成的应收账款有条件地转让给银行，银行为企业提供资金，并负责管理、催收应收账款和坏账担保等业务，企业可借此收回账款，加快资金周转。保理业务是一种集融资、结算、账务管理和风险担保于一体的综合性服务业务，对于销售企业来说，它能使供应企业免除应收账款管理的麻烦，提高企业的竞争力。

③ 外汇风险控制工程项目收款币种的多样性必然存在外汇收款的汇率风险；同样由于EPC工程技术含量高并且复杂，重要的设备和部件需要从工业发达国家采购，这就必然形成外汇付款的汇率风险。因此，承包工程项目实施前后做好调换币种交易计划，必须具有一定的预测和技术。当持有的某种货币预期有贬值趋势时，可以即期现汇兑换或以期权买卖调换成另一种较为坚挺的货币，如将日元调成美元或欧元。办理对外收付时应正确选择货币种类。一般来说，收入外汇或借入外债时，应争取趋于升值的货币；支付外汇或偿还债务时，则应争取支付趋于贬值的货币。原则是收汇与付汇，借款与还款的币种要尽可能一致。对已经确定的债权债务，根据汇率的变动情况，提前或推后进行收付。当预测

某种货币的汇率将上升时，应争取推后收款或提前付款；反之，当预测某种货币的汇率将下降时，应争取提前收款或推后付款。调整企业外币的资产和负债结构，一般来说，当某种货币汇率趋于上升时，应设法增加该种货币的资产项目，减少其他负债项目；反之，当某种货币的汇率将下降时，应设法减少该种货币的资产项目，增加其他负债项目。财务风险管理不仅是现代企业财务战略管理的重要内容，也是整个企业管理的重要组成部分。

4.2 EPC工程总承包项目商务谈判与合同管理

1. 商务谈判

（1）商务谈判的定义

商务谈判是指人们为了实现交易目标而相互协商的活动。“讨价还价”是商务谈判的基本内涵，除此之外，商务谈判还有另外两层意思：一是寻求达成交易的途径，二是进行某种交换。

（2）商务谈判的特点

商务谈判的直接原因是参与商务谈判的各方有自己的需求，一方需求的满足可能涉及或影响他方需求的满足，任何一方都不能无视对方的需要。因此，商务谈判的双方参加商务谈判的主要目的不能仅仅以追求自己的需要为出发点，而是通过交换观点进行磋商，寻找双方都能接受的方案。显然双方的目的和需要是既矛盾又统一的，通过商务谈判，可以使矛盾在一定条件下达到统一。由此看来，商务谈判具有以下5大特点：

① 商务谈判不是单纯追求自身利益需要的过程，而是双方通过不断调整各自的需要而相互妥协、接近对方的需求，最终达成一致意见的过程。

② 商务谈判不是“合作”与“冲突”的单一选择，而是“合作”与“冲突”的矛盾统一。

③ 商务谈判不是无限制地满足自己的利益，而是有一定的利益界限。

④ 判定一场商务谈判是否成功，不是以实现某一方面的预定目标为唯一标准，而是有一系列综合的价值评判标准。

⑤ 商务谈判不能单纯地强调科学性，而应体现科学性与艺术性的结合。

（3）商务谈判的类型

商务谈判作为以人为主体而进行的一项活动，自然受到商务谈判者的态度、目的及商务谈判双方所采用的商务谈判方法的影响。商务谈判按商务谈判者所采取的态度和方法来区分，大体有3种：

① 软式商务谈判

软式商务谈判也称“友好型商务谈判”，商务谈判者尽量避免冲突，随时准备为达成协议而做出让步，希望通过商务谈判签订一个皆大欢喜的合同。软式商务谈判强调建立和维护双方的友好关系，是一种维护关系型的商务谈判。这种商务谈判达成协议的可能性最大，商务谈判速度快，成本低，效率高。但这种方式并不是明智的。一旦遇到强硬的对手，往往步步退让，最终达成的协议自然是不平等的。实际商务谈判中，很少有人采用这种方式，一般只限于双方的合作非常友好，并有长期业务往来的范围。

② 硬式商务谈判

硬式商务谈判也称“立场型商务谈判”。商务谈判者将商务谈判看作是一场意志力的竞争，认为立场越硬的人获得的利益越多。因此，商务谈判者往往将注意力放在维护和加强自己的立场上，处心积虑地要压倒对方。这种方式有时很有效，往往能达成十分有利于自己的协议。

③ 原则式商务谈判

原则式商务谈判有 4 个特点：主张将人与事区别对待，对人温和，对事强硬；主张开诚布公，商务谈判中不得采用诡计；主张在商务谈判中既要达到目的，又不失风度；主张保持公平公正，同时又不让别人占自己的便宜。

（4）商务谈判的基本模式

商务谈判是一个连续的过程，每次商务谈判都将经过 5 个环节，这就是国际通行的 APRAM 模式，即评估（Appraisal）、计划（Plan）、关系（Relationship）、协议（Agreement）、维持（Maintenance）。

① 进行科学的项目评估（Appraisal）

商务谈判是否取得成功，过去认为取决于商务谈判者能否正确地把握商务谈判进程，能否巧妙地运用商务谈判策略。然而，商务谈判能否成功往往不取决于商务谈判桌上的你来我往、唇枪舌剑，更重要的商务谈判前的准备工作，其中主要是项目评估工作。

商务谈判成功的前提，必须是项目经过科学的评估证明是可行的；否则，若草率评估，盲目上阵，虽然在商务谈判桌上花了很大力气，达成了令人满意的协议，但若最终项目失败，再“成功”的商务谈判也是自欺欺人。所以说，“没有进行科学评估就不要上商务谈判桌”，这应该成为商务谈判的一条戒律。

② 制订正确的商务谈判计划（Plan）

任何商务谈判都应有一个商务谈判计划。一个正确的商务谈判计划首先要明确自己的商务谈判目标，分析对方的商务谈判目标是什么，并且将双方的目标进行比较，找出双方利益的共同点与不同点。对于双方利益的共同点，应该仔细罗列出来，在商务谈判中予以确认，以便提高和保持双方商务谈判的兴趣和争取成功的信心，也为解决双方的矛盾奠定一定基础。对于双方利益的不同点，要发挥创造性思维，根据“成功的商务谈判应该使双方的利益都得到保障”的原则，积极寻找使双方都能接受的解决方法。

③ 建立双方的信任关系（Relationship）

在任何商务谈判中，建立双方的信任关系是至关重要的。建立这种关系，是为了改变“一般情况下，人们不愿意向自己不了解、不熟悉的人敞开心扉、订立合同”的心态。相互信任的关系会使商务谈判的进程顺利很多，降低商务谈判的难度，增加成功的机会。所以，商务谈判双方的互相信任是商务谈判成功的基础。

④ 达成协议（Agreement）

这个阶段的工作重点是通过实质性的商务谈判达成使双方都能接受的协议。在商务谈判中应该弄清对方的商务谈判目标，及时确认双方的共识，寻找解决分歧的各种办法。需要强调的是，商务谈判的最终目标不是达成令人满意的协议，而是使协议的内容得到圆满的贯彻落实，完成合作的事业，使双方的利益目标得以最终实现。

⑤ 协议的履行与关系的维持（Maintenance）

达成协议并非万事大吉。要知道，协议签订得再严密，仍然要靠人来履行。为促使双方履行协议，要做好两件事情：要别人信守合同，自己首先必须信守合同；对于对方遵守合同的行为应给予适当的反应。

2. 商务谈判的策划与运作

一个EPC工程总承包项目的商务谈判往往令人感到费神费力费时间。由于商务谈判标的数额巨大，技术复杂程度高，商务谈判者感到责任重，压力大。因此，商务谈判者必须以认真谨慎的态度对待整个商务谈判。一个完整的商务谈判包括商务谈判准备、初步接触、实质性商务谈判、达成协议和协议执行五个阶段，这五个阶段彼此衔接，不可分割。

（1）商务谈判准备阶段

对于EPC工程总承包项目，如果想通过商务谈判达到包括质量、成本、工期在内的预期目标，那么首先就要做好充分的准备，对自身状况与对手状况有较为详尽的了解，由此确定合理的商务谈判方法和商务谈判策略，才能在商务谈判过程中处于有利地位，使各种矛盾与冲突化解在有准备之中，获得较为圆满的结局。

EPC工程总承包项目涉及面广，准备工作的内容也相对较多，大致包括商务谈判者自身的分析、对对手的分析、商务谈判人员的挑选、商务谈判队伍的组织、目标和策略的确定、模拟商务谈判等。

（2）初步接触阶段

初步接触开始进入商务谈判议题，无论选择什么样的初始议题和讨论方式，都会对实质性商务谈判阶段问题的解决产生直接的影响。因此，从初步接触开始，商务谈判人员就应该像优秀的演员那样进入角色，发挥各自的经验和才智。

（3）实质性商务谈判阶段

随着初步接触的不断深入，商务谈判自然转入实质性阶段。商务谈判实质性阶段是对合同的工作范围、技术要求、验收标准、合同进度、价格及付款条件、违约责任等内容进行磋商，这是商务谈判的重点内容，处于各方利益的考虑，双方都可能在某些敏感问题上形成立场的对峙和态度的反复，从而使商务谈判显得波澜起伏、艰难曲折。

EPC工程总承包项目的合同商务谈判，绝对不是经过一两次实质性商务谈判就能进行合同签订的。实质性商务谈判一般都要分为若干个阶段，每个阶段又同时分几条线同时进行，如提出报价、（技术、商务）反复磋商、重要问题的一揽子处理、双方高层协商确定价格、合同条款的最终确定等。

① 正确报价

对于EPC工程而言，大多数做法是总承包商先行报价，而不论其报价是否合理，业主都不会一次性接受初始的报价，免不了会讨价还价。因此，总承包商的报价都应留有一定的让步余地，但不论怎样，报价必须合情合理，否则会使业主觉得对方缺乏诚意，从而破坏会谈气氛或在业主的质询和攻击下，原先的价格防线一溃千里。

报价的高低没有绝对的界限，它取决于特定的项目、特定的合作背景、合作的意愿。一般来说，标的越大，价格条件就越复杂，标价的弹性就越大。所以，对报价正确性的判断，不仅依赖于商务谈判前的充分准备，而且还依赖于经验丰富的商务谈判人员的正确判断。

② 反复磋商

商务谈判磋商的同时，业主应对报价作反复研究和分析，逐渐理解对方的报价内容和报价的策略，调整自己的商务谈判目标和策略，不断降低对方的期望值，尽量缩小双方的差距。

由于商务谈判双方对商务谈判结果的期望不同，在初期报价上多少带有技术上、策略上的考虑，因而双方不会就有关问题达成一致。参与商务谈判的双方总想竭力降低对方的期望值，挑剔对方的问题，不厌其烦地证明自己观点的合理性，争取说服对方。其实，任何商务谈判者要想维护自己的利益，首先应充分了解对方报价的依据，让对方说明价格结构的合理性，对照自己对价格的分析，找出对方的差距以及产生原因，从中找出都可以接受的中间价格。

③ 一揽子处理与高层协调

对于经过反复磋商后仍不能解决的问题，双方应列出详细清单，进行一揽子处理。常见的一揽子处理方式有两种：交换式让步、无交换式让步。交换式让步包括工程范围的交换、某些费用之间的交换和妥协；无交换式让步仅指合同价格上双方的折中。

（4）达成协议阶段

经过高层的协调，商务谈判的所有问题基本得到全面的解决，开始进入协议阶段。但在协议尚未签订之前，仍有大量的工作要做，双方仍不能过于乐观，而是要更加小心。这个阶段的主要工作是：

① 回顾商务谈判过程，将商务谈判结果落实为合同条款；

② 准备合同文本；

③ 合同签字与生效。

3. 合同管理

（1）履约管理

履约管理的合同控制是指双方通过对整个合同实施过程的监督、检查、对比、引导和纠正来实现合同管理目标的一系列管理活动。

在合同的履行中，通过对合同的分析、对自身和对方的监督、事前控制，提前发现问题并及时解决等方法进行履约控制符合合同双方的根本利益。采用控制论的方法，预先分析目标偏差的可能性并采取各项预防性措施来保证合同履行，具体如下：

① 分析合同，找出漏洞。对合同条款的分析和研究不仅仅是签订合同之前的事，它应贯穿于整个合同履行的始终。不管合同签订得多么完善，都难免存在一些漏洞，而且在工程的实施过程中不可避免会发生一些变更。在合同执行的不同阶段，分析合同中的某些条款可能会有不同的认识。这样可以提前预期发生争议的可能性，提前采取行动，通过双方协商、变更等方式弥补漏洞。

② 制订计划，随时跟踪。由于计划之间有一定的逻辑关系，比如工程建设中某项里程碑的完成必定要具备一些前提条件，把这些前提条件也做成合同计划，通过分析这些计划事件的准备情况和完成情况，预测后续计划或里程碑完成的可能性和潜在风险。

③ 协调和合同约定的传递。合同的执行需要双方各个部门的组织协调和通力配合，虽然多个部门都在执行合同的某一部分，但不可能都像主管合同部门的人员一样了解和掌握整个合同的内容和约定。因而，合约部门应该根据不同部门的工作特点，有针对性地进行合同内容的讲解，用简单易懂的语言和形式表达各部门的责任和权利、对承包商的监督内容、可能导致对自身不利的行为、哪些情况容易被对方索赔等合同中较为关键的内容，

进行辅导性讲解，以提高全体人员履行合同的意识和能力。

④ 广泛收集各种数据信息，并分析整理。比如各种材料的国内外市场价格，承包商消耗的人员、机械、台班、变更记录、支付记录、工程量统计等。准确的数据统计和数据分析，不仅对与对方进行变更、索赔的商务谈判大有裨益，也利于积累工程管理经验，建立数据库，实现合同管理的信息化。

(2) 变更管理

广义上说，变更指任何对原合同内容的修改和变化。引起变更的原因有多种，如设计的变更、更改设备或材料、更改技术标准、更改工程量、变更工期和进度计划、质量标准、付款方式，甚至更改合同的当事人。频繁的变更是 EPC 工程总承包项目工程合同的显著特点之一。大部分变更工作给承包商的计划安排、成本支出会带来一定的影响，重大的变更可能会打乱整个施工部署，同时变更也是容易引起双方争议的主要原因之一，所以必须引起合同双方的重视。

《合同法》对于变更只在第 77 条做了原则性的规定："当事人协商一致可以变更合同"。工程合同一般对变更的提出与处理都有详细的规定，比如变更发生的前提条件、变更处理的流程、变更的费用确定等。至于具体的操作，则需要双方在工作程序中做出具体的规定。

一般情况下，只有变更导致工程量变化达到 15%以上，承包商才可停工协商，变更的实施必须由双方代表协商一致后才可以执行。大多数情况下国际工程合同尤其是采用 FIDIC 条款为蓝本的合同授予了业主直接签发变更令的权力，承包商必须无条件地先执行变更令，然后再与业主协商处理因执行该变更令而给承包商带来的费用或工期等问题。这主要是考虑到工程合同发生变更的频繁性以及避免双方过久的争执而影响工程的工期进度。

常见的变更类型有三种，即费用变更、工期变更和合同条款变更。最容易引起双方争议和纠纷的自然是费用变更，因为无论工期变更还是条款变更，最终都可能归结为费用问题。合同中通常会规定变更的费用处理方式，双方可以据此计算变更的费用。在确定变更工作的费用时，国际工程合同则赋予业主在多种费用计算方法中选择或采用某种计算方式的权力。这种选择权并不代表业主可以随心所欲地一味选择对自己有利的计算方法，其衡量的标准应该是"公平合理"。对于一个有经验的承包商，通过变更和索赔是获得成本补偿的重要机会。对于业主，必须尽量避免太多的变更，尤其是因为图纸设计的错误等原因引起的返工、停工、窝工。

变更导致争议性的问题是，如果承包商按照业主的要求实施了变更，那么对承包商造成的间接费用是否应给予补偿。对涉及工程量较大的变更，或处于关键路径上的变更，可能影响承包商后续的诸多工作计划，可能引起承包商部分人员的窝工。对此，业主除了补偿执行该项变更本身可能发生的费用外，对承包商后续施工计划造成的影响所引起的费用或承包商的窝工费用，是否应该给予补偿?《合同法》以及国际工程合同条款中对此均未有明确的规定，只是更多地从"公平合理"的角度做了简单的说明。原则上，因业主的原因而对承包商造成的损失都应该给予补偿，但问题是间接损失的计算涉及多方面的因素，比如工程进度拖期半年，承包商甚至可以提出因为拖期可能影响其从事其他的工程建设，损失了"未来利润"，而这部分机会成本不但难以计算，而且可能数目惊人，因此国际上通行的做法是“只补偿实际发生的直接损失”，而不倾向于补偿间接损失。

（3）索赔管理

索赔指由于合同一方违约而导致另一方遭受损失时的由无违约方向违约方提出的费用或工期补偿要求。许多国际工程项目中，成功的索赔成为承包商获取收益的重要途径，很多有经验的承包商常采用“中标靠低价，赢利靠索赔”的策略。因而索赔受到合同双方的高度重视。

1）索赔动因

索赔必须有合理的动因才能获得支持。一般来说，只要是业主的违约责任造成的工期延长或承包商费用的增加，承包商都可以提出索赔。业主违约包括业主未及时提供设计参数、未提供合格场地、审核设计或图纸的延误、业主指令错误、延迟付款等。因恶劣气候条件导致施工受阻，以及FIDIC条款中所列属于承包商“不可抗力”因素导致的延迟均可提出索赔。当然有的业主会在合同的特殊条款中限定可索赔的范围，这时就要看合同的具体规定了。

向业主索赔以及业主对承包商的反索赔是合同赋予双方的合法权利。发生索赔事件并不意味着双方一定要诉讼或仲裁。索赔是在合同执行过程中的一项正常的商务管理活动，大多可以通过协商、商务谈判和调解等方式得到解决。

2）索赔分类

当分类方法不同时，索赔的种类也不同。常见的索赔分类方法是按照索赔的依据或者按照索赔的目的进行分类。

① 按索赔依据分类

合同内索赔：指可以直接在合同条款中找到依据，这种索赔较容易达成一致。如履行业主变更指令形成的成本补偿。

合同外索赔：指索赔的依据难以在合同条款中找到，但可从合同条款推测出引申含义或从适用的法律法规中找到依据。如某项目在实施中所在城市新颁规定：所有外来务工人员都必须购买“综合保险”所产生的费用索赔。

道义索赔：指在合同内外都找不到依据或法律根据，但从道义上能够获得支持而提出的索赔。这种索赔成功的前提一般是业主对承包商的工作非常满意，承包商因物价上涨等因素导致建造成本增大，业主预期双方将来会有更长远的合作。如向业主申请“赶工奖励”就属于此类补偿。

② 按索赔目的分类

工期索赔：对因非承包商自身原因造成的工程延期，承包商有权要求业主延长工期，避免后续的违约和误期罚款。

费用索赔：由于业主的变更或违约给承包商造成了经济上的损失，承包商可要求业主给予经济补偿。

3）索赔的证据和费用计算

合同或工程程序中对索赔的依据应有明确的规定。提出索赔的主要依据应该是充分的证据和详细的记录，缺少任何一项材料，业主都有权拒绝承包商的索赔。

索赔的证据包括：政府法规、技术规范、合同、物价行情、业主指令、施工方案、事故记录、不可抗力证据、会议纪要、来往信件、备忘录、工程进度计划表、技术文件、施工图纸、照片（尤其向保险公司的索赔）、施工记录、气象资料、设备租赁合同、各种采购发票、业主工程师签署的临时用工单等。

业主对索赔的处理一般以“补偿实际发生的合理费用”为原则，包括额外消耗的人工费、材料费、设备费、施工机具费、保险费、保证金、管理费、技术措施费、利息等。由于人工、材料和机械等直接费用比较容易核查，而管理费、技术措施费等间接费用难以确定，因此，双方如果在合同谈判中约定了直接费用和间接费用的计算办法，则可减少在合同执行过程中的纠纷。

4）索赔管理中需要注意的一些问题

对于业主无过错的事件，比如恶劣气候条件和不可抗力等给承包商造成的损失，承包商有责任及时予以处理，及早恢复施工。然后再提交影响报告和证据并提出补偿请求。

工期索赔中要注意引起工期变化的事件对关联事件的影响。工程中计算工期索赔的方法是网络分析法，即通过网络图分析各事项的相互关系和影响程度。如对关键路径没有造成影响，则不应提出工期索赔。

重视研究反索赔工作。习惯上将业主审核承包商的索赔材料以减少索赔额、业主对承包商的索赔等称为“反索赔”。通过收集必要的工程资料、加强工程的监督和管理，不仅可以减少承包商对业主的索赔，还可以作为业主向承包商提出反索赔的依据。承包商要多研究反索赔的理论与实践，尽量不给业主反索赔的机会，或者尽量在索赔前就作好战胜业主反索赔的工作准备。

4. 对合同管理问题的探讨

（1）合同双方的关系

市场经济条件下，不管是业主还是承包商，其根本目的都是实现“效益”与“效率”最大化两大目标。由于业主和承包商在合同关系中具有对立的性质，即一方的权利是另一方的义务，而合同正是规定双方权利和义务的法律文件，因此，传统的观念经常把业主和承包商之间的关系对立化。随着项目管理概念的普及和推广，越来越多的企业认识到，业主和承包商是一对矛盾的统一体，不能过分地夸大双方之间的矛盾，而更应该认识到双方的合作与统一对双方的好处。

在合同条款的商务谈判中，不要幻想把所有的风险都最大可能地转移给对方，也不要幻想自己的利益完全独立于另一方之外，双方在尽可能保护自己的利益的同时，必须清醒地认识到，所谓合同不过是双方权利和义务关系相互妥协的产物，一方的利益绝对是和另一方的利益密不可分的。只有双方同心协力，通力合作，优质如期地搞好项目的建设，才能为双方带来最大的利益。这种“双赢”的观念越来越得到国内外的企业，尤其是 EPC 工程总承包项目的业主和建设单位的认同。

（2）招标投标的管理与实施

招标投标是一种最富有竞争性的采购方式，能为业主或采购者带来高质量、低价格的工程、货物和服务。由于招标投标可以约束交易者的行为，创造公平竞争的市场环境，保障国有资金的有效使用，为此，我国于 1999 年 8 月 30 日经第九届全国人民代表大会常务委员会第十一次会议审议通过了《中华人民共和国招标投标法》。国家通过法律手段推行招标投标制度，要求基础设施、公共事业、使用国有资金投资和国家融资的工程建设项目，都必须强制进行招标投标。

(3) 如何规避工程风险

风险管理（Risk Management）是人们对潜在的意外损失进行辨识、评估、预防和控制的过程。EPC工程总承包项目由于规模大、周期长、生产的单件性和复杂性等特点，在实施过程中存在着许多不确定的因素，比一般工程具有更大的风险，因此，进行风险管理尤为重要。

风险管理是对项目目标的主动控制。首先对项目的风险进行识别，然后将这些风险定量化，对风险进行有效的控制。国际上把风险管理看作是项目管理的组成部分，风险管理和目标控制是项目管理的两大基础。

在发达国家，风险转移是工程风险管理对策中采用最多的措施，工程保险和工程担保是风险转移的两种常用的方法。

① 工程保险

工程保险是指业主和承包商为了工程项目的顺利实施，向保险人交付保险金，保险人根据合同约定对在工程建设中可能产生的财产和人身伤害承担赔偿保险金责任。

② 工程担保

工程担保是指担保人（一般为银行、担保公司、保险公司、其他金融机构、商业团体或个人）应合同一方（如承包商）的要求向债权人做出的书面保证承诺。工程担保是工程风险转移措施的又一重要手段，它能有效地约束承包商的行为，保障工程建设的顺利进行。许多国家都在法规中规定要求进行工程担保，在标准合同条件中也含有关于工程担保的条款。

4.3 EPC工程总承包分包商管理

1. 工程建设中专业分包商管理的现状

(1) 工程分包

在国内外工程项目实施过程中，一般情况下都存在工程的分包。分包是相对于总承包而言的，是指总承包商将工程中的一项或若干项具体工程的实施交给其他公司，通过另一个合同关系在自己的管理下由其他公司来实施，实施分包工作的承包商称为“分包商”。在这种情况下，直接与业主签订合同的承包商称为“总承包商”，该合同则称为“主合同”或“总合同”。总承包商与分包商之间签署的制约项目分包部分实施内容的合同称“分包合同"。工程分包中，除了业主、工程师、总承包商和分包商之间的相互关系外，还涉及有关各方在合同中的地位、责任、权利和义务。

采用总分包模式的工程项目，一般都比较复杂，有众多的分包商参与项目的实施。总承包商的核心工作就是要组织、指导、协调、管理各分包商，监督分包商按照总承包商制定的工程总进度计划来完成其工程和保证工程质量和安全，使整个项目的实施能够有序、高效地进行；与分包商订立严密的分包合同，促使项目有序推进。国际上比较成熟的分包合同条件有美国AIA（美国建筑师协会）合同条件和FIDIC（国际咨询工程师联合会）合同条件等。

(2) 分包模式

在工程项目的实施中总承包商要管理业主指定的分包商和自己选定的分包商两类分包

商。总承包商选择分包商通常有两种方式：一种是总承包商在工程投标前，就找好自己的外包伙伴，根据招标文件，委托分包商提出分包工程报价。经协商达成合作意向后，总承包商将各分包商的相关报价和自己的工作进行综合汇总，编制成项目承包投标报价表。一旦总承包商中标取得承包合同，双方再根据事先的协商意向和条件，在承包合同条件的指导和约束下，签订分包合同。另一种是总承包商自行参加投标取得承包合同后，再根据自身技术设备人员等条件具体划分分包范围，公开招标选择分包商。实践中较多采用选择成功合作经历的分包商进行议标，通常邀请两家以上的分包商提出分包报价，经过价格、能力、信誉等条件综合比较，择优选用，最后签订分包合同。

① 指定分包

“指定分包商”是指招标条件中遵循业主或咨询工程师的指示总承包商雇用的分包商。根据定义，可以看出指定分包商同样是总承包商的分包商。按照国际惯例，总承包商对所有分包商的行为或过错负责，而且，指定分包商一般是与总承包商签订合同。由于指定分包商的原因导致工程工期的延误，总承包商无权向业主申请延期。但是，总承包商可以按合同约定从指定分包商处获得补偿。

我国《房屋建筑和市政基础设施工程施工分包管理办法》（中华人民共和国建设部令第124号）规定：建设单位不得直接指定分包工程承包人；任何单位和个人不得对依法实施的分包活动进行干预。据此可以理解为当前在我国没有合法的业主指定分包。

② 专业分包

专业工程分包是指工程的总承包商将其所承包工程中的专业工程发包给具有相应资质的企业完成的活动。

专业分包商的选择完全取决于总承包商。总承包商根据自身的技术、管理、资金等方面的能力，依据工程项目需要自由选择专业分包商。选择和管理分包商涉及很多方面，总承包商首先应该了解专业分包商市场的变化，对分包商的选择，总承包商不但要考虑分包商报价水平的高低，而且还要考虑分包商以前的工作业绩（其以前分包工程的质量和口碑）、完成工作计划的能力和其项目经理管理团队的素质等。总承包商应当经常收集和积累有关分包商的资料，可通过从事相同领域工作的其他有信誉的承包商处获取资料。在当前我国的专业承包一般由分包商自有人员与劳务队组成项目施工团队，承担分包工程的全部工作，总承包商与分包商之间的结算以预算定额直接费为基数或按工程量清单报价，这是比较彻底的分包模式。

专业分包商弥补了总承包商在专业技术上能力不足的问题，因为将该专业工程的设计、采购和施工都交由签约者实施，同时使得总承包商对工程施工过程和工期的直接控制能力受到了弱化，如果不能对专业分包商进行有效、严格管理，由此引发的分包风险将远大于劳务分包。

③ 劳务分包

劳务分包是指总承包商或者专业承包将其承包工程中的劳务作业发包给劳务分包商完成的活动。在技术比较简单、劳动密集型的工程项目中，一般将劳务分包商作为总承包商和专业分包商施工作业力量或人力资源配备的补充。

在我国劳务分包已经逐步从零散用工向成建制劳务队、专业劳务队过渡。住房和城乡建设部也相继出台了《建筑劳务实行基地化管理暂行办法》《关于培育和管理建筑劳动力市场的若干意见》等一系列文件和规定，我国的劳务分包市场正日趋规范化。

2. EPC工程总承包项目分包商选择

在建设工程项目管理实践中有一句流传甚广的俗谚“成也分包，败也分包”。它形象而深刻地说明了分包商的质量在工程实施中是最关键的影响因素之一。合格的专业分包商应该具有良好的安全、质量纪录，经验丰富的技术工人队伍，良好的装备设施，能够在不出现财务问题的前提下按业主要求的标准完成所承担的工程。如果仅仅依靠报价选择分包商，往往会产生低素质的分包商逐出高素质分包商而中标的现象。低素质的分包商带来的不仅是项目质量控制难度增加，而且往往成为工期延长、增加工程成本和管理精力的主要因素。因此，在EPC工程总承包项目中分包商的选择是一项丝毫不能马虎的工作。

(1) 分包商采购管理模式

根据确定分包商的决策权在企业总部还是在项目经理部可以将分包商采购的管理模式分为3种方式：公司集权式采购模式、项目经理部采购模式和公司与项目经理部结合的混合模式。

① 公司集权式采购模式

由公司总部管理部门根据项目经理部的需要选择合适的分包商承揽总承包项目的分包工程，分包合同签订后交由项目团队管理。采用这种方式是考虑到公司掌握着较项目部更为广泛的资源和信息渠道，公司的采购管理有丰富的经验积累，更为规范和程序化，又有能与承包商建立长久合作关系的优势。公司集中管理采购，能够在更大的市场中找到性价比最佳的分包价格，有利于公司对项目成本的宏观控制。这种模式的不足是，项目团队在对分包商的管理中，存在对分包商了解不全面或管理沟通磨合期长的问题，形成“难管”局面，通过建立良好的管理组织架构和沟通渠道，这个问题应该是可以避免的。但是，如果在部门利益高于企业整体利益的文化氛围下，这种方式往往引发项目经理部对总部管理职能部门的抵触情绪。一旦出现分包商管理失控的情况，追究责任时容易出现相互推诿扯皮的现象。

② 项目经理部采购模式

指公司派到建设项目现场的管理团队根据项目需要，自行寻找和选择分包商，由公司授权项目经理部与分包商签订分包合同。这种方式更贴近实际，管理效率高，项目经理部对分包商的管理更加直接、有力。但是，由于项目经理部自身资源和信息的局限性，可能找不到最合适的分包商，宏观上对成本控制不利，因为是一事一议无法获得批量采购的优惠，对于企业长期发展所需的战略合作伙伴的选择或培养方面是不利的。

③ 公司与项目经理部相结合的混合采购模式

混合采购模式的选用需要在企业整体利益观下进行，根据工程项目的实际情况，以有优势的一方为主导设计分包商的采购方式。一般而言，对大中型的、复杂程度高的、合同额较大的分项工程由公司集中控制。小型的、简单的、合同额不大的项目采用自行选择分包商，并向公司报批的方式。笔者认为，EPC工程总承包业务涉及的专业面广、采购的种类多，不仅需要多专业知识的储备，分包商采购还应该成为公司集中采购任务的重要组成内容。从价格上来说集中采购才能获得批发的优惠，从保证供应时效性来说战略合作伙伴地位在工程出现赶工、供货变更时尤显重要。EPC工程总承包商建立合格的分包商名录（数据库）并且不断进行更新和维护，这是储备社会资源的一项十分重要的具体措施。

集中采购分包商模式运行过程中，应该注意保护项目经理部对分包商管理的积极性，应制定相应的激励和控制措施，及时地对分包商的能力、服务配合意识做出评判和记录。

（2）总承包商与分包商的关系

国内工程项目施工总承包商与分包商之间的关系基本上参照 FIDIC 的分包框架，但实践中应根据国内的法律、政策、经济、社会环境有所调整。从市场角度看，总承包商有双重角色，既是买方又是卖方，既要对业主负责工程项目建设全部法律和经济责任，为业主提供服务，又要根据项目特点选择购买分包商服务，同时按照分包合同规定对分包商进行监督管理并履行对分包商的有关义务。总承包商不能因为部分分包而免除自己在主合同中分包部分的法律和经济责任，仍需对分包商的工作负全面责任，这在国内外无论从法律上还是惯例上都是一致的。分包商在现场则要接受总承包商的统一管理，对总承包商承担分包合同内规定的责任并履行相关义务。图 4-2 给出了工程项目合同体系。

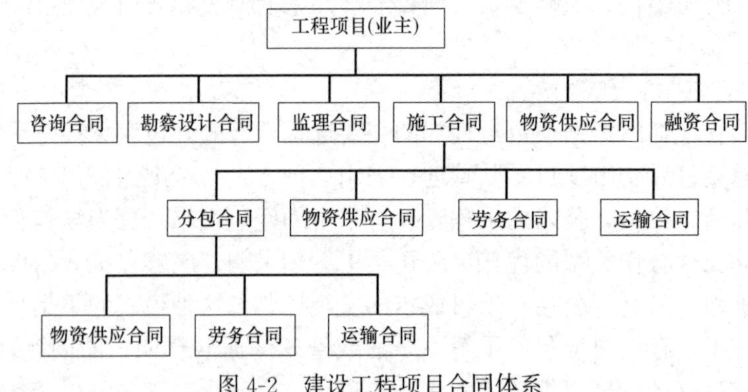

图 4-2　建设工程项目合同体系

（3）分包商的选择

建设工程总承包的 EPC 模式是把项目实施过程的设计、采购、施工、调试验收四个阶段的工作全部发包给具有上述功能的一家总承包企业，实施统筹管理，这家企业作为总承包商可以根据需要依法选择合适的分包商，但总承包商仍将按照合同约定对其总承包范围内的所有工作包括各项分包工作的质量、工期、造价等内容向业主全面负责。就分包而言，分包商仅对其分包的工作向总承包商负责，而不直接面向业主。因此，EPC 工程总承包商对分包商的选择是一项极为重要的工作。

选择分包商需要考虑以下因素：

1）技术、经济资源的互补性

总分包合作的前提必须是专业互补、风险分担。总承包商的管理协调和市场开拓能力以及分包商的专业能力、技术专利都是双方彼此吸引的砝码。只有高精尖的技术水平才可以提高生产效率并降低成本，这样双方合作才可能产生经济效益，分包商的低报价可以降低总承包商的风险压力而保证其获得足够的管理费和利润，而与竞争实力强的总承包商合作，也是分包商工程来源的稳定保证。

2）分包商以往的业绩

一个分包商在过去年度里的经营状况往往成为总承包商考虑是否选择该分包企业作为长期合作伙伴的重要因素。在与某分包商交易过程中，该分包商提出的报价、质量、工程进度和合作态度决定其在分包市场上的信誉和声望。总承包商应该认真审查分包商承担过的类似工程的业绩以及合同履行情况，以往业绩良好的分包商是总承包商的优先考虑对象。

3）分包公司的运营情况

企业的运营情况对合作伙伴的选择非常重要。要求打算长期合作的分包商和总承包商在战略经营、组织及企业文化上应保持和谐。要核查分包商财务状况和施工设备以及技术力量等，一般通过这些可以看出分包商的施工能力，在财务上主要认真核查分包商提供的近几年的财务报表，研究其资金来源、筹资能力、负债情况和经营能力。

4）有效的交流和信息共享

选择高效的合作伙伴依靠所有参与者的积极参与，这要求双方有效的交流和信息共享。已有业务来往的合作伙伴在信息的交流方面要比没有业务往来的企业有更多的优势。合作伙伴在被选择的过程中，只有更好地与选择方加强交流，才能提供更多的战略信息，获得选择方更多的信任；选择方则要主动与分包商联系寻求广泛的信息来源，使得评价过程和结果更具可信性和参考价值。如果分包商和总承包商不能进行有效的信息交流，就会造成信息不对称，容易造成误解，不利于提高项目管理效率。

3. EPC工程总承包项目实施过程中对分包商的控制与管理

（1）工程项目控制

工程项目控制就是监控和检测项目的实际进展，若发现实施偏离了计划，就应当找出原因，采取行动使项目重新回到预计的轨道。控制工作的主要内容包括确立标准、衡量绩效和纠正偏差。项目计划是项目执行的基准，在项目的整个实施阶段，不论项目的环境如何变化、项目将进行怎样的调整，项目计划始终是控制项目的依据，这需要对项目计划和项目资源进行仔细的分析和管理。项目的计划、费用预算及实施程序和相关的准则为控制项目提供了一个基本的框架。

在项目执行过程中，项目管理人员通过各种信息判断、监督项目的实施过程，必要时根据项目环境和执行情况对计划作适当的调整，始终保持项目方向正确、执行有序。

（2）总承包商对分包商工程质量的管理

工程建设项目的实施过程本身的质量决定了项目产品的质量，项目过程的质量是由组成项目过程的一系列活动所决定的。项目的质量策划包括了项目运行过程的策划，即识别和规范项目实施过程、活动和环节，规定各个环节的质量管理程序（包括质量管理的重点和流程）、措施（包括质量管理技术措施和组织措施等）和方法（包括质量控制方法和评价方法等）。

因为合同或其他原因，总承包商在工程进行前需要制定一个质量目标，并在施工过程中去完成这个目标。总承包商与业主签订合同中的质量标准是针对整个工程项目而言的，即使其他子项再优，只要某子项未能达标，就全面否定了整个项目的质量目标。在建设部《建设工程施工合同管理办法》中已规定“对分包工程的质量、工期和分包商行为造成违反总包合同的，由承包商承担责任”（文件中的“承包商”即“总承包商”），在FIDIC条款中规定即使经工程师同意后分包，也不应解除合同中规定的总包人的任何责任和义务，它不能只保证自己完成部分的质量。总承包商必须有能力有权力全面管理、监督各分包商的工作，而总承包商在分包商资格认定上应当有发表自己意见的权利。

（3）总承包商对分包商进度的管理

项目进度计划是项目组织根据合同约定的工期对项目实施过程进行的各项活动做出的周密安排。项目进度计划的主要内容是系统地确定所有专业工作内容和工序、完成这些工作的时间节点、不同阶段的关键线路、交叉作业的交接起点和终点、可搭接的（并联）的区段等等，从而保证在合理的工期内，用尽可能低的成本和尽可能高的质量完成工程。进度计划是业主、总承包商、分包商以及其他项目利益相关者进行沟通的最重要的工具，完整的进度计划体现了项目各参与方对项目的时间、资源、费用的安排。总承包商的进度计划是其完成合同工作内容具体步骤与过程的阐述，从某种意义来讲也是对项目业主的承诺，同时，业主制定的总体计划也反映了业主对项目实施的时间和资金安排，经各方协商并最终确定下来的项目进度计划，代表了项目相关者对项目成功实施的一种共识，是未来项目实施中协调冲突、解决矛盾的依据。因此，从某种程度上来讲，项目进度计划是项目各方进行交流、协调、控制、监督和考量的依据。

在项目的运行过程中，各协作单位、各分包商、各专业、各工种的各阶段工作都会出现不同深度的交叉或重叠，项目的进度管理将成为EPC工程总承包商项目管理的重点工作之一。项目的时间进度是指实现项目预期目标的各项活动的起止时间和之间的过程，在项目进度计划中至少应该包括每项工作的开始日期和期望的完成日期，项目的时间进度可以以提要的形式或者详细描述的形式表示，相关的进度可以表示为表格的方式，但更常用的是以各种直观形式的图形方式加以描述。主要的项目进度表示形式有带日历的项目网络图、条形图、里程碑事件图、时间坐标网络图、日期和专业进度的横道图等。

总承包商对分包商的管理及各方配合好坏直接对施工质量产生影响，随着建筑功能复杂化，设备、管线都附着于主体上，有的埋设在柱、梁、墙内，又要在外面做装修，所以出现各工种之间的交叉、配合。如果前一道工序尚未完成就做下道工序或是下一道工序施工时破坏了已经完成的工作，都可能出现质量隐患。

在总承包商提供的初始总进度计划基础上，各分包商应制定本专业的进度计划并且上报总承包商，总承包商根据各分包商的进度计划，调整修订总进度计划，然后分包商再根据总承包商修改后的总进度计划再次调整自己的进度计划，通过相互修改调整过程之后可以形成一个总承包商和分包商都能够接受的总进度计划和分包商进度计划，只有各分包商都严格执行了总承包商最终制定的工程总进度计划，工程才可能实现合同约定的工期目标。

（4）总承包商对分包商的成本管理

为加强成本管理，增加经济效益，分包项目的分包造价一般是通过招标方式确定的。其中，专业分包是单独通过招标投标或议标确定的，而对机械（工具）分包及材料分包是在进行劳务分包招标投标的同时确定的。

通过招标投标确定的分包项目造价就是项目施工责任成本中分包项目的分包成本。分包成本作为项目施工责任成本中的指标之一下达给项目部，原则上不再进行变动。需要指出的是，机械（工具）分包及材料分包必须在工程开工之前与劳务分包同时确定。而专业分包则可以根据工程的进展情况，在专业工程施工以前确定。因此，在确定分包项目的项目施工责任成本时，专业分包工程可以根据预算工程量与市场价确定，以此作为施工招标投标时报价的上限控制。

（5）总承包商对分包商的安全管理

工地的安全包括治安和作业安全。对于治安主要是建筑材料的看防，防火、防盗。一般而言，总承包商应针对工程的特征制定相应的安全管理制度，对分包商的作业安全管理措施要建立安全组织确定预控办法消除安全隐患，如由总承包商对所有进场工人进行安全培训、分包商必须设专职安全员以及配备必要的安全设施等。此外，总承包商必须加强对分包工程安全的监督和管理，要求分包商严格执行动火、立体作业、交叉作业、垂直运输、脚手架、上料平台及模板等施工设施的规范使用。

尽管安全问题往往是由施工现场的分包商引起的，但是，一旦分包工程或分包商员工出现安全事故将损害整个项目的利益。因此，总承包商对整个项目的安全问题负有第一责任。总承包商对分包商的安全管理主要通过加强安全教育和督促分包作业人员执行安全管理制度等方式实现。

4.4 EPC 工程总承包进度管理

1. EPC 工程总承包进度管理概述

简单地说，工程项目的进度管理，就是在资源限制条件下完成建设目标，并确保成本的最小化和质量的最优化。进度管理的职责主要有三个方面：①制定进度计划，即在与业主签订承包合同之后，根据总承包或阶段承包的要求，预估工程的工作量以及设计、采购、施工中的重要因素并编制进度计划书。②组织计划实施。进度计划需要得到业主方面的审批之后才能执行，建筑企业组织施工队伍，让员工了解计划内容，具体来说，包括“做什么”“如何做”“什么时候做完”等问题，同时建立监督管理机制，避免在执行过程中出现影响进度的因素。③协调统一管理。项目进度的影响因素包括成本和质量两方面，而进度计划本身也对成本和质量造成影响，三者之间是相互统一、相互联系并相互对立的。在开展的过程中要解决好三者的矛盾，促使项目整体的和谐性、有效性。

EPC 工程总承包项目模式相对于传统的承包模式而言，具有很明显的优势。首先，设计的作用在整个工程中得到了重视和发挥，有利于工程项目建设整体方案的调整、优化。其次，建设企业具有较高的自主权，有利于设计、采购、施工等各环节内容的联系，确保实现更好的投资效益。再次，EPC 工程总承包项目模式在建设工程质量管理中，具有明确的权责特点，一旦出现问题便于追究相关责任人。

2. 进度管理的目的和主要任务

建设工程项目总进度目标指的是整个项目的进度目标，它是在项目决策阶段进行项目定义时确定的，项目管理的主要任务是在项目的实施阶段对项目的目标进行控制。建设工程项目总进度目标的控制是业主方项目管理的任务（若采用建设项目总承包的模式，协助业主进行项目总进度目标的控制也是建设项目总承包商项目管理的任务）。在进行建设工程项目总进度目标控制前，首先应分析目标实现的可能性。

（1）进度管理的目的

预测不同阶段所需的资源，以满足不同阶段的资源需求。协调资源，使资源在需要时可以被利用。满足严格的开工、完工时间约束。

（2）进度管理的主要任务

根据合同文件、资源条件与内外部约束条件，通过建立项目的工作分解结构、活动定义、活动排序、活动时间估算制定项目进度计划。在实施中进行跟踪检查并纠正偏差，必要时对进度计划进行调整更新。编制进度报告，报送有关部门。

（3）进度管理的工作程序

总承包项目进度管理的工作流程如图 4-3 所示，它包括了进度计划编制、实施、控制的各个过程。

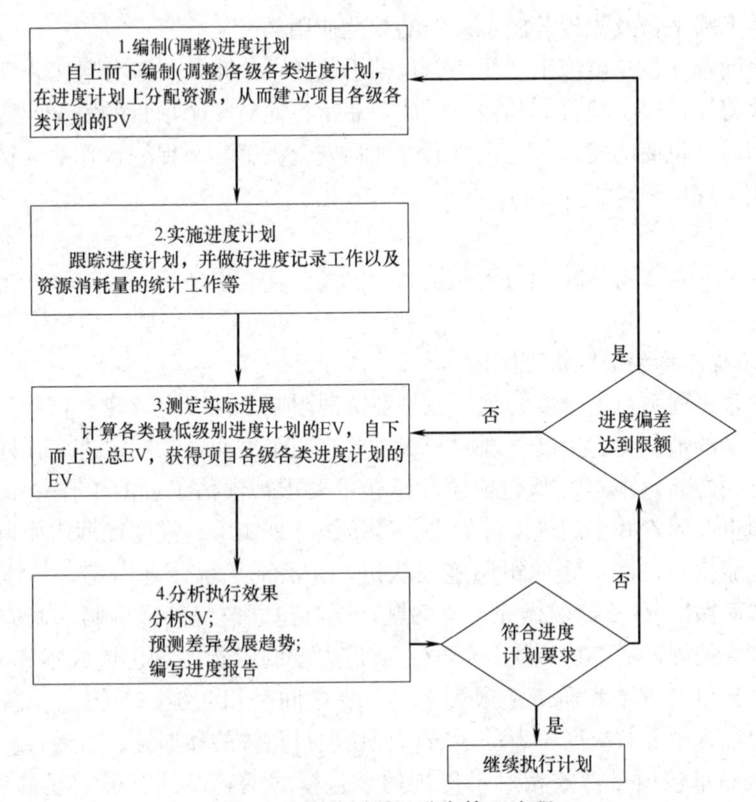

图 4-3　总承包项目进度管理流程

3. 进度计划的编制

（1）进度计划编制要点

作为工程进度控制的第一步，编制工程进度计划不仅是要做出一个时间计划文件，还要向工程的管理者提供一份能够有效管理工程时间的科学合理的指导性文件。因此，工程进度计划的编制工作必须做到以下几点：

① 进度计划必须包括为完成工程所涉及的所有工作；

② 进度计划要反映工程项目工作的轻重缓急，以保证项目的执行能够突出重点；

③ 进度计划应是动态的，要随工程项目实施过程中的实际情况的变化而变化；

④ 编制进度计划前必须考虑各级工程管理人员使用的需要，以及进度报告和计划更新的需要，另外还包括成本估算和控制及材料管理的要求，要建立起一套科学合理的编码系统；

⑤ 进度计划要易懂、实用和明确，避免编制只有计划工程师才能看懂的计划；

⑥ 进度计划中所包括的工作要足够详细，以满足进度计划管理的需要，但也不能过细而使计划缺乏实用性，通常是根据工程项目组织机构与所对应的工作分解结构来确定，工程项目组织机构的最小单元所对应的就是工程项目的最小工作单元。

(2) 进度计划编制步骤

① 定义工程项目

定义工程项目就是需要明确项目实施目标以及如何实施。工程项目的描述、设计图纸和技术规范，以及业主在工程合同文件中赋予承包商的义务和责任都是属于实施目标的范畴，而制定的工程项目实施方案、方针及各种程序则是如何实施的范畴。

② 分解工程项目工作

有了工程项目的定义，就可以进行工程项目工作的分解。所谓工程项目工作分解又称工程项目工作分解结构（WBS），是指为便于项目计划、控制和其他管理工作而将整个工程项目内的工作分解成不同层次可管理的单元。WBS 通常采取按等级排列的树状结构来表达，可以清楚看出项目的目标与完成目标所做工作之间的关系，同时也明确地标识出可用于分析、报告和控制的项目工作范围内主要工作要素，在编制计划时使用上述分解，就可以避免工作的遗漏。

③ 确定项目的主要控制里程碑进度目标

根据项目合同工期要求以及过去完成的类似项目的进度资料编排项目的主要工作和里程碑的开始及完成时间。对于 EPC 工程总承包项目来说，项目工作内容主要包括：设计、采购、施工和试运行。各领域的工作又可划分为：各主要专业的设计、长供货周期设备和材料的采购、主要专业的施工及项目各系统的试运转。主要的里程碑包括合同签订日、主要设计技术文件批准日、关键设备材料订单发出日、现场施工动员日和机械完工日。

④ 确定项目各工作间的顺序关系

项目工作间的顺序关系通常是三种：技术顺序；程序顺序；强制顺序。

其中技术顺序是由项目的技术要求所决定的，比如要进行设备安装就得先完成基础施工。程序顺序是由项目的有关程序及方针所决定，具有主观性。强制顺序则是由资源限制、环境限制等所决定，比如由于人力不够而将某项工作安排在另一项工作之后。

⑤ 确定各工作周期

确定工作周期通常根据积累的类似项目的历史数据，各方面专业人员的经验以及项目本身的具体要求和工作量来确定。

⑥ 校核计算

校核计算的目的是为了确定能否满足项目工期要求，通常采取的是网络分析的方法。按照上述步骤，目前在国际工程项目中广泛使用的进度计划编制方法是网络法，而其中比较典型的有关键路径法（CPM），计划、评估和审查法（PERT）和工序图解法（PDM）。

(3) 组织进度计划的实施

将编制的进度计划报业主审批后进行项目内正式发布，使得项目人员知道自己做什么，何时做完，在执行过程中及时检查和发现影响进度的问题，并采取适当措施，必要时修订和更新进度计划。

① 确定人工时和费用估算，建立计划检测基准

按照 WBS 结构所确定的各项活动，对于设计工作编制人工时估算，将估算的人工时分配到各具体设计活动中；对于采购工作按照费用估算，分配到每个订单中，根据资源分布曲线进行汇总，最后分别形成设计和采购工作的进度“S”曲线，作为计划检测基准，用于实际进展情况的比较和分析。

② 在进度实施过程中检测执行效果

编制计划是为了跟踪每项活动是否按计划运行，跟踪的过程就是对项目动态控制的过程，是项目进度管理和控制的核心工作。在跟踪过程中每周通过设计状态表、采购进展情况统计表、施工工作量完成情况统计表记录每项活动所完成工序的情况，即实物进展百分比，按照设计、采购、施工和开车的工序比重表及WBS各级汇总的权重值进行加权汇总计算，形成实际进度“S”曲线。

③ 分析和预测

在进度管理工作中，没有分析和预测的进度控制，只能是实际情况的统计，通过分析和预测，避免不可控制情况的发生，全面推动各种工作朝目标计划方向发展。进度控制的核心就是将项目的实际进度与计划进度进行不断分析比较，不断进行进度计划的更新和调整，在项目执行过程中由于受各种因素的影响，经常会出现“计划赶不上变化”的情况，但是“要跟上变化”。

④ 项目报告

项目报告是进度控制和管理的一个重要环节，也是项目信息沟通的一种重要方式，项目报告要全面反映项目实际进度状态、进度偏差分析及趋势、建议的措施等情况，建立完善的报告系统是项目进度计划管理的一个重要方面，报告的主要目的是让项目管理层全面掌握项目进展状况，以便做出正确的决策，在项目运行过程中做到“心中有数”。

⑤ 进度管理总结

全部任务完成后应进行进度管理总结，为其余项目的运行不断积累经验和统计数据。项目总结工作应作为现有项目或将来项目持续改进工作的一项重要内容，同时也可以作为对项目合同、设计方案内容与目标的确认和验证。

4. EPC工程总承包项目进度管理中存在的问题

EPC工程总承包项目中进度管理的依据是进度计划，而在现实中还存在一系列的问题，有待改进。

(1) 进度计划与执行脱节

进度计划在设计上忽视了现实要素，无法真实地展现出施工状况，或者在认识上存在误区导致进度计划执行中存在脱节的问题，甚至说，各项业务之间的逻辑关系也存在混乱，即便发现问题，也不知道该向谁反映。

(2) 进度计划执行力较差

在部分建筑企业中，虽然制定了进度计划，但大部分项目都无法按照计划展开实施，这其中最关键的问题在于主观认识不足，缺乏对执行计划文件的严肃态度，没有认识到计划执行的重要性。

(3) 进度计划制定不合理

进度计划是进行管理的依据，在制定的过程中存在不合理现象，如过于概括或过于细致，都会导致施工作业中的联系性减弱。过于概括或粗糙的进度计划，施工人员不了解具体的建设方向，而过于细致或琐碎的计划，可操作性又会降低。

从实践角度看，在制定进度计划过程中，应该秉承着依据工作量的原则，根据工作量的多少、难度等，展开适度的细化。同时，也应该关注执行过程中的关键里程碑计划，根据关键工作的联系、因素等，严控偏离。

（4）进度计划干扰因素多

无论是进度管理的计划制订或执行，在国内都存在很多干扰因素，简单地说，有主观和客观两种形式。主观上，国内的工程项目在建设过程中，对合同的关注度较低，尤其是一些阶段性的施工进度要求，不习惯、不善于用合同条款去管理分包商的进度控制，由此很容易造成工程的拖延。客观上，总承包项目的影响因素较多，如一些是地方政府的“形象工程”“政绩工程”等，盲目地追求建设速度和外观设计，导致安全性、功能性的降低，削弱了整体质量水平。

4.5　EPC工程总承包质量管理

1. 质量管理

《质量管理体系　基础和术语》GB/T 19000—2016中对质量的定义是：质量是客体的一组固有特性满足要求的程度。该定义可理解为：质量不仅仅指产品的质量，还包括生产活动或过程的工作质量，以及质量管理体系运行的质量。产品质量的优劣以其固有特性满足质量要求的程度来衡量。

质量要求是指明示的、隐含的或必须履行的需要或期望。质量要求是动态的、发展的和相对的。

质量管理就是关于质量的管理，是在质量方面指挥和控制组织的协调活动，包括建立和确定质量方针和质量目标，并在质量管理体系中通过质量策划、质量保证、质量控制和质量改进等手段来实施全部质量管理职能，从而实现质量目标的所有活动。

2. EPC工程总承包项目质量管理

EPC工程总承包项目在实施过程中能够对建筑工程中的管理目标以及风险控制进行全面管理，最终达到将建筑施工工程利益最大化的目的。与传统建筑工程相比，EPC工程总承包项目具有以下优点：

（1）该种管理模式能够对建筑工程项目制定整体的建筑目标，同时将工程中各个阶段的优势充分发挥出来。

（2）对建筑工程中的潜在风险进行实时检测，并根据实际情况不断调整施工计划，最终达到降低施工风险的目的。

（3）EPC工程总承包项目具有较高的沟通效率，该种建筑工程管理模式能够与业主以及施工单位进行实时沟通，并将沟通结果进行及时传递，保证各个单位之间的信息交流。这种方式能够避免出现最终施工结果不符合业主要求的情况，在施工过程中将业主的意见进行实时反馈，进而提高最终建筑工程管理质量。

3. EPC工程总承包项目质量管理的要求

（1）对项目质量管理进行全面策划

针对EPC工程总承包项目质量管理的特点，在项目实施初期，要对项目质量管理工作进行全方位策划，合理编制项目质量管理计划，明确各项规章制度，并对其实施过程进行设计，确保项目质量管理活动的有序开展。EPC工程总承包项目质量管理由于项目的特殊性，对质量管理计划和相关制度的依赖性较高，如果在项目初期制定的质量管理计划本身存在问题，会对质量管理的实施产生严重影响。因此，首先要保证项目质量计划的全面性和详细性。

在 EPC 工程总承包项目管理过程中，编制质量管理计划，主要以总承包合同为依据。通过建立完善的项目管理组织结果，合理设计质量管理的界面、接口关系，落实各项管理职责，为项目质量管理计划的实施提供保障。与此同时，采用科学的方法编制项目质量管理计划，生成各类质量管理文件，在相关规定下，详细编制质量管理的具体内容。质量管理计划应涵盖所有项目工作范围，在此基础上，结合项目建设的实际情况，建立适用性较高的质量管理体系，准确识别各个环节的质量控制要求，并确保质量管理计划的有效执行。通过项目质量管理技术的编制与实施，为实现项目建设目标提供保障。因此，在编制项目质量管理计划的过程中，要遵循全面性、系统性、规范性、科学性和适用性几点原则，确保项目质量管理符合要求。

（2）提高质量管理意识

EPC 工程总承包项目质量管理不仅需要对项目管理内容进行全面设计，在其实施过程中，还需要各方人员的共同参与。因此，在项目准备及实施阶段，应不断强化项目全体参与人员的质量管理意识，通过开展必要的宣传教育活动，提高人员质量控制意识和质量控制能力。EPC 工程总承包项目质量管理工作不仅是实现项目建设目标的基础保障，也是确保项目实施安全的重要措施。所有项目参与人员，都要按照项目质量管理的要求，规范自身行为，按计划进行施工，从而消除因人员违规操作带来的项目风险问题。在项目实施过程中，应针对不同部门、不同专业的人员制定相应的培训计划，区分质量管理内容，确保培训活动的实效性。应树立质量管理是生产安全保障的基本理念，在项目设计、采购、施工过程中，全方位做好各项管理工作，确保设计的合理性、物资供应的流畅性以及施工的规范性。对于 EPC 工程总承包项目使用到的各种设备材料，应对其质量进行严格检查，选择资质合格的材料供应商合作，并做好设备材料的进场检查和记录工作。这些基础质量管理内容应深化在每一名项目参与人员的脑海深处，通过各部门、各岗位人员的协调联动，确保项目质量管理的全面实施，不给项目质量问题留死角，最大限度地降低质量问题的发生概率。

4. EPC 工程总承包项目质量管理策略

（1）在设计过程中进行质量管理

EPC 工程总承包项目，具有一定的系统化特点，综合包括市场分析、销售、项目评估、投标、工程设计、材料设备采购、施工等系列内容，在现阶段 EPC 工程总承包项目实施过程中，总承包商的原身，多为各地方勘察设计企业。因此，在设计过程中进行质量管理，需要明确 EPC 工程总承包项目与纯设计工作之间的差异，并以此作为指导思想，才能进一步实现质量管理目标。

在 EPC 工程总承包项目设计过程中进行质量管理，需要明确以下管理重点：基础文件、计算书、设计变更、设计审查、供应商图纸评价、项目终结评审等。EPC 工程总承包项目设计，会受到多种因素的约束，由此就需要对受约束的条件进行相应的假设，依据假设条件，得出假设结果；而质量管理的作用，就是要避免此类假设结果在通过验证之前投入使用，以此为依据进行设备采购或直接施工建设。

另外，设计阶段的质量管理，有设计工程师审核这一环节，在这一过程中，需要核实全部的供应商图纸及数据，在保证其自身合理性与可行性的同时，还要使其符合采购合同中的技术要求；在核实过程中，还要保证图纸与数据的结构处于合适状态，并判断其与实际是否存在矛盾。通过全面的审核，综合专业的审核意见之后，落实设计更改工作，以保证设计质量。

（2）在采购过程中进行质量管理

采购过程中的质量管理是EPC工程总承包项目质量管理的重点之一，包括采购渠道管理、质量检验管理等。在EPC工程总承包项目的起源地欧洲，施工方的管理工作值得借鉴。采购渠道方面，施工方将供应商信息作为管理的重点，针对当地供应商建立完备的资料库，在存在采购需求时，直接通过数据库检索即可了解供应商状况。我国信息社会建设尚不完善，EPC工程总承包项目的应用也不够成熟，可以在借鉴西方模式的同时发展自己的质量管理方式。可行的方式为数据库＋细化检验双重管理模式，即建立供应商数据库的同时，在采购过程中将关乎质量要求的部分分条列项、逐一排查，确保目标质量合格、供应商具备资质。

（3）在施工过程中进行质量管理

施工过程中的质量管理是保证工程质量的关键，也有利于控制工程进度、降低工程成本。具体的管理内容包括设计方案、材料、进度、安全性等。设计方案是施工作业的指导文件，在方案的设计阶段，应保证能够为设计人员提供翔实的数据资料，方案出具后，可以应用BIM技术对其进行模拟，不断优化和调整，确保方案的可行性。材料方面，应做到不同材料分门别类进行存储，木料、水泥、金属材料等应远离水源，机电设备要处于较为干燥的环境中，热工仪表等不能距离强大电磁场过近，以免指示失真。施工进度方面，需要确保工程按照计划有序进行，对于出现的意外情况也要做好应对准备，如大风、暴雨等，避免材料损失、工程完工部分被破坏。上述措施均可以直接或间接保证施工质量，使EPC工程总承包项目质量管理工作落到实处。

（4）建立完善的质量管理体系

重视内审工作。工程项目所在的施工单位在开工前必须对工程质量形成的全过程进行质量目标分解。明确各部门的质量目标，责任明确，层层把关。项目技术部门在编制施工方案时，对容易产生质量问题的部位要重点编制，把各种可能出现的情况都要预想到，并写出明确的应对措施，方案报监理单位审批同意后方可组织实施。其次，工程项目现场管理人员要审查各分包施工单位的施工质量管理是否有相应的施工技术标准、健全的质量管理体系、施工质量检验制度、综合施工质量水平评定考核制度、施工组织设计和施工方案，确定现场管理的目标和标准，并制定出管理制度，使施工质量管理工作制度化、规范化。通过内部质量管理体系审核，可以推动内部改革，发现和解决存在的问题，提高施工质量。

（5）明确质量目标、合理分配工作职责

为了确保施工质量达到合同的质量目标，在项目施工前必须让参与建设的所有人员都了解工程项目的质量目标，可以在项目宣传栏明示质量目标。质量目标制定之后，将目标分解，由项目部组织层上下层层签订质量目标责任书，直至落实到岗位和人；定出质量目标检查的标准，也定出实现目标的具体措施和手段，对质量目标的执行过程进行监督，检查工程质量状况是否符合要求，发现偏差，及时分析原因，进行协调和控制；强化现场施工人员的质量意识，坚持质量第一的思想，增强全员质量意识，对施工质量做到质量标准起点要高，施工操作要严，并进行全过程监控，提高工程质量，创优质，出精品。

4.6 EPC工程总承包项目风险管理

1. 风险管理

可测定的存在不确定性的因素称之为风险，风险指的是损失的可能；风险一般指的是某一经济损失发生的不确定性；风险是指对特定情况下未来可能发生的结果的客观怀疑；风险是一种无法预估的，往往得到的实际后果与事前的预测后果可能存在差异；风险指的是损失出现的概率；风险也是指潜在损失的变化空间与波动幅度等。

风险管理是通过对风险的识别、衡量和控制从而以最小的成本使风险所致的损失达到最低程度的管理方法。风险管理不仅是一门技术、一种手段、一种管理过程，而且是一门新兴的管理科学。

风险管理是指在工程项目建设过程中，当事人在其实现预定目标的过程中，将未来的不确定的可能产生的影响控制在可接受范围内的过程和系统方法。人们对潜在的意外损失进行识别、分析、评估、预防和控制的过程，其目的是将积极事件的概率与影响最大化，将消极事件的概率与后果最小化。

风险在现实生活中无时无刻地客观存在，具有不确定性。所带来的损失即是因不确定的突发，对未做相应防护措施的生产生活产生不可预见的损失。

2. 风险管理的过程

风险管理是指对经济活动中所存在的不确定因素进行辨识、分析评价、控制防范的过程，内容主要分为风险识别、风险分析、风险评价、风险控制和处理四个阶段。

（1）风险识别

风险识别是指系统地、持续地鉴别、归类和评估建设项目风险重要性的过程。风险识别是指承包商对工程项目可能遇到的各种风险类型和产生原因进行判断分析，一般承包商对风险进行分析、控制和处理。风险识别是风险分析和采取措施前的一个必要步骤，最终形成风险识别报告。常用的风险识别方法有德尔菲法、专家会议预测法、故障树法等。

（2）风险分析

风险分析是基于人们对项目风险系统的基本认识上的，通常首先罗列全部的风险，然后再对风险进行分类找出对自己有重大影响的风险。为了便于项目管理人员理解和掌握，风险一经识别，一般都要划分为不同的类型。人们对风险的认识是与其所处的角度和分析时所处的项目阶段有关的。风险因素通常要从多角度、多方面进行，形成对项目系统风险的多方位的透视。风险分析可以采用结构化分析方法，即由总体到细节、由宏观到微观，层层分解。风险分析的第一步是风险识别，其目的是减少项目的结构不确定性。

（3）风险评价

风险评价是通过运用统计、分析技术对风险识别报告中的各种风险的出现概率、分布情况等进行分析，衡量每种可能发生的风险的发生频率和幅度及对企业的影响程度。它是风险管理中的重要一环。风险评价是以尽量客观的统计数据（包括财务数据）为基础，进行数据分析、评估和预测，再以外部环境、行业竞争对手、企业自身风险承受能力和对风险事件的期望目标等相关条件作为参考。

（4）风险控制和处理

风险控制和处理是在对风险进行识别、分析和评价的基础上，制定承包商在整个建设工程项目实施过程的风险管理的策略和方法，制定风险管理计划，从而实现防范风险发生、减少风险损失的目的。

3. 建设工程项目风险管理

建设工程项目风险管理是指通过风险识别、风险分析和风险评价去认识建设工程项目的风险，并以此为基础合理地使用各种风险应对措施、管理方法，对项目的风险实行有效的控制，妥善地处理风险事件造成的不利后果，以最优的成本保证建设工程项目总体目标实现。

通过界定项目范围，可以明确项目各个部分的工作范围，将项目的任务细分得更具体、更便于管理，避免遗漏而产生风险。在项目进行过程中，各种变更是不可避免的，变更会带来某些新的不确定性，风险管理可以通过对风险的识别、分析来评价这些不确定性，从而向项目范围管理提出任务。

4. EPC工程总承包项目风险管理的特点

（1）总承包商承担更大的风险

EPC工程总承包项目因其交钥匙工程的特性，必然由总承包商承担更大的风险。EPC工程总承包商按照合同约定，承担着建设项目的设计、采购、施工等一系列工作，并且需要对承包工程的质量、造价、工期、安全管理等全方位负责。

首先，传统的施工管理模式，项目合同结构复杂，设计、材料、设备的供应商，业主，服务的承包商等多方的合同关联性大，一旦发生纠纷很难判定责任方，增加的风险和费用由业主承担；而EPC工程总承包项目的特点是合同结构相对简单，责任界面划分清晰，在没有明确的证据下，很难得到业主的补偿。

其次，因EPC工程总承包商的整个流程跨度大，涵盖了从项目设计、项目采购、项目施工、项目开车、项目控制管理、政府协调等多个子项，对于项目管理人员的要求较高；同时EPC工程总承包商需要控制和沟通协调的对象增多，相关利益者众多，不但要面临着收款的风险，同时也面临着供应商及分包商的付款压力。这对EPC工程总承包商的信息共享和企业的集成式管理都提出了更高的要求，风险也更大。

再者，EPC工程总承包项目一般都采用固定总价的合同模式，前文提到，除非业主进行了增加工作量、更改流程、提前工期等对项目有较大影响的变更，才会调整合同总价，增加变更费用。如涉及国外的项目或需跨国采购，EPC工程总承包商还面临着汇率的风险，当前的经济形势下，人民币对美元等主要货币的汇率不稳定，会进一步地加大EPC工程总承包商的风险。

（2）投标时不确定因素多

EPC工程总承包项目投标报价的风险程度绝对不等同于项目设计概算预算工作，它会直接关系到EPC工程总承包商的生存与发展。因此，EPC工程总承包商如何能按时、精准、高效地做好投标报价，也是非常关键的问题。

首先，一般的承包商在投标时就会拿到施工图纸以及工程的具体标准要求，相对容易确定工程造价。但由于EPC工程总承包项目报价一般都在初步甚至概念设计阶段，不确定因素非常多，比如设备选型难度大，设备的型号、标准和要求众多，往往会差之毫厘，谬以千里，因此对EPC工程总承包商专业的数据库和专业人员的知识和经验要求都较高。

其次，因为EPC工程总承包项目从投标报价到合同签订再到项目实施，往往需要相对较长的周期，而市场的价格瞬息万变，如遇到建筑行业的材料价格波动较大，尤其是钢材、铜等主要原材料有较大的涨幅，就会给EPC工程总承包商造成较大的损失，根据EPC工程总承包项目合同的规定，一般都不会得到相应的补偿。

(3) 招标投标风险并存

一般的施工承包商在项目中标后，将组织自有资源实施项目，如有需要可进行专业的分包或劳务分包，因此对于普通的施工承包商而言，分包的比重不大；而EPC工程总承包商在项目中标后，需要采购设备、确定项目分包商、进行采购招标等多项工作。众所周知，招标存在诸多风险，例如招标标段划分不合理、原材料涨价、招标文件及合同不完善、后续被分包商索赔、分包商履约风险等，甚至因为分包商行业或地域垄断等原因会造成EPC工程总承包商实施项目过程中处于被动的局面。

(4) 风险控制可获得较高利润

一般的工程承包商获得利润的主要来源是按照既定的进度计划、图纸等组织项目施工，主要的利润几乎来源于人工费用节约、材料采购差价以及多项目之间的资源调配优化产生的利润。而目前施工项目的市场材料采购和人力成本透明，项目管理的同质化程度较高，同时因工程行业进入门槛低，竞争对手众多，不少承包商为获得项目，不得不采取低价中标策略。因而，虽然一般工程承包商承担的风险较低，仅需按图施工，但是获得的利润也有限。而EPC工程总承包商的利润点众多，主要包括优化设计、限额设计、引入分包商竞争降低成本、大宗采购、进度提前等多方面获取利润的突破点，其中优化设计是带来可观的利润最为有利的工具，而且因整个项目的控制权主要集中在EPC工程总承商方手里，在较长的时间跨度里，EPC工程总承包商可以很好地纠正偏差，节约成本，获得利润。

因此，EPC工程总承包模式对总承包商的要求更高、总承包商承担的风险更大，但同样也可以为EPC工程总承包商带来可观的利润。

5. EPC工程总承包项目风险监控与应对方法

(1) 表格分析法

EPC工程总承包项目风险管理最常用的方法即是表格分析法。根据风险识别的成果、风险分类方法、相关管理程序等，建立风险管理表格，表中尽可能非常全面地列出所有的风险，并用文字说明风险因素的来源，包括风险一旦发生后可能造成的后果、对风险发生的可能性的估计、风险发生的次数估计等。例如：设计阶段存在的某一风险，风险因素为设计缺陷，那么将其分类在设计阶段、行为风险；风险因素为新技术的应用，那么将其分类在设计阶段、技术风险；施工阶段存在的某一风险，风险因素为市场价格波动、汇率和利率波动、经营不善等，那么将其归类在施工阶段、经济风险；采购阶段存在的某一风险，风险因素为验收不合格、保管与存储问题、供货进度延误、质量安全问题等，将其归类为采购阶段、组织风险等。表格的设立应当便于进行风险管理的其他各项工作，在EPC工程总承包项目中标实施时，按照既定程序，不断地追踪表格中风险的实际发生概率，并不断地动态完善跟踪。

(2) 调查研究法

根据EPC工程总承包项目的招标文件、项目执行过程中的过程文件，分析项目的具体情况，可采用调查问卷、头脑风暴以及专家调研等方式对项目潜在的风险进行调查研究，根据调查研究结果定义和调整项目的风险系数，降低风险，同时在执行项目时，在不同的工程阶段，请各专业专家座谈，收集各位专家根据项目经验提出的不同工程阶段需注意的事项，合理更新风险清单。

在对 EPC 工程总承包项目的风险进行定性和定量的分析之后，针对评估的结果，根据不同的风险等级以及 EPC 工程总承包项目的风险特点，制定出各类别风险的处理办法和控制策略，降低风险造成的损失，以提高项目目标实现的可能性。风险应对的策略大致可分为以下 3 类：风险规避、风险转移和风险接受。

（1）风险规避

EPC 工程总承包商在项目执行过程中，可通过提前的风险分析，尽可能地规避大的风险，降低风险发生概率，或在发生风险时降低损失。

应充分仔细阅读业主的招标文件，仔细理解工作范围，明确工作难度，同时对工程项目所在地的水文地貌、政府特殊管理规定应仔细了解，细致分析。明确和业主双方的工作分工，确定己方职责，对业主做好资信调查，必要时要求业主出具付款保函或相应凭证证明业主有能力支付工程款。

EPC 工程总承包商应采用先进的技术以及完善的组织机构。为了最大限度地减少产生风险的因素，应该选择抗风险、弹性强的技术方案，采用可靠的安全保护措施，并在整个实施工程中严密监控。

在采购和分包时，应合理划分标段和工作包，设置合理采购和服务周期，合同条款应尽量地引用合同范本相关条款，语言规范准确，应聘请业内专家法律顾问会审，各标段应当相对独立，减少交叉施工，降低各工作包和设备供应商因相互推脱而导致工期延误或发生安全事故的可能性。如可能，应要求分包商和供应商提供合理的风险保证金或出具预付款保函、履约保函、质量保函等，预防分包商和供应商不履行合同义务或发生资信风险。

（2）风险转移

EPC 工程总承包商在面对无法规避或预计可能发生并造成重大损失的风险时，可以通过对不擅长专业的工作内容进行专业分包，以及对不确定的特殊条件可能造成的损失购买商业保险等方法予以风险转移。

（3）风险接受

在项目执行过程中，一些社会突发事件或由于其他利益相关方的强势地位而造成的风险是不可避免的，或者即使可预见风险发生也无法利用自身掌握的资源进行规避和转移，当评估风险发生后所造成的潜在影响较小或风险概率极低时，EPC 工程总承包商可选择接受风险，由自身承担不确定性引起的风险。

6. EPC 工程总承包项目风险识别和评价

EPC 工程总承包项目的风险管理应贯穿整个项目始终，从风险管理的时效角度上可分为事前管理、事中管理和事后管理。根据各项研究表明，事前管理能取得很好的控制风险效果。那么，对于 EPC 工程总承包项目，风险识别和评估就显得尤为重要。

（1）EPC 工程总承包项目风险识别和评价的主要依据

由于 EPC 工程总承包项目的特殊性，在投标过程中可编制适合该项目实施的风险管理规划，该规划涵盖的工程总目标、工程范围、工程进度计划、企业的利润期望值等都是后续项目风险识别的主要依据。同时，根据业主提供的招标文件以及类似项目的历史资料，编制风险核对表格，作为投标以及项目实施的风险管控依据。EPC 工程总承包商企业内部的风险识别和风险控制程序，以及根据多项目的执行经验进行的经验总结教训都是风险识别的重要依据。

（2）EPC 工程总承包项目风险分类

EPC 工程总承包项目的复杂性，决定了项目风险种类繁多。风险可分为系统风险和非系统风险。系统风险涉及宏观经济，国家政策对行业影响等企业外部环境，非企业自身通过管理能控制或降低，在此处不做过多探讨，本文中所描述的风险均为非系统风险，按照项目的实施阶段分类可分为：决策阶段的风险、项目执行阶段的风险、项目结束阶段的风险，根据风险的来源可分为：行为风险、经济风险、技术风险、组织风险、合同风险、自然风险、人为风险等。根据 EPC 工程总承包项目风险的因素将风险分门别类，可以更高效地识别项目风险，同时根据项目的风险分类可以制定相应的程序，确定风险识别后的报告机制、解决方案、解决时限以及每个条目的负责人等。同时该类风险识别的信息积累也可为后续的项目提供完善清晰的历史资料。

（3）EPC 工程总承包项目风险识别和评价的方法

风险识别和评价的方法多种多样，在此介绍下列两种常用的分析方法。

1）历史数据分析法

根据行业历史数据以及企业数据库，找到同类项目，对以往项目进行分析，对照拟投标项目的各项参数、合同文本等，仔细分析，寻找拟投标项目的风险点，编制风险管理规划。

2）风险矩阵模型

首先，分析项目各种风险因素之间的内在联系，建立项目风险系统阶梯层次的结构，对归属于同一层次的各个元素关于上一个层次中的相关因素进行两两比较，构造出两两比较的判断矩阵，由判断矩阵计算出被比较元素对于该准则下相对的权重比，然后计算出各层元素对系统最终目标的合成权重比，进行排序，构造矩阵，矩阵的横坐标为发生的可能性分为：不可能、可能、很可能、极可能和一定；纵坐标为影响的权重：毁灭性、严重、一般严重、轻微、无影响。通过矩阵识别出重要性大的、发生可能性大的以及对项目影响大的等重要因素加以管控。

（4）EPC 工程总承包项目风险识别和评价的结果

风险识别和评价的成果应当形成书面的文件，描述识别出风险的原因、不确定的假设等，应贯穿整个项目的风险管理全过程；描述风险的征兆或者预警、应对措施，通过专门的风险管理部门进行核实，检查风险因素的全面性，建立相应的风险控制程序，对识别出的风险进行分级管控、合理评估，最终形成整个 EPC 工程总承包项目的风险识别大纲。

同时，风险识别和评价的结果不应该是静态的，应当随着项目输入条件的不断变化以及项目实际发展状况而动态循环执行。通过动态的观测条件的改变，不断调整识别出的风险等级或新增加识别风险。

4.7 EPC 工程总承包项目整体资源规划

1. EPC 工程总承包项目资源

EPC 工程总承包项目的资源投入包括项目人力、设备、材料、机具、技术、资金等资源的投入，其中既有自有的内部资源，也有通过采购或其他方式从社会和市场中获取的资源。在一定的时期内，由于某些客观因素的影响，能够获取的资源数量往往有限，这就存在着如何合理对资源进行规划和利用这些有限资源的问题。如果资源安排不合理，就可能在工期内的某些时段出现资源需求的“高峰”，而在另一时段出现资源需求的“低谷”。当“高峰”与“低谷”相差很大时，如果某些时段内资源需求量超出最大可供应量，则会造成“供不应求”，导致工期延误。而当出现资源需求“低谷”时，则可能造成资源的大量积压，这种资源消耗的失衡，甚至极端时候的资源缺失，必然会影响项目目标的实现。

因此，在项目的前期，应根据项目的目标要求，对为实现项目目标所需求的资源类型和资源需求量进行分析，同时对自有资源和社会资源进行详细全面的调查，编制项目的资源计划。资源计划应服务于工作进度计划，什么时候需要何种资源是围绕工作进度计划的需要而确定的。因此在制定资源计划之前，必须要有科学的进度计划，而制定进度计划的依据是工作结构分解，工作划分得越细、越具体，所需资源种类和数量越容易估计。在制定了进度计划之后，我们就可以根据进度计划的要求配置资源。一般地说，项目的资源计划包括人力资源计划、物料设备供应计划、资金计划等。

2. EPC 工程总承包项目资源配置

目前建设工程 EPC 工程总承包项目模式主要有：(1) 整体化模式，整体化模式是指同时具有设计、施工资质和施工资源的企业能够独自承担项目建设的模式；(2) 以设计企业为主，与施工企业和采购企业联合进行 EPC 工程总承包的模式；(3) 企业拥有设计、施工总承包资质，能够完全承担进行设计-施工管理的模式。就目前国内实施 EPC 工程总承包项目建设的企业来说，基本以后面两种模式为主，这是企业最终成为整体化大型 EPC 企业的必经之路，在这个过程中企业需不断进行组织结构调整，积累项目经验和提高实力。企业的最终目标是成为一体化总承包企业，在充分利用社会资源和自身资源的基础上，形成如图 4-4 所示的资源配置结构。

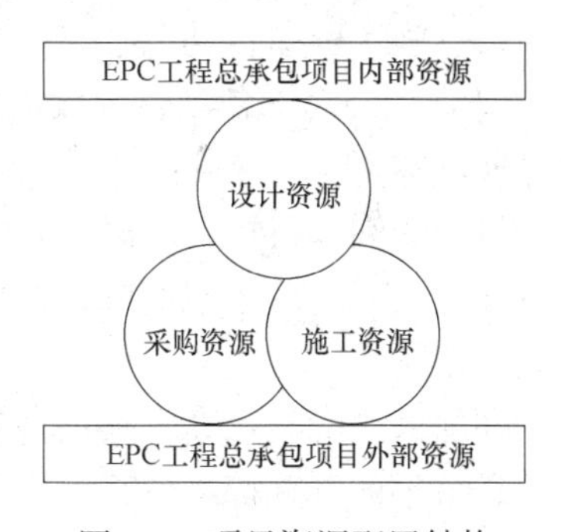

图 4-4 项目资源配置结构

(1) 设计资源配置

在国内已经实施的 EPC 工程总承包项目大部分是由设计单位牵头而组成的 EPC 工程总承包的团队。由于设计单位最熟悉工程的前期规划工作，熟悉设计的规程规范，因而以设计为龙头的工程总承包可以通过对设计、采购、施工合理交叉和衔接，取得缩短工期的效果；在质量保证上，设计单位大多实行了与国际接轨的一系列质量体系认证，很容易实现对工程建设各环节的质量保证体系，尤其重要的是设计单位一贯保持着精心设计、严格管理、主动服务的良好传统，这将对工程建设质量的不断提高起到积极促进作用。实践证明，只有勘察设计企业能够贯穿整个工程建设的全过程管理，真正发挥龙头作用，从优化设计方案抓起，衔接好设备制造和现场施工，才能确保项目的投资工期和质量。

另外，外部资源有利于勘察设计企业选择高性价比的产品与高品质的分包商，勘察设计单位同设备制造厂商、施工建设单位联系密切，对其有很深的了解，可以为业主在选择高性价比产品以节约投资时，选择高品质施工分包商，保证工程质量。并且，对于投资者关注的工程功能很大程度上取决于设计得出的结果，而采购和施工的过程也是依照设计得出的结果进行的。设计工作是决定EPC工程总承包项目成败的关键因素，对业主收益和承包商的利益最大化，设计对其的影响最大，因此，相比采购和施工资源，我们应更加关注设计的资源配置。

（2）采购资源配置

采购资源即企业选择的采购商或者供应商，是企业进行EPC工程总承包项目建设的最重要的组成部分之一，为工程项目建设提供物质保障。一方面，在电力工程领域，电力工程关乎国家经济以及民众的日常生活，对电力安全水平要求较高。而电力装备的质量能够对电力工程的运行功能产生较大影响。另一方面，对于电力工程EPC项目而言，设备和材料的采购工作范围大、技术性较强、工作内容多、难度偏高，不同的项目对材料和设备要求也不同，稍有差错就会影响工程的质量、进度，而现在诸多企业的管理制度不完善，缺乏科学选择供应商的办法，大多数项目选择供应商时，更多的是参考供应商自身提供的各类书面文字资料、在市场上的口碑，或凭个人主观臆想，选择供应商参与竞标。采购情况是否合理决定着项目的盈亏。因此，更应该谨慎选择采购企业。

EPC工程总承包项目管理方式在名称方面强调了采购，即表示在EPC工程总承包管理模式里，施工企业的选择和工程材料及设备的采购是完全由EPC工程总承包商负责的，这一点突破了传统的甲供材料的模式，总承包商需要对采购有足够的重视。采购企业作为EPC资源的一部分，也是相关单位做好EPC工程总承包项目需要重点关注的对象。在EPC工程总承包项目中，如何选择采购商是采购资源配置的核心问题。

（3）施工资源管理

EPC工程总承包项目建设周期一般较长，根据EPC工程总承包项目的特点，工程的建设期基本上贯穿了业主规定的整个工期，并且工程建设的目标包括质量、进度、成本、安全传统的四大目标，同时还可能包括业主希望达到的环境、健康、安全目标等。因此，在设计施工时，总承包商应按照满足业主要求的目标进行建设，最终使得业主和总承包商之间取得共赢。

外部施工资源主要考察的内容除了企业资质和企业相关项目经验外，施工企业是否建立了高水平的管理标准体系、定额体系和编码体系也是需要考虑的内容。这几个方面反映了施工企业的实力，是企业进行EPC工程总承包项目施工的关键。另外，项目的地点以及项目的性质也应纳入考虑的范围内。在其他条件满足的情况下，可以优先选择当地或者地理位置较近的施工队伍。原因主要有两点：（1）经济方面，当地的施工队伍对当地的相关地理环境比较熟悉，而且节省人力、设备的运输成本。（2）社会方面，联合当地的施工队伍，有助于公共关系的建立，同时可以促进当地的就业情况。

要想顺利运行EPC工程总承包项目管理模式，就要充分懂得EPC工程总承包项目管理模式的完整统一性和不同阶段不同重点的顺序。EPC工程总承包项目模式的建立需要扩大化的社会资源作为支持和备选方案，而且须不断给予优化以及全方位的沟通和处理，这将贯穿在EPC工程总承包项目运行的完整过程中。虽然设计、采购、施工三种资源各具特点，但是在实际项目中，三种资源、三种工作是交叉融合的。因此要对EPC工程总承包项目模式有一种完整统一性的认识。

除了完整统一性，在项目不同阶段工作的侧重点不同，也就是EPC工程总承包项目模式运作也具有阶段性。例如，在工程项目的投标、可行性研究以及初步设计阶段，采购及施工团队也须同期介入，保证向设计团队提供最先进的、符合设计要求的以及市场化程度高的设备、产品规格参数和厂家，以使设计在满足市场采购的前提下，能有较大的宽裕度进行优化设计，为后期的采购提供依据并降低采购成本。同时施工团队要根据自己类似工程的施工经验对整体和单体设计提供建议，以达到优化设计、符合规范、减少不必要的工序、避免不合理的设计和对施工设备和技术可能提出过高要求的目的，最终使后期工程提高施工工效，降低成本。

在资源配置过程中，出现的特例和不可预测情况很多，把 EPC 工程总承包项目资源配置工作做好，是一件长久而艰巨的任务，需要行业内对此开展广泛的研究，不断总结经验和失误，从而不断提高资源配置管理水平，减小资源配置失当带来的损失。主要做好以下工作：

（1）提高管理人员素质，锻炼资源配置管理水平，提高资源配置计划工作的科学性和合理性；

（2）开发新的工程管理软件，全方位地分析资源配置各个环节以及各资源之间的相互关系，实现资源配置计划信息化管理；

（3）在业内开展对资源配置的广泛讨论，不断总结新的资源配置管理原则和计算方法，提高对其的研究深度和科学性。

复习思考题

一、单选题

1. 由于合同一方违约而导致另一方遭受损失时的由无违约方向违约方提出的费用或工期补偿要求的行为属于合同管理中的（　　）。

A. 履约管理　　B. 变更管理

C. 索赔管理　　D. 质量管理

2.（　　）阶段是对合同的工作范围、技术要求、验收标准、合同进度、价格及付款条件、违约责任等内容进行磋商，这是商务谈判的重点内容。

A. 商务谈判准备　　B. 初步接触

C. 实质性商务谈判　　D. 达成协议

3. 在部分企业中，虽然制定了进度计划，但大部分项目都无法按照计划展开实施，这其中关键的问题在于主观认识不足，缺乏对执行计划文件的严肃态度，这属于进度管理中的（　　）。

A. 进度计划与执行脱节　　B. 进度计划执行力较差

C. 进度计划制定不合理　　D. 进度计划干扰因素多

4.（　　）是指系统地、持续地鉴别、归类和评估建设项目风险重要性的过程，是风险管理的一个必要步骤。

A. 风险识别　　B. 风险分析

C. 风险评价　　D. 风险控制和处理

5. EPC 工程总承包项目资源配置是（　　）。

A. 设计资源配置　　B. 采购资源配置

C. 施工资源配置　　　　　　　　　D. 以上都是

二、多选题

1. 项目资金管理的基本内容包括（　　）。

A. 项目筹资　　　　　　　　　　　B. 资金成本控制

C. 资金风险控制　　　　　　　　　D. 资金收益

2. 当分类方法不同时，索赔的种类也不同。按照索赔的目的分为（　　）。

A. 合同内索赔　　　　　　　　　　B. 合同外索赔

C. 工期索赔　　　　　　　　　　　D. 费用索赔

3. 目前在国际工程项目中广泛使用的进度计划编制方法是网络法，而其中比较典型的方法有（　　）。

A. 关键路径法　　　　　　　　　　B. 计划、评估和审查法

C. 层次分析法　　　　　　　　　　D. 工序图解法

4. 风险管理的过程主要包括哪几个阶段：（　　）。

A. 风险识别　　　　　　　　　　　B. 风险分析

C. 风险评价　　　　　　　　　　　D. 风险控制和处理

5. 在 EPC 工程总承包项目中，为降低风险造成的损失，以提高项目目标实现的可能性，主要的应对的策略为（　　）。

A. 风险规避　　　　　　　　　　　B. 风险转移

C. 风险忽视　　　　　　　　　　　D. 风险接受

三、简答题

1. 请简述 EPC 工程总承包企业在筹措项目资金时，应遵守的原则主要有哪些。

2. 请简述一个完整的商务谈判主要有哪几个阶段。

3. 请简述进度计划的编制步骤。

4. 请对 EPC 工程总承包项目进度管理中存在的问题进行分析。

5. 请对如何加强 EPC 工程总承包质量管理进行分析。

6. 请对如何加强 EPC 工程总承包风险管理进行分析。

7. 请简述 EPC 工程总承包项目的资源配置结构。

第 5 章　EPC 工程总承包设计管理

本章学习目标

本章是全书重点章节，通过本章的学习，学生需要掌握 EPC 工程总承包项目的全过程的设计管理，了解 EPC 工程总承包项目设计的组织结构和相关管理工作，掌握设计变更相关内容。

重点掌握：EPC 工程总承包项目设计管理的组织结构及其流程、设计变更的管理工作。

一般掌握：EPC 工程总承包项目设计管理的特点与设计方案比选。

本章学习导航

学习导航如图 5-1 所示。

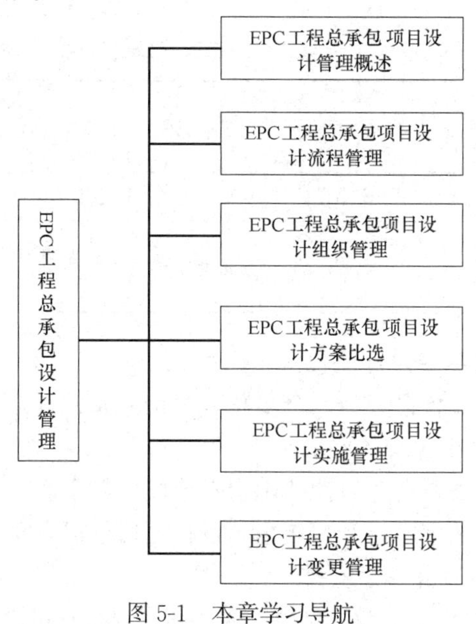

图 5-1　本章学习导航

5.1　EPC 工程总承包项目设计管理概述

1. EPC 工程总承包项目设计概念

所谓 EPC 工程总承包项目设计，也就是将整个 EPC 工程总承包项目分解成不同的任务，具体包括设计、采购、投标竞标、项目设置、操作流程、运作机制、项目管理协调、信息搜集及存储、加工处理等诸多环节。在项目的整个过程中，设计的过程是贯穿始终的，对费用、进度、质量控制和组织协调等方面均负有重要的责任。从项目开始到后期项目投产试运行，都离不开设计的支持和协作，设计管理是 EPC 工程总承包项目管理的重要组成部分。

EPC 工程总承包项目设计管理是对 EPC 工程总承包项目实施的任务分解和任务组织工作的设计，包括设计、采购、施工任务的招标投标、合同结构、项目管理机构的设置、工作流程、制度及运行机制等。

由于 EPC 工程总承包模式是设计、采购和施工高效搭接的过程，而设计成果是在建设过程中设备和材料采购、施工、安装和调试启动等工作的重要依据，因此建设工程的安全性、可靠性、经济性等在很大程度上取决于设计阶段的合理性，所以说设计管理的水平对设计阶段的合理性及整个建设工程的质量、进度和投资控制都有着直接的影响。

2. EPC 工程总承包项目设计内容及流程

（1）EPC 工程总承包项目设计内容

对项目产品而言，设计过程十分重要，该过程的重要作用在于对产品进行描述。在设计阶段完成的图纸很大程度上决定了之后的每个环节，具体包括采购施工以及投入运营，因此可以说，设计阶段主导了之后整个项目的发展。

在国际市场上，对于大型 EPC 工程总承包项目，在设计阶段通常按照表 5-1 进行划分。

EPC 工程总承包项目设计阶段划分 **表 5-1**

	业主	业主或总承包商	设备供应商	总承包商	总承包商	总承包商	总承包商
设计阶段	可行性研究	概念设计	产品设计	基础设计	施工图设计	现场服务设计	竣工图
作用	项目立项和投资的依据	投标基础和基本技术方案	定制产品	完善方案	开展采购和施工	配合现场	把变更反映到图纸上

（2）EPC 工程总承包项目设计流程

设计过程的管理工作流程可分为六个步骤，每个步骤的具体内容分别为：

① 依据合同的内容确定详细的要求

项目设计的具体要求需要有针对性地制定专门的工作手册，在手册中详细确定每一条设计要求、参数以及工作的程序，经过业主的审核之后予以发布。

② 明确工作的具体内容并着手安排

在 EPC 工程总承包模式下，设计计划需要由各专业的设计人员和总体计划人员共同协商敲定项目的里程碑，图纸设计进度，通过审核的进度，计划中各个部门间的关系及计划的时间都必须得到专业人员认可。设计计划必须符合现实情况，必须能够着手实施，否则很有可能导致计划与现实脱节，让参与人员觉得不管如何努力都无法完成计划，从而与设计的初衷相违背，或者无法完全发挥设计的作用。

③ 按照业主要求进行设计，并且向业主提供详细的资料、图纸等，不管是图纸还是文件，都必须按照相应的版次进行设计。

④ 对文件进行复核，确保其正确无误

EPC工程总承包企业内部的设计，要配合做好专门的审核工作，审核的模式可以有三种：第一种是内部进行的审核，一般可分为设计、核对及审核三级；第二种是在不同专业间开展的审核；第三种是如果条件允许，可以提交至业主进行评审，这种评审对于设计准确达到业主要求也是至关重要的。

⑤ 形成最后的文件

通过内部审核、业主审核，并且通过政府相关单位和部门审查的图纸和文件，可以作为最终设计文件提交。

⑥ 对已经完成的工作进行评估。

3. EPC工程总承包项目设计管理内容

在EPC工程总承包项目全过程中，对于设计的管理需要贯穿始终，包括设计前期考察，方案制定，工艺谈判，设计中往来文件、设计施工图以及图纸的审查确认等内容，以及在采购、施工过程中的技术评阅，现场技术交底，设计澄清与变更，设计资料存档，竣工图的绘制等。如果从设计管理的角度出发，主要是对质量、进度、成本、策划、沟通、风险的设计管理以及对工程整体的投资、工期进度的影响进行全程管理。

目前国内一流的设计院或者设计单位，根据市场需求，均有开展工程总承包的意愿，或者已经开展了工程总承包业务。但在实际工作中，设计单位由于受传统设计模式和观念的影响以及从事工程总承包的设计优势没有体现出来，出现了设计影响总承包，在工程造价、项目采购、施工管理上的接口管理难以控制的局面，产生了极大的项目风险。而当具有优势的施工单位作为EPC工程总承包商时，也存在一些问题，比如不擅长项目管理工作致使各阶段搭接不合理等。但二者的设计管理的共同点都可以分为总承包商内部的设计管理和与分包商、业主的设计管理。

4. EPC工程总承包项目设计管理原则与特点

（1）EPC工程总承包项目设计管理的原则

① 实现项目总体目标是设计管理工作的准绳

EPC工程总承包项目设计中需要以项目总体目标的功能和技术、经济指标要求为准绳，实现各项具体工作的进度安排和合理交叉、相互衔接关系的确定，资源分配，质量标准制定，费用控制等，并用实现项目的总体目标来化解各项矛盾和冲突，协调之间的关系。实现项目的总体目标是设计管理的宗旨。

② 设计组织和目标形成过程控制是设计整体管理工作的重点

组织和目标的形成对设计整体管理的意义重大，科学合理的组织是沟通和协调的保障。设计管理的工作中沟通是设计整体管理工作的基本理念，通过沟通协调，可以统一参与各方对项目的认识和要求，从而统一行动纲领，由此设计管理的沟通、协调是以设计组织为基础的；其次，科学的设计组织有利于明确各项工作的顺序和衔接，加强各个部门的协作和配合；再者，高效的组织结构和团队能顺利地及时解决项目执行中出现的新情况、新问题、新矛盾。因此设计组织和设计目标形成过程是实现沟通的根本保证，是设计整体管理工作的重点。

③ 使设计各项工作整体协调、有序运行

在项目实施过程中，各项工作分工明确、界面清晰、层次分明、责任到人便于管理，做到事事有人负责，人人有事负责，应把一切工作纳入计划，尽可能不出现工作内容盲点，把矛盾和冲突消灭在行动之前，搞好风险管理和进度管理，各项工作都要按计划运行，按时完成，不盲目赶工、盲目超前，尽量减少变更。

④ 设计管理工作要具有风险管理的思想

设计管理是个复杂的长期的过程，需要各个阶段和各个领域都应有风险管理意识，并把风险管理作为设计管理的重要内容。设计主要的风险识别活动在项目早期，在设计管理阶段就应该完成风险管理计划。在设计管理中，应在风险因素识别和评估的基础上，把风险管理计划列为整个项目管理计划的一个重要组成部分，以保证计划的合理性和实现的可靠性。目前在我国，设计管理的风险管理研究已经比较深入。

（2）EPC 工程总承包项目设计管理的特点

设计管理是一个贯穿于整个项目管理始终的工作，由此决定了它有以下几个特点：

① 客观性

客观性是设计管理能够实现的基本要求，要求设计管理必须符合事物发展的基本规律。在设计管理活动过程中，管理者应具备各方面的综合管理知识，考虑客观条件，使自己的主观判断能自觉地符合客观因素，从而达到管理工作的科学性和客观性。从宏观层面上看，设计管理活动要受当地的政治、经济、法律、道德、社会习俗、建设法律法规等因素的制约；从微观层面上看，设计管理要以项目设计的具体特点和实现条件为基础，做到据实管理。

② 动态性

由于设计管理贯穿于整个项目，可能涉及对不确定性技术的影响，为增强要素间的群体效应，应对出现的问题，及时做出调整，采取相应措施，以平衡外界变化过程中各种因素的变化，使管理系统的运行处于动态平衡。

③ 均衡性

设计管理的均衡性是一种协调、平衡的状态，其管理的目的是为了使处于动态变化下的管理对象和资源要素之间达到平衡，只有当管理要素和资源要素达到和谐有序时，工程项目的整体管理力度和管理功能才能得到充分发挥。因此，管理能否成立的关键在于设计管理中所制定的目标、计划是否具有可操作性。

④ 周密性

设计管理的周密性是应对客观事物发展变化的必然要求。在实践过程中，主要表现在设计管理活动中留有较大的富有弹性的可调整空间，在复杂的项目管理过程中往往准备两套以上的实施方案和应急预案。因此，设计管理要想取得成功，不仅需要设计结果满足各方面的质量、安全、经济要求，还需要考虑到可能出现的问题，并准备预备方案。

5. 我国 EPC 工程总承包模式设计管理存在的问题

（1）集成能力亟待提高

集成本质上是为达到最优的集成效果对集成单元的优化组合。在 EPC 工程总承包模式下，设计管理的集成能力是指运用集成理论对设计内容进行整合优化，以达到节约投资、缩短工期的目的。设计管理所涵盖的内容增多、周期变长（如全过程参与），对其提出了更高的要求，集成能力亟待提高。

（2）标准化过程控制还需探索

研究认为，EPC 工程总承包的关键是依赖专业的分包和标准化过程控制。当前的设计流程标准化作业管理主要针对设计阶段，强调设计流程的规范化，是设计质量在制度上的保证。而EPC工程总承包设计管理标准化过程除了保证项目设计质量，还有哪些设计环节是项目成本控制的关键、哪些设计环节是项目利润来源的保证等问题，这些涉及标准化过程控制的问题还需要进一步的探索。

（3）投资控制有待加强

由于我国现行的“五阶段投资控制模式”，项目各阶段的投资控制任务分别由投资咨询机构、设计机构、工程造价机构、工程监理机构和建设单位承担，涉及投资控制相关的执业资格主要有四个，即注册咨询师（投资）、注册造价师、注册监理师、投资建设项目管理师执业资格等，这些执业资格的职能交叉，分别对不同的行政主管部门负责。这种分段控制的管理模式不能满足项目全过程、一体化的投资控制要求，此外，从项目管理的角度来看，经济性是项目管理的价值体现，投资控制水平直接体现了设计管理水平，投资控制应该贯穿设计管理全过程。而现阶段投资控制还停留在“准”与“不准”的争论中，全过程投资控制意识还有待强化。

6. EPC工程总承包中式建筑设计的创作体会

（1）在总体规划上：尽可能地保持原城市布局的特色或传统建筑群落的肌理。规划布局中遵循节地、节能、生态、环保、以人为本等原则。（2）在功能上：采用现代中国人的工作或生活方式，满足现代功能。要符合当地人的真实生活方式才有生命力，要体现天（天时、现代）、地（地方文化）、人（以人为本）。（3）在空间序列上：尽可能地组织中式空间序列，如街、巷、院、厅、室的序列。尽可能通过建筑与场院或厅的空间围合形成序列空间。通过建筑空间的高低变化、开合变化、明暗变化等形成高低错落、相互穿插和围合有序的建筑群落空间。（4）在色彩上：尽量采用当地建筑原有的色调或用部分中性色彩与之搭配。（5）在材料上：延续当地的传统材料或同质感的新材料，或采用现代材料与之穿插混合使用。（6）在造型上：要吸收传统造型的特点，提取代表性元素进行抽象、解构和重新组合。多采用当地建筑的形态，尽可能使用新技术和新材料，通过简洁现代的设计手法进行重组，形成适合现代人审美观的造型。（7）多采用中国传统建筑优秀的设计手法：利用中国传统建筑中对景、借景、轴线、空间上先抑后扬等手法进行设计。（8）在建筑表达上：中式建筑更加注重展现建筑的创意及其所要塑造的中式意境与空间氛围。（9）在继承与创新上：在创作过程中如何把握传统与创新这两者之间的“度”是关键，在一些传统地域或传统建筑周围多采用继承传统，在一些新区或距离传统建筑较远的地域多采用创新手法。继承：居住理念、空间处理、建筑元素等中国传统建筑文化中优秀的设计手法。创新：功能布局、建筑材料、建筑技术、审美观及建筑形式等。完全的继承和模仿不是现代中式建筑的创作之路，只有赋予中式建筑时代性才有生命力，用现代技术建造的中式建筑才是创作发展的方向，不断创新才是对中国传统建筑的继承与发展。

5.2 EPC工程总承包项目设计流程管理

1. 建筑工程设计流程

建筑设计流程管理是建筑设计企业管理水平的重要标志，也是企业文化管理规范化、制度化的基础。从设计师个人角度，对设计流程的理解和掌握程度，意味着职业素养和管理技巧的高低。

我国现代建筑设计企业，从设计流程管理的发展来看，可分为3个阶段：第一阶段为设计院流程工序控制；第二阶段为以ISO 9000为基础的质量管理体系；第三阶段是基于项目管理的设计流程，目前设计流程正在进行第三阶段的发展。

2. 建筑设计流程管理

一般来说，一个符合国家基本建设程序的建设项目，有着以下几个阶段：前期设计、方案设计、初步设计、施工图设计、施工配合服务和工程总结。建筑设计流程管理在这几个阶段中贯穿始末。

（1）建筑设计流程管理的基础

建筑设计流程管理首先要有一个规范、统一的制图标准。CAD文件的规范化、标准化为协同设计工作提供基础，根据我国现行《CAD工程制图规则》《CAD通用技术规范》等相关技术标准，结合各设计勘察企业CAD应用经验，同时考虑到“协同设计”要求和CAD文件管理与勘察设计项目管理信息化要求进行编制“CAD制图标准统一规定（试行本)”。结合试行本中的规定，各专业根据专业自身应用经验撰写出相关绘图的图层标准模板文件，以便专业内不同人员有一个统一的制图范本，以达到对外输出的CAD图纸质量规范统一的目的。

（2）建筑设计过程的流程

建筑设计流程管理在制图标准模板基础上，应该建立信息化、标准化的流程生产线。每个项目建筑设计就相当于一个产品，为使这个产品能快速、精确地生产出来，就需要在各个流程阶段完成各自的生产步骤，针对建筑设计就是要在设计前期、方案设计、初步设计、施工图设计、施工配合服务和工程总结各个阶段中完成相应的工作。

根据项目管理的界面，流程可分为对外和对内两部分，即面对顾客的流程和面对设计的流程。

① 建筑设计过程中的对外流程

在遵守国家和地方法律法规的前提下，设计企业应以满足顾客需求最大化、满意度最大化为目的而进行活动。顾客的利益应该以顾客的价值标准为参照，而非以自己的标准来判别。充分理解顾客需求，是圆满完成设计任务的前提。原则上，设计时应力争按正常流程进行设计，但在市场经济条件下，顾客往往不能按设计企业的需要提出设计所需资料，此时设计企业应按照实际情况灵活掌握，帮助顾客创造条件，或者借助以往积累的经验和类似的案例作参考，为顾客提供多种选择，尽可能帮助顾客争取时间，减少对设计质量的影响。

与顾客保持有效的沟通是设计过程中的重要内容，设计师应选择适当的沟通方式与顾客有效沟通，不断地收集顾客反馈信息。与顾客沟通的主要内容有：向顾客发布拟实施的工程设计信息；有关合同、订单在实施过程中的询问、处理，包括工程设计有关要求的确定与更改；工程设计过程中及阶段设计完成后向顾客的通报，包括对顾客要求或意见的反馈信息，顾客投诉的处理信息。与顾客沟通的方式有多种多样，主要有：用信函方式收集建设单位、施工单位、监理单位或政府主管部门对工程设计的评价信息，以便识别持续改进的机会；制定工程回访计划，实施工程回访；通过各种形式的会议交流（如设计交底会、现场技术协调会和顾客座谈会等），动态地理解顾客当前和未来的需求；顾客满意度调查，定期了解和测量顾客对所提供的设计服务需求和期望，寻求持续改进方向去满足顾客的要求，并争取能超过顾客的期望。

② 建筑设计过程中的对内流程

建筑设计过程中的设计流程视项目性质、规模、所在地区的不同各有区别。有了合理的设计程序，设计师应知道在什么时候应该了解什么资料，应该与其他专业商讨什么问题，提供什么材料，才会使整个设计有序地进行，才能做到忙而不乱、事半功倍、提高质量、减少返工。设计流程图如图 5-2 所示。

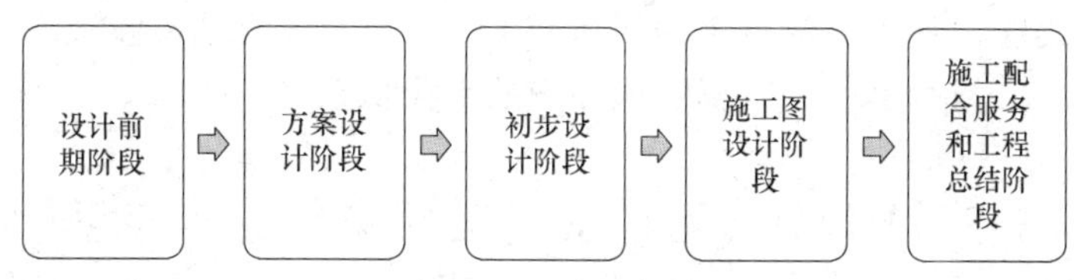

图 5-2 设计流程图

设计前期阶段。设计企业应对承接项目进行分析和评估，即对项目进度、质量要求、需要的人力资源、项目风险、技术可行性和成本收益进行分析，对项目设计的总体构想和计划制定详细的设计进度计划表，标注出重要的控制节点，把项目各阶段过程中的具体工作责任落实到每一个人。

方案设计阶段。方案设计阶段就要注重协调，在此阶段，应根据设计任务书的要求，收集相关资料，与顾客沟通，了解顾客对项目的意图和要求，了解基地的规划控制要求（技术指标）、交通部门对基地布置车道出入口要求和市政管线的布局，结合周边环境和交通，对工程基地、交通组织进行分析，对未明确的方面提出疑问。建筑师根据设计任务书的要求，按照规划管理技术规定（指标、建筑红线、间距及日照等）和消防要求及不同功能建筑的建设标准，结合项目特点进行总体基本功能布局，确定设计原则，明确定位，并制作工作模型。建筑师将初步设计资料提交结构、机电等专业，同时深化完善方案设计图纸，编写方案设计说明。完成方案设计后，应将设计依据性文件、文本和电子文件完成归档。

初步设计阶段。在初步设计阶段应针对建筑工程项目设计范围和时间的要求，确定项目进度、设计及验证人员、设计评审与验证等活动的安排，各专业负责人应根据项目特点，编写设计原则、技术措施、质量目标。项目经理应组织各专业负责人仔细准备和整理与项目相关的政策、法规、技术标准（地方标准）、方案审批文件、依据性文件、设计任务书、设计委托协议、设计合同、顾客提供的各类资料、勘察资料等。

施工图设计阶段。项目经理根据扩初批复和各主管部门批复，召集专业负责人商定进度计划，建筑专业与结构专业及设备专业协调（结构布置、设备用房、管井），向各专业提交详细资料，与顾客、施工单位、项目主管部门、设备供应商、设计监理等沟通，对各类资料进行确认。在设计过程中，各专业会有多次互提资料、拍图、调整，每次均应做到追踪和确认并留存记录。顾客常常会提出变更，如按照顾客要求进行重大变更，应重新评审设计，修改设计计划进度表，并重提资料。设计验证过程中，校审人员应根据校对、审核、审定的工作内容，对计算书、设计文件、设计图纸的标识、深度、内容进行校审并填写校审记录。设计人员应填写消防设计审核申报表和建筑节能设计主要参数汇编表等报审表格，完成验证的文件经设计及验证人员的签字和过程总负责人签字后交付审定人批准（文本、计算书），送交审图公司。通过审图公司审查后，应将设计依据性文件、文本、盖章蓝图和电子文件完成整理归档。

施工配合服务和工程总结阶段。在技术交底上，设计总负责人应介绍该项目的综合概况，设计人员与施工单位会审图纸，对施工单位会审提出的修改意见出修改图或通知单，设计人员应参加定期的现场协调会，在关键的施工工序中，要亲临现场进行指导和检查，施工配合中各类变更通知单和核定单要及时处理，参加隐蔽工程验收、竣工验收。工程竣工后，项目经理要将各类来往文件、变更通知、修改补充图、会议纪要、核定单、工程手册等整理归档，组织设计人员进行工程回访和工程项目专业总结，收集现场实景照片，申报优秀设计，这些资料就是一个工程实例知识的宝贵积累。

5.3 EPC 工程总承包项目设计组织管理

1. 设计组织概述

设计组织工作是指为了实现组织的共同目标而确定组织内各要素及其相互关系的活动过程，也就是设计一种组织结构，并使之运转的过程。设计组织从它形成的角度看，基本上可分成两种基本类型，一类是企业内部的设计组织，另一类是独立的设计组织。独立的设计组织基本上是从个体设计师逐步发展起来的，规模以数人或数十人不等，组织结构较为简单，构成形式比较有弹性。项目设计组织结构框架图如图 5-3 所示。

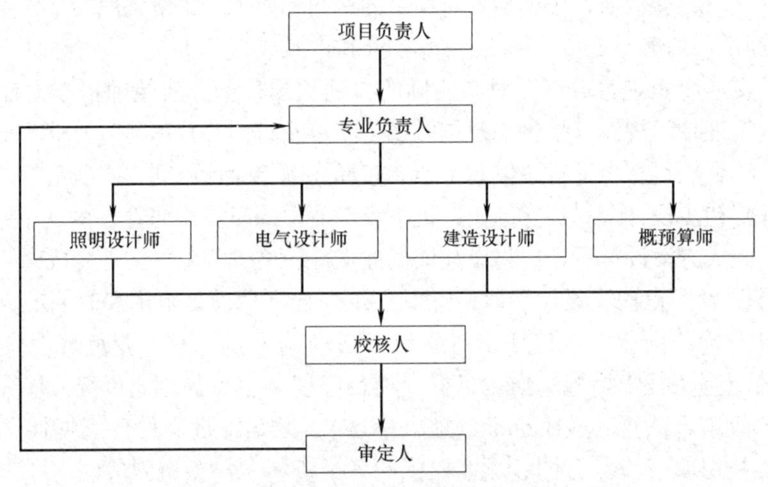

图 5-3　项目设计组织结构框架图

2. 设计组织的基本要素

设计组织的基本要素包含：设计者、设计结构、设计目标、设计技术、环境。

（1）设计者

设计者是设计组织的细胞，其主要作用包括：一是保持继续性，即是设计结构的再生产；二是追求变化，即是创新与改造。设计结构影响着行动，行动又构建着设计结构；设计可解释为设计者与设计结构之间的相互作用。设计者作为设计组织的基本要素之一，通过设计组织，克服对设计决策合理性的制约，从而实现合理性。

（2）设计结构

设计结构是指设计组织中“设计者”的关系模式与规范化。在设计者群中建立设计规范即有组织地建构一系列的信条与原则，以指导设计者的行为。设计规范结构包含设计价值观、设计规章与设计期待等，设计价值观体现在设计组织的选择性行为中；设计规章则是组织成员应普遍遵从的原则，适用于规范设计组织行为；设计期待则是评价设计者的行为时，所采用的期望或评判标准。

（3）设计目标

设计目标即设计所要完成的任务，其概念比较宽泛，其所指需根据具体情况而定。设计目标的象征功能包含对实体设计的采用、设计服务的过程、设计的体现等一切象征目标，对设计组织提升设计能力会产生重要的影响。设计者有设计目标，设计组织亦有设计目标，并不局限于单一个体。

（4）设计技术

狭义的设计技术可以只包含硬件，例如：设计者进行设计生产活动的设备机械和工具等。广义的设计技术除了上述的硬件之外，尚包含设计者的技能和知识，甚至于其他相关设计需求的各种知识和技能。

（5）环境

设计组织存在于特定的物质、科技、文化和社会环境中。没有一个设计组织是可以自给自足的。对于环境，从设计技术的角度可知，设计组织从环境中引进技术，从环境中获得输入的来源，并向环境输出。从设计目标看，环境反映了产品设计所期望的价值。设计组织受环境的影响，相对地也影响环境，设计组织与环境之间的关系较为复杂并相互依赖，在设计组织的要素中，各要素相互影响，也无法脱离其他要素独立存在。

3. 设计组织结构

为了实现组织的任务和目的，管理者必须根据企业自身情况以及项目本身情况，制订出切实有效的组织结构形式。设计组织结构是由各项专业的人员组成，是将各设计师与产品开发者组成团队的方案。然而任何人员都有可能以一种或数种方式与其他人员产生关联，设计组织的关联性配合可以形成以功能、专案或两者兼具的诸种形式。彼此之间有时会互相重叠，如来自不同的部分进行着相同的专案，亦有可能一位设计师同时进行数个项目。

（1）EPC工程总承包项目设计组织结构模式

国际上有两种常用的设计组织结构模式，一种是矩阵型职能部门式（Matrix Departmental）的设计组织结构；另一种是任务队型（Task-force）的设计组织结构。

矩阵型职能部门式是最简单的矩阵型组织结构形式，优点是具有良好的经济性，同一设计工程师可以同时在数个不同的项目工作，保持了原有单位的设计工作程序，大大节省设计的人工时和设计成本，尤其是设计启动比较迅速。

矩阵型职能部门式设计组织结构的缺点有：一是在信息沟通过程中，项目的信息流动经过的门槛多，从项目经理到室主任，再到专业组组长，再到负责具体工作的专业工程师，信息流动不畅且易产生信息损耗；二是由于专业工程师在行政上受室主任的领导，因此项目经理的指挥有时不灵，设计人员贯彻项目经理的意志不坚决；三是专业之间相互影响，容易产生延误。

矩阵型职能部门式的设计组织结构特别适合以设计院为主体承担的EPC工程总承包项目，因为它不仅可以保留原设计单位的组织结构不变，而且可以最大限度地充分利用人力资源，降低设计人工成本，提高项目的效益。如果采用行政级别较高的院长或副院长担任项目经理，则可以充分减少其固有的组织缺点。

任务队型设计组织结构不仅是国际工程承包界普遍接受的组织结构，而且也是发展趋势。通过分析近百个项目，发现成功的项目的主要特点有两个：一是项目具有任务队型的设计组织机构，能把团队经验和努力全部致力于项目；另一个是能够有效实施项目执行计划并合理使用各种管理程序。

任务队型设计组织结构是把项目设计的所有专业如工艺、机械、仪表、电气、土建、配管、通信、防腐等集中在一个办公地点，形成一个专门负责项目设计的设计团队，并可开展价值工程对设计进行优化，从项目设计开始直到项目机械竣工投产验收，设计机构的核心人员基本保持不变。

任务队型设计组织结构的优点有：一是项目设计人员集中办公，业主成员、PMC 成员、设计各专业负责人一般安排在设计经理周围，管理层次少，信息流动直接、流畅；二是设计人员对项目经理负责，执行项目经理的决定迅速。

任务队型设计组织结构的缺点有：一是因为设计人员一般是临时组织到项目中形成一个新的组织，短时间内难以形成有效的组织，执行项目的工作程序存在黏滞期，前期协调工作量大；二是由于设计人员脱离了原先的设计室，获得设计室的技术支持困难；三是不经济，由于只能做一个项目的工作，一旦某一专业工作滞后，则后续专业出现怠工，相互影响，工作效率降低，设计人工时消耗大，设计成本高。

此外，在国外工程公司的设计组织结构中或 EPC 工程总承包项目的设计组织结构中，普遍存在项目工程师岗位。项目工程师的作用主要是代行项目经理和设计经理的部分职责，指导协调各专业设计工作计划、专业与专业之间的信息流动设计与计划控制部门的衔接、设计与业主或其他承包商的设计接口、设计与采购的衔接、设计和施工工作的衔接，确保设计人员采用正确的项目参数，项目设计按照项目部的指导意见（如经济性、程序、规范和标准）实施。

项目工程师与设计控制部门的衔接主要是设计计划的完成情况汇总、设计图纸文件清单的更新、设计人工成本的控制。

项目工程师与采购控制部门的衔接主要是将各专业的采购技术文件表（ER）、设备材料表向采购部门发放，使采购部门能够开展询价工作。采购订单下达后，项目工程师参与厂家图纸的及时审批和返回、设备性能试验的检验、交货数量规格的确认以及订单中设计变更的处理。

项目工程师与施工控制部门的衔接主要是向施工部门发放批准的施工图纸，同时需要经常带领设计专业人员到现场澄清、解释、指导复杂项目的施工工作。

（2）设计组织结构的特征

设计组织结构的特征往往取决于各种权变因素。我们将设计组织结构的特征分为“以人为本”的方式、机械式、有机式三种。

1）“以人为本”的方式

“以人为本”的方式包括：选拔适当的人并安排至适当的位置。在此考核的方式相对重要，可通过选拔、晋升、调动、职务安排等方式使设计组织成员之间建立妥当适合的关系；强调设计组织成员的变化可通过职务安排和教育训练、培训等途径实现；以产品设计特质选择较佳的设计组织结构为特征。

2）机械式

一种相当垂直的管理角度，实行一个上级主管的管理方式，其特点是标准化、正规化、集中化，在组织不断的扩张过程中，高层管理者为有效进行低层活动，必须借由规则条例来进行组织管理。

3）有机式

恰与机械式特点相反，有机式组织具有低复杂性、低正规化和分权化等特点，是一种较为松散的组织形式，但能根据工作与职务需要迅速做出结构调整，员工具有职业化训练技巧并受过训练，能处理多种多样的问题。例如对工业设计师或产品设计师分配一项设计任务，就无须告诉他需要多少规则和如何做事的程序。他对大多数的问题，都能够自行解决或通过征询同事意见后得到解决；这里依靠职业标准来指导他的行为。有机式组织保持低程度的集权化，就是使工作人员能面对问题做出适当的反应，另一方面是保持低程度的集权化，并不期待高层经营管理者拥有做出必要决策所需的各种技能。

(3) 设计组织结构的分类

设计组织结构指的是“通过支持设计程序达到设计模型上目标位置所必需的组织结构”。设计组织结构的分类如图 5-4 所示。

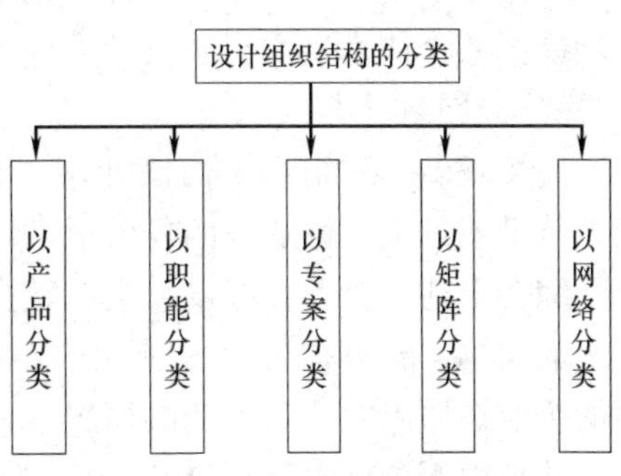

图 5-4　设计组织结构的分类

1）以产品分类

这种组织结构根据主要产品的种类及其相关服务的特点设置部门，每个产品部门以全球或区域市场为着眼点，对所负责产品的生产经营活动进行管理和控制。产品类组织相对自我封闭，将不同功能区的个体暂时投入到一项具体的产品开发工作上。这种视角的优点是它允许更多的关注放在每一个产品开发工程及环节，可以采用不需要太多努力的非正式协调来实现功能活动的互动。产品分类的组织方式可以鼓励改进，途径是分配给设计团队成员更多的责任。但这种组织易于重复昂贵的组织资源，也不利于集中控制。

2）以职能分类

将类似或相关的专门人才集结于同一部门，发挥专业分工的效果。如生产、销售、设计与企划、研发与开发等，各职能部门的负责人有着共同的营运目标，相互协调发展。

职能类组织依照个体人员的工作、知识及其专业对个体人员进行分组，其优点为从专业化中取得优越性，每个职能组织的工作由一位资深管理者向最高管理层反映。职能区域的工作通过每个职能岗位制定详细的规则或举行会议解决功能间的争议。职能组织使组织资源的重复性降到最低。但是，这种形式的组织倾向于过分专业化，追求职能目标而看不到全局的最佳利益。

3）以专案分类

在实际工作中出现新的问题或新专案后，原来的部门组织不能承担其任务且需要多种部门相互合作完成工作任务时，即可采用以专案分类的组织结构。此分类就设计而言，能加强与其他部门的功能的整合，并提供创新与创造所需的弹性。

4）以矩阵分类

矩阵组织结构又称为复合组织结构或行列组织结构。是将专案结构与职能结构因素交织在一起，因此称为矩阵组织结构，并存在着双重指挥体系。

矩阵组织适用于同时进行多个产品生产线的大型复杂工程协调劳动，也适用于时间短、同时在不同阶段需要不同员工的设计工程。但是，矩阵组织经常要求人们同时服务于几个业主，矩阵组织成功执行的必要条件是合作以及建设性地解决冲突。

在充满不确定因素的商业环境下，横向的协调视角要比传统的垂直控制链更适用。矩阵组织通过横向协调发挥专业人员的能力，同时保证组织单位的专业化并由此避免重复劳动。在矩阵组织里，设计管理者负责协调涉及产品开发工程不同功能专业区的代表。依据设计管理者在组织等级中的权力和地位，其管理者可以分为“中高阶”两类。中阶设计管理者是一个中层或低层管理者，尽管有知识，但在组织中没有地位和影响，在这种组织结构下，设计管理者对工程的工作人员保持着“线性权威”。负责协调工程活动的中阶设计管理者只能作为“员工”提出建议。高阶设计管理者是一个有知识有经验且级别高于中阶设计管理者的资深人士。在这种结构下，除了在长期的职业发展方面，产品开发工程的所有功能区的个体都接受高阶设计管理者的直接领导。

5）以网络分类

属于较新式的组织结构设计。一种只有很小的中心组织以合同为基础进行制造、分销、营销或其他关键业务的经营活动结构。网络结构是小型组织的一个可行性选择。

综合上述，目前一般设计组织较多采用专案分类，为求组织效能的发挥则衍生出矩阵组织的结构，亦可称为专案型矩阵结构，结构的转变需考虑到公司的发展规模。目前有较多的企业在原组织状态不变的情况下，另设项目分类的组织，以专案取代临时性的设计项目，此种组织调度性高，唯有合作度低是其缺点。新发展出来的网络分类的组织结构形式，是一种将职能分发外包出去的组织结构。

具体的产品定位要求具体的产品设计，一个普通的组织结构要同样有效地支持三种以上的设计程序是不可能的。从产品设计程序和设计组织结构的关系看，产品设计程序和设计组织结构之间存在着一对一的关系。也就是说，功能组织适合顺序产品开发程序；注重产品的组织适合并行产品开发程序；矩阵组织适合重叠设计程序。对于大多策略性问题来说，没有哪种组织能够适合管理一项设计任务的所有层次的复杂性和不确定性。

4. EPC 工程总承包模式下设计组织过程分析

EPC 工程总承包项目的设计过程是创造项目产品的重要阶段，即详细具体地描述项目产品的阶段。设计阶段完成的设计图纸和文件是采购、施工的依据，在 EPC 工程总承包项目中设计起主导作用。

国内工程项目在基础设计或初步设计的基础上完成工艺流程审查和设计概算后，就能进行详细施工图设计，完成各专业施工详图设计、列明设备材料规格，从而宣告设计工作的基本结束。

对于国际大型 EPC 工程总承包项目，设计概算和流程图完成后，首先要进行危害和可操作性分析及仪表防护功能审查，审查通过后才能进行详细设计。这些审查必须由相应资质的国际审核机构和专业人员完成，通过设计安全审查对工艺流程和设计方案提出修改意见。在进行专业设计时不仅要提供材料和设备的技术规格书，保证材料设备的订货需要，还要利用专用软件建立相应模型，模型审查合格后，工艺管线以及配套设施才具备施工详图出图条件。

对于工程管理过程中出现的设计条件的变化以及现场施工提出的技术变更，在履行设计变更手续后还要求以电子版的形式对设计文件进行升版，工程竣工时提交设计资料的最终版。工程后期设计管理主要完成操作手册编写、准备预试车和试车方案、编制备品备件清单、指导试车管理工作，真正实现工程“交钥匙”。

（1）项目设计组织工作的流程分析

设计过程的组织管理工作流程分为以下 6 步：

1）根据合同，确定设计要求。通常项目的设计要求是通过设计手册的方式进行确定并正式发布的，设计手册中将设计各个专业的设计要求、设计参数、设计程序等进行确定，经业主批准后发布实施。

2）完成设计计划。设计计划有里程碑计划、图纸目录清单计划和三级详细设计计划。设计计划的编制由设计专业负责人与计划人员一起共同编制，计划的逻辑关系和计划时间需要设计人员的确认。设计计划必须是现实可行的，否则会“计划赶不上变化”，使设计人员产生懈怠情绪。

3）进行设计并提交图纸文件。设计图纸/文件要实行版次设计，版次的划分需要征求业主的意见。

4）检查审核设计提交文件的正确性。EPC 工程总承包商内部的设计审核有两种：一种是各专业内部的“设计-校对-审核”三级审核；另一种是跨专业之间的设计审核（如工艺与仪表专业之间、工艺与机械专业之间）。除此之外，业主或项目管理公司也会对设计图纸/文件的审查范围做出规定，并进行审核。

5）完成最终的设计提交文件。最终的设计提交文件是指经业主或项目管理公司批准的图纸文件。重要的一点是：往往 EPC 合同规定“业主的审核和批准并不能减轻 EPC 工程总承包商对设计工作的正确性和完整性的责任”，因此，设计的正确性的最终责任是 EPC 工程总承包商。

6）评估已完成的实际工作。

（2）设计过程的组织管理工作流程如图 5-5 所示。

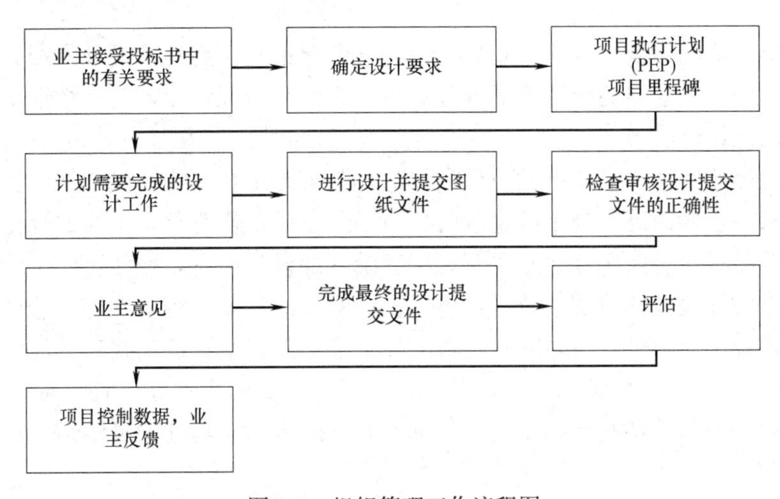

图 5-5　组织管理工作流程图

5. 设计人员人力资源管理

由于一切设计目标的具体实施都需通过设计人员进行，因此从某种意义上讲，设计人员的管理是设计管理中最重要的方面。在国外，设计人员已经将概念转向为与整个企业各部门有机联系的协调师，从专业人员向企业总管理者或具备两者素质的人才方向发展。为此，设计人员需要当作能洞察未来变化、具有适应能力的规划者以及具备“经营管理”“财务”等知识的工业设计师来培养，进行“经营学”“经济学”等方面的教育训练。

为了使企业立于不败之地，不少设计部门还设专职教育人员，专门负责对在职人员定期进行再教育。如某公司对设计人员教育的实例：对刚进公司的设计人员进行 3 周导入教育，主要了解企业的宗旨、方针、组织；对工作 3 年的设计人员进行约半年的创造力开发研修，通过构思展开、模型制作，强化规划能力和创造能力；为工作 7 年的设计人员举办 3 个月的骨干人员高级研究会；为工作 11 年的主任设计人员举办 3～6 个月的主任设计师研究会，以确立专业特性，扩大视野，强化综合能力。在选定设计人员时，企业一定要对设计人员为别的厂家或别的目的进行的设计感到满意，这是很重要的，因为在今后与这位设计人员合作的过程中，企业需要对他的工作满怀信心。

企业的设计活动最终是通过设计师来实现的，设计师的组织管理显然就成为设计管理的最重要的工作之一。设计师常常习惯于使自己适应于接受一次性工作，而没有充分考虑到这些工作所体现出来的内在联系。另外，他们也有可能放任那些追求新奇而不切实际的想法，含蓄地自持设计的“创造性”和“个性”而过分地固执己见。这样，企业的设计就难于保持一致的、连续的识别特性，给消费者或用户识别企业的产品和服务带来麻烦，从而影响企业的市场竞争力。而解决这一问题的关键就在于采取措施对设计师进行有效的组织管理。设计师的组织一般有两种主要形式，一是依靠企业以外的自由设计师或设计事务所；二是建立企业内部的设计师队伍。下面将分别讨论这两种情形。

（1）设计事务所的组织与管理

所谓设计事务所是指那些自己独立从事设计工作而不从属于某一特定企业的设计者们。对于许多中小企业来说，建立自己的设计师队伍在经济上是不合算的，因为难以吸引好的设计师到小企业来工作。因此，利用设计事务所为企业提供设计服务，也就是很自然的事情了。

对设计事务所的设计工作进行管理，一方面要保证每位设计师设计的产品都与企业的目标相一致，而不能各自为政，造成混乱；另一方面又要保证设计的连续性，不会由于设计师的更换而使设计脱节。

为实现设计的协调，编制产品设计项目的任务书是很重要的。设计任务书不仅要提出产品功能要求，还要使设计师了解企业的情况，使设计工作与整个企业的视觉识别体系和企业特征联系起来。为此企业有必要制订一套统一的设计原则，作为每一位设计师共同遵守的规则，以保证设计的协调一致。这里，设计管理必须要在统一性和创造性之间做出某种平衡。如果对设计师设置过多限制，势必扼杀他们的创造性；如果对设计师放任各自的“个性”发挥，又会带来种种麻烦，使设计失去管理。如何把握住这种平衡是设计管理成功的一个关键。因此，在制订和实施设计标准时，应有一定程度的灵活性，在必要时可以适当变通。

为了保证设计的连续性，最好与经过选择的一些设计事务所建立较长期的稳定关系。

这样可以使设计师对企业各方面有较深入的了解，积累经验，使设计更适合企业的生产技术和企业目标，并建立一贯的设计风格。

（2）驻厂设计师的组织与管理

所谓驻厂设计师是与设计事务所相对而言的。驻厂设计师受雇于特定的企业，主要为本企业进行设计工作。驻厂设计师一般不是单独工作，而是由一定数量的设计师组成企业内部的设计部门，或者加入到产品开发部门，从事产品设计工作。目前许多国际性的大公司都有自己的设计部门，国内一些大型企业也设立了各自的工业设计机构。驻厂设计师一般对企业的各个方面都较熟悉，因而设计的产品能较好地适应企业在技术工艺等方面的要求。但应避免设计师因长期设计某一类型的产品而思维定式僵化，缺乏新观念的刺激，使设计模式化。因此，一些企业一方面鼓励设计师为别的企业进行设计工作，另一方面不定期地邀请企业外的设计师参与特定设计项目的开发，以引进新鲜的设计创意。

为了使驻厂设计师们能协调一致地工作，保证产品设计的连续性，需要从设计师的组织结构和设计管理两方面做出适当安排。一方面要保证设计小组与产品开发项目有关的各个方面的直接有效交流，另一方面也要建立起评价设计的基本原则或视觉造型方面的规范。

5.4 EPC 工程总承包项目设计方案比选

1. 设计方案比选概述

方案设计是工程设计的中心环节，方案本身已包含了工程总体布局、工程规模和结构形式。在后期的工程设计中，投资是否节约，造价能否控制，首先取决于方案是否优良，如规划设计阶段建筑物的排列组合，方案设计阶段结构的可行性、合理性考虑。以往，设计单位对工程结构的设计优化通常是比较重视的，但对方案设计的优化却做得不够，投资估算也常是只在选定方案的基础上进行单一的造价分析计算。事实上，在确定方案阶段对成本重视不够所造成的投资浪费，是不能靠优化结构设计、正确编制工程概（估）预算等微观调节所能挽回的。

对一个建设项目而言，能够满足建设业主和顾客功能要求的方案很多，但每个方案的技术特点、全生命周期费用、实施难易程度等却不尽相同。设计方案的优选结果直接影响到工程项目的综合投资效果，尤其是对工程成本的影响更为显著。因此，选取符合实际、操作简便的设计方案比选方法就成为设计阶段成本控制的重要手段和方法。

设计方案是由多种设计影响因素、联系、矛盾关系组成，它表示对各种矛盾关系的一种判断和处理设想。最优化方案必须通过辨证逻辑思维的指导，采用某种数学模型进行量化分析，从而使各种矛盾关系达到最优的组合状态。好的设计方案必须处理好经济合理性和技术先进性的关系，兼顾项目全寿命周期成本及设计近期、远期的要求，同时要节约用地和能源。

2. 建设项目方案比选的内容

方案比选是技术经济评价的重要方法之一，也是管理决策中的核心内容。在实际生产过程中，为了解决某一问题往往提出多个备选方案，然后经过技术经济分析、评价、论证，从中选出一个较优的方案。最初的方案比选往往比较简单、直观，这是因为受认识能力、客观条件的限制，所能提出的方案较少，涉及的因素不多，故评选准则多为单目标决策。后来，随着社会生产力的不断进步，人类认识能力的提高，人们进行选择的范围与能动性越来越大，同时决策的后果对自然、社会影响的深度、广度也越来越明显，对工程项目实施后所产生的经济、社会、环境等方面的要求也越来越高，因此，方案选择逐渐由少量方案单一目标发展到多方案多目标的决策上来。

从实践的角度看，因为现实世界中绝大多数决策问题都是多目标的，所以用多目标的观点解决方案决策问题更符合实际；从理论上来说，现代数学知识（包括数理统计、数理方程、模糊数学等）及灰色理论、计算机知识的发展与应用为多目标决策问题提供了理论依据和强有力的运算工具。比选方法也由简单的几种方法过渡到以现代数学知识为基础的新方法上来，这样使得方案比选体系逐渐丰富起来。

3. 建设项目设计方案比选的发展

在我国，由于工程建设项目管理启动较晚，在建设方面经验不足，尤其是大型高难度工程建设由于设计施工技术不成熟、施工潜在风险较大，工程施工周期长、造价高，因此很少进行仔细深入的比选研究。近年来，随着设计、施工技术水平的提高，在一些影响重大的工程方案选择上，各方越来越注重综合考虑工程实际建设条件、社会和环境影响因素，深入地进行设计方案的比选和论证。

大型工程建设项目，除技术性、经济性外，还涉及社会、政治、生态环境及资源诸多风险因素，影响重大深远。因此，在工程决策、设计方案评价和比较中，在考虑技术性、经济性的同时，对工程所涉及其他社会、政治、环境等方面的因素，不管是直接的或间接的，相互关联或是相互独立的，都需要进行缜密的研究分析。

目前，美国、德国、日本等国家建设项目设计方案比选已经比较成熟。因为国家的重视，有关法律法规的完善，他们在数据的积累、分析、损失估算的方法上都较系统。就建设项目的方案比选而言，这些国家将环境保护放在第一位，其次是技术方案与工程造价，也就是说，直接用环境影响来选择出一个最优方案，再对此方案做详细的环境保护措施。比较典型的例子是水坝，原来的估算结果是该水坝将给当地人民带来巨大的利益和方便，但将水坝建设所产生的环境价值损失考虑之后，其效益费用比小于 1，导致该工程变为不可行。

与国外较完善的建设项目设计方案比选体系相比较，国内的实际情况就显得不容乐观了。在方案比选技术上，我国经历了一个漫长的发展过程。刚开始只是单一地考虑减少工程造价，后来发展为将长期成本、企业竞争力考虑在内进行比选。根据不同方案的建设成本以及它们在使用期内所创造的经济效益的对比，选择最优的设计方案。对自然生态环境的保护问题，只是在个别情况下突出考虑，或是以方案比选的原则给予定性的阐述，方案比选的实际仍然是从项目本身考虑出发，即修建时节省造价，交付运营后确保顺利使用。近年来，耕地面积锐减，自然环境逐渐恶化，环保呼声高涨，这一切要求在设计方案比选过程中，要从以前仅为降低工程造价的思维方式，转化为项目建设与环境保护全面协调的全新思维方式。

对于建设项目设计方案的评价与比选，造价较高，涉及的因素较多，应该更为慎重。从实践的角度看，因为现实中绝大多数决策问题都是多目标的，所以用多目标的观点解决方案决策问题更符合实际。从理论上来说，现代数学知识包括数理统计、数理方程、模糊数学等为多目标决策问题提供了理论依据和强有力的运算工具。比选方法也由简单的几种方法过渡到以现代数学知识为基础的新方法上来，这样使得方案比选体系逐渐丰富起来。

4. 设计方案比选的评价指标

衡量一个设计方案的好坏要有一套评价标准，而评价标准要以评价指标作为基准。方案评价的因素很多，但在选择评价指标时，不一定要把所有的因素都考虑进去，应把主要的、能反映一个方案优劣的因素选择为评价因素，而把那些无关紧要的因素舍弃掉。方案评价因素确定以后，就要把这些因素量化成评价指标，并使用统一的尺度进行评价。但并非所有的评价因素都容易量化。成本和利润容易量化，但质量、风格、性能不易量化。

5. 评价指标体系的建立

为了将多层次、多因素、多阶段、多目标的复杂评价决策问题用科学的计量方法进行量化，首先必须建立能够衡量方案优劣的标准，即建立设计方案多目标评价指标体系。该指标体系是决策者进行设计方案评价和选择的基础，因此它必须是科学的、客观的，并且能够尽可能全面地反映影响设计方案优劣的各种因素，同时也有利于采用一定的评价方法进行多目标评价。

（1）指标体系建立的原则

为了保证设计方案多目标评价决策的科学性、合理性，指标体系的设计应遵循以下原则：

1）全面性与科学性原则

评价指标体系中的各项指标概念要科学、确切，有精确的内涵和外延，计算范围要明确，不能含糊其辞；指标体系应尽可能全面、合理地反映施工方案涉及的基本内容；建立指标体系应尽可能减少评价人员的主观性，增加客观性，为此要广泛征求专家意见；设立指标体系时，必须要有先进科学的理论做指导，这种理论能够反映设计方案的客观实际情况。

2）系统优化原则

系统优化原则要求设立指标的数量多少及指标体系的结构形式应以全面系统地反映设计方案多目标评价决策的评价指标为原则，从整体的角度来设立评价指标体系。指标体系必须层次结构合理、协调统一，比较全面地反映施工方案的基本内容。系统优化首先要求避免指标体系过于庞杂，使得评价难于实施，还要避免指标过少而忽略了一些重要因素，难于反映设计方案的基本内容，所以既不能顾此失彼，也不可包罗万象，尽可能以较少的指标构建一个合理的指标体系，达到指标体系整体功能最优的目的。其次要统筹兼顾当前与长远、整体与局部、定性与定量等方面的关系。

3）定性分析与定量分析相结合的原则

为了进行设计方案多目标评价决策，必须将反映设计方案特点的定性指标定量化、规范化，把不能直接测量的指标转化为具体可测的指标。

4）可行性和可操作性原则

设计方案多目标评价决策的指标体系必须含义明确、数据规范、繁简适中、计算简便易行。评价指标所规定的要求应符合建筑行业的实际情况，即所规定的要求要适当，既不能要求过高，也不能要求过低。为了实际应用方便，设立的指标必须具有可采集和可量化的特点，各项指标能够有效度量或统计，同时指标要有层次、有重点，定性指标可进行量化，定量指标可直接度量，这样才使评价工作简单、方便、节省时间和费用。

5）灵活性原则

设计方案多目标评价决策的评价指标体系结构应具有可修改性和可扩展性，针对不同的工程以及不同的设计要求，可对评价指标体系中的指标进行修改、添加和删除，依据不同的情况将评价指标进一步具体化。

6）目标导向原则

设计方案多目标评价决策的评价指标体系必须能够全面地体现评价目标，能充分反映以目标为中心的基本原则，这就要求指标体系中各指标必须与目标保持一致。

（2）评价指标体系建立的基本方法

1）个人判断法

是指当事人遇到问题时向其所聘请的个别专家、顾问征求解决问题的意见或者向个别专家进行咨询。

2）专家会议法

聘请知识面广的专家成立专家组，将当事人的问题通过专家组进行充分的分析讨论，以获得所求问题的结果。

3）德尔菲法

这是最常用的一种方法，由美国兰德公司首创。此法是采用匿名的通信方式用一系列简明的征询表向各位专家进行调查，通过有控制的反馈进行信息交换，最后汇总得出结果。

4）头脑风暴法

将专家及有代表性的相关人员请到一起，人员的选择领域要广，各抒己见，碰撞出智慧的火花，然后将有代表性的建设性的意见汇总整理，得出结果。

（3）评价指标体系的建立

利用德尔菲法对专家咨询后，得出评价准则层为：全寿命周期成本和功能。

其中，全寿命周期成本包括项目成本、环境成本和社会成本。项目成本即为建设项目全寿命周期资金成本，包括初始建造成本和未来成本。在实际应用中，我们将初始建造成本与未来成本分开考虑。因为，虽然将未来成本折为现值后得到的数值具有相当的参考作用，但是对于投资者及利益相关者来说，初始建造投入的成本为即刻兑现的成本，而未来成本的估算建立在对折现率、风险分析的基础之上，具有不确定性。

所以，在考虑全寿命周期资金成本的过程中，我们通过专家咨询的方式，将初始建造成本和未来成本分开考虑，权重也将不相同，希望得到的分析结果更接近实际，更有利于进行设计方案的比选。

环境成本主要包括施工污染成本、建筑材料污染成本和使用能源消耗成本，在此，我们认为使用能源消耗成本是附近居民使用该设计方案的过程中产生的能源消耗对环境造成的污染，如因汽车排放尾气造成的环境污染；社会成本主要包括占用耕地、噪声影响、搬迁和拆迁等。

6. 评价比选方法

建设项目方案比选的方法有以下 3 种：

（1）传统方法

传统方法共包括三大类，具体如图 5-6 所示。

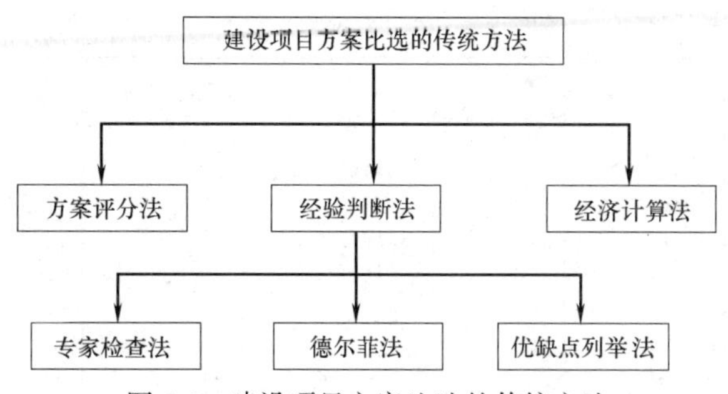

图 5-6　建设项目方案比选的传统方法

经验判断法是利用人们在所处领域的知识、经验和主观判断能力，靠直觉对方案进行评价。较常用的方法有专家检查法、德尔菲法、优缺点列举法。这类方法适用于因素错综复杂、对外界影响较大或具有战略性的方案比选，也适用于一些所给信息不充分、指标难以定量的方案决策中。这种方法的优点是适用性强、决策灵活；缺点是缺乏严格的科学论证，容易导致主观、片面的结果。

方案评分法是在经验判断的基础上发展起来的，这类方法是根据评价指标对方案的重要程度、贡献大小等进行打分，最后根据得分的多少判断方案的优劣。常用的方法有加法评分法、乘法评分法、综合价值系数法。其优点是把评价者对方案的判断用分数加以定量表示，这样比起笼统地用“很好、好、不好”等诸如此类字眼的评价要更为细致准确。这在一定程度上实现了定量与定性的结合。实际工作中，对于那些资料不全、指标难于数量化、不便理论计算的方案选择来说，这种方法是十分方便的。

经济计算法可应用于较准确地计算各方案的经济效益的场合，如价值工程中的新产品开发方案、技术改造方案，可行性研究中的投资方案等。这类方法多以成本和效益为直接的评价指标，通过指标的大小来判断方案的优劣，是一种准确的方案比选法。

(2) 现代方法

现代方法也可称为数学方法，其包括的具体内容如图 5-7 所示。

① 目标规划法

它是一种解决多目标决策的规范化决策方法。单目标规划法比较简单，这里不做介绍，只介绍多目标规划法。在多维决策目标的情况下，首先要求决策者列出全部所要决策的目标，然后再按这些目标的重要程度排出优先顺序；目标规划法处理多目标决策有如下优点：能统筹兼顾地处理多种目标和关系，求得更符合实际的解；通过目标规划找到的最优解，也即最优方案，可尽可能地达到或接近一个或若干个给定的目标值；目标规划法是在实践中应用和发展起来的一种多目标决策法，是一种比较成熟的规范化的方法，已广泛应用在国民经济、企业的资源匹配、资金分配等方面。

② 层次分析法

简称 AHP 法。AHP 法的主要设想是将复杂问题中的各因素通过划分相互联系的有序层次，使之条理化，然后根据某些判断准则，就某一层次元素的相对重要性赋予定量化的度量，其后依据数学方法推算出各个元素的相对重要性权值和排序，最后对结果进行分析、调整。层次分析法广泛应用于企业管理、经济计划、能源开发、资源分配、环境保

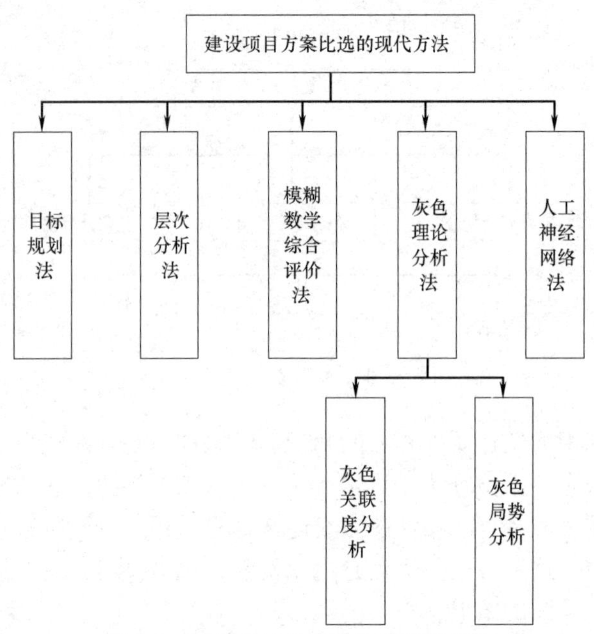

图 5-7　建设项目方案比选的现代方法

护、教育规划、政策评价、行为分析等许多领域。

③ 模糊数学综合评价法

利用模糊数学的原理和知识对受多种因素影响的方案决策进行综合评比的一种决策法。它首先把一些模糊性的指标用模糊数学知识量化，然后建立模糊综合评判模型进行方案的综合评价，最后做出选择。模糊综合评判模型根据具体情况可分为一级、二级和多级。

模糊数学综合评价法是对受多种因素影响的事物做出全面评价的一种有效的多因素决策法。与传统方法相比，模糊数学综合评价法有如下优点：能定量处理影响评价的种种模糊因素，使评价的结果更符合客观实际，更为合理；对一些评价判断，如“好、较好、不好、差”可以更好地进行量化处理，利用模糊数字综合评价法可较好地模拟人的思维；能够进行多级模糊综合评判，使人的主观因素限制在单一的很小的范围之内，并使主观评价做得更准确，使主客观的差异大大减少，进一步保证评价结果的准确性。

④ 灰色理论分析法

包括灰色关联度分析法和灰色局势分析法。它们是以我国著名学者邓聚龙教授提出的灰色理论为基础，主要通过各目标自身的对比求得相对系数（灰色效果测试）而削弱目标本身的物理属性，达到各目标具有可比性的目的，这种新的处理方式为多目标的归一化创造了有利条件。

灰色理论分析具有如下优点：思路清晰、明了、推算规范。在处理多目标归一化问题上具有运筹学、模糊数学等方法所不具备的优点；在方案决策中避免了专家参与，相对地减少了判断所造成的主观失误；灰色理论分析法是一种规范化、条理化的崭新的决策法。在工农业等许多方面的应用表明其是一种行之有效的决策法。

⑤ 人工神经网络法

神经网络是 20 世纪 80 年代后期迅速发展起来的人工智能的一个分支。它试图模拟人脑神经系统的组织方式来构成新型的信息处理系统，并通过大量并行的神经元广泛相互连接而组成网络，其存储与处理能力由网络的结构、连接权值及单个神经元的处理量而决定。人工神经网络法对方案比选中一些十分复杂的模糊技术经济指标由网络模型去处理，神经网络模型由输入层、输出层和隐含层三层神经元组成，输入层接受信息，输出层输出信息，各层单元间的连接权值通过反向传播算法进行自动学习而得。网络和自学过程可解释为：利用已有的学习实例（学习样本），用计算机按照一定的算法去预测同类质的问题。

以上这些方案比选的方法，在各行各业都得到了广泛的应用。在建筑行业，方案比选的发展也是一个从定性到定量、从感性到理性、从主观到客观的过程。在实践操作中，对于某些无法量化的信息，我们采用模糊数学的方法，使其变得可以量化；在权重的确定上，我们大量地运用层次分析法；在数据复杂繁多的情况下，我们采用灰色理论进行分析。但在某些具体的情况下，我们要对这些方面进行变通，才能更好地应用于建设项目的方案比选中。

（3）层次-灰色关联分析法

在处理建设项目设计方案的比选问题时，一般不适宜选用传统的方法，因为传统方法比较主观、片面，缺乏严格的科学论证，而设计方案的选择数据较多，适宜采用较为精确的计算方法；目标规划法是适合解决多目标决策的规范化决策方法。在设计方案的比选中，我们力求能使方案达到最低的目标，因此不必采用目标规划法；模糊数学综合评价法适合定量处理影响评价的种种模糊因素，因此我们采用模糊数学综合评价法评价指标中的定性指标，包括环境成本和社会成本，但是采用模糊数学综合评价法评判定量指标就不适用；人工神经网络法主要用于具有十分复杂的模糊技术经济指标的方案比选，运用网络模型处理数据。在建设项目设计方案的比选中往往数据没有那么复杂，因此我们也不采用人工神经网络法。

层次分析法自问世至今已经获得了许多的研究成果，发展得较为完善。层次分析法能够统一处理决策中的定性与定量的因素，它把简单的表现形式与深刻的理论内容紧密地结合在一起。在进行系统分析时，我们经常会碰到这样一类情况：有些问题情况很复杂甚至不可能建立数学模型进行定量分析；也可能由于时间紧迫，对有些问题还来不及进行过细的分析，只需做出初步的选择和大致的判断就可以了。在这种情况下，我们若应用 AHP 法进行分析，就可简便而迅速地解决问题。又由于层次分析法具有系统性强、实用范围广、简洁性等突出优点，特别适合于社会、经济系统和大型系统工程的决策分析使用。

因此，选用层次分析法具有以下其他方法无法比拟的优越性：

① 原理简单。建立在实验心理学和矩阵理论基础上的 AHP 原理易被大多数领域的学者所接受，同时由于原理清晰、简明，使研究与应用 AHP 方法的学者无需花大量的时间便会很快进入研究角色，而且应用 AHP 时，所需要的定量信息要求不多。

② 结构化、层次化。将复杂的问题转化为诸多具有结构和层次关系的简单问题求解。

③ 理论基础扎实。建立在严格矩阵分析之上的 AHP 方法具有扎实的理论基础，同时也给研究者提供了进一步的研究平台和应用的基础。

④ 定性与定量方法相结合。大部分复杂问题的决策问题都同时含有许多定性与定量的因素，AHP 法满足了人们对这类决策问题进行决策的需要。

但是，在确定指标权重时采用层次分析法得出的结果是粗略的，由于方案排序，在一定程度上过分依赖因素的权重，这就要求决策者对问题有较深入的了解，按各因素间的支配关系确定加权系数。另一方面，大多数方案选择既含有定性指标，又含有定量指标，难以构造方案层对于指标层的判断矩阵，对于这种有较高定量要求的决策问题，单纯运用 AHP 法是不适合的。因此，我们提出采用层次-灰色关联分析法。

在系统分析中，常用的定量方法是数理统计法，如回归分析、方差分析、主成分分析、主分量分析等，尽管这些方法解决了许多实际问题，但它们往往要求大样本，且要求只有典型的概率分布，而这在实际中却很难实现。灰色关联分析可以在不完全信息中，对所要分析研究的各因素，通过一定的数据处理，在随机的因素序列间，找出它们的关联性，发现主要问题，找到主要特征和主要影响因素，关联分析主要是态势发展变化的分析，也就是对系统动态发展过程的量化分析。它根据因素之间发展态势的相似或相异程度来衡量因素间接近的程度，由于关联分析是按发展趋势作分析，因而对样本量的大小没有太高的要求，分析时也不需要典型的分布规律，而且分析结果一般与定性分析相吻合，因而具有广泛的实用性。

设计方案的评价比选是一个多目标、多准则、多层次的决策过程，其中既有经济的指标，也有社会和环境的指标。各指标下面又包含有众多定性的和定量的具体指标，这些指标既相互联系，又相互制约，共同构成了一个灰色系统。灰色关联分析是基于灰色系统理论基础上的一种综合评价优选方法。该方法的核心内容是通过分析比较数列与参考数列的关联程度，即评价方案与最理想方案的相近程度，来确定各评价方案相对于最理想方案的优劣顺序，以达到综合评价选优的目的。

对各指标或空间作平权处理，即各指标或空间视为同等重要，但在实际中，却存在许多不平权的情况，即人们对某些指标有所偏爱，或认为某些指标更为重要，因而必须作非平权处理。

结合 AHP 法和灰色关联分析的特点，AHP 法可以确定评价指标的权重，客观合理地赋予各评价指标相对重要性权重，使最终的分析评价结果更准确，实现项目方案的优化决策。灰色关联分析可以通过量化分析确定单因素关联度，进而确定被评价方案的综合关联度。因此层次-灰色关联分析法是适合建设项目设计方案比选的较好方法。

5.5 EPC 工程总承包项目设计实施管理

EPC 工程总承包项目的启动阶段一般是从项目合同基本落实，但还没有最终签订的一段时间（技术商务澄清完毕至合同谈判签约前大约 2～3 个月的时间），或者是签订项目合同前三个月的一段时间。由于 EPC 工程总承包项目的特殊性，只要项目合同基本落实，项目应立即启动，越早越好。合同未签订前，虽然设计工作尚在组织，工作的方针和原则也还没有确定，但只要项目合同基本落实，设计经理就应该抓紧进行工作，工作的中心应该是推动项目的开展。项目合同基本落实的标志是业主要求和总承包商进行商务合同的谈判工作，而不是合同签署。

项目启动阶段的设计工作主要是为了衔接投标阶段和设计实施阶段的有关信息，处理由于投标时间紧而没有完成的项目设计的准备工作，学习招标投标文件和技术标准、规范，充分了解业主的意图，收集以往同类工程设计资料，对设计实施方案进行多方案比选，同时要理解和把握关键技术标准，收集市场信息，了解当地实际的技术、经济水平，进行必要的现场踏勘。

（1）审核项目招标、投标、技术澄清文件

为了保证合同签约前后工作能很好地衔接，并能使项目顺利开工，设计经理应尽早组织各专业负责人熟悉合同对设计的一般要求，熟悉技术澄清、合同谈判中有关设计各专业的要求，掌握业主的设计要求和程序，摸清关键设备询价的技术要求，以及经过技术澄清和谈判后制造厂商提供的具体内容。开始准备设计基础文件包。

（2）加强与业主的沟通交流

建立与业主的沟通渠道，将审核招标投标文件中发现的技术问题及时和业主商讨。

（3）准备项目开工会议中有关设计工作的内容

项目开工会议中有关设计工作的内容是为了确保设计工作开始时所有的设计数据的正确性和完整性，防止由于基础设计数据的错误而导致设计返工。项目开工会议中涉及的设计工作包括以下内容：一是设计工作范围和设计服务的内容，可从招标投标书或合同中总结归纳；二是工艺设计基础，以合同中的基础设计和规范为基础，确认并搜集整理；三是项目的设计数据，以合同中的基础设计数据为基础，确认并搜集整理其他数据；四是工程设计的任务内容；五是采购的任务内容，需要设计准备文件；六是施工的任务内容，根据施工计划，确定设计优先考虑完成的图纸/文件。

（4）编制设计实施规划

对土壤调查、水文地质调查和地形测量等涉及现场工作的内容要尽早做出实施规划，即是否需要重新进行地质调查，采用哪种方式（如当地分包或自行组织实施）；设计的组织模式和人力资源安排、办公地点；设计所用的计算软件的购置、培训。

（5）编制项目设计手册

项目设计手册的制定工作由项目经理和设计经理组织完成，具体由项目工程师、工艺工程师和各专业工程师分别进行编制。项目设计手册一经业主批准后，即成为工程技术规定和工程设计的基础性文件。

（6）编制工程设计的初步计划

初步计划应包括初步的工艺设计计划、设计主要里程碑计划和主要工艺设备材料的技术询价书的完成时间控制点。

（7）编制初始的设计人工时估算

设计实施流程图如图 5-8 所示。

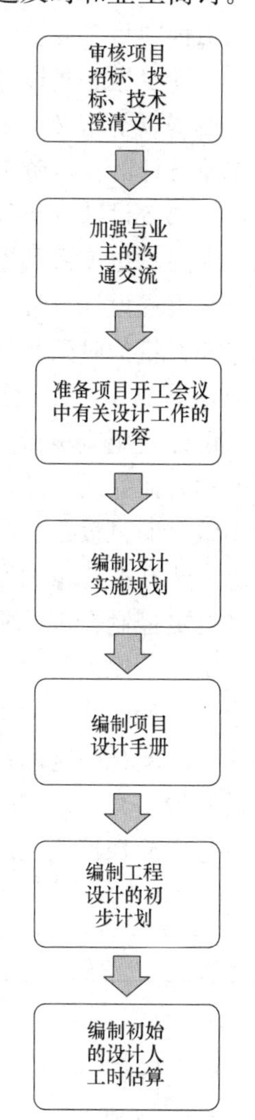

图 5-8　设计实施流程图

5.6　EPC 工程总承包项目设计变更管理

设计变更的提出和执行由于涉及责任方的认定，很容易受到其他单位或部门的影响，出现执行难、效率低的问题，因为设计的变更未能及时提出而影响设计或施工进度的情况屡有发生，因此，建立基本的设计变更管理流程是设计管理过程中的必要工作。

1. 设计变更的内涵

设计变更是指经过业主指示或批准的对业主要求或工程所做的任何更改，但不包括准备交他人进行的任何工作的删减。业主的变更指令表明业主发起针对项目设计的变更，必然引起设计返工。在总承包项目中，变更实际上是不可避免的，会对整个项目的供应链产生昂贵的连锁反应。几乎所有的工程项目都可能与其原始的设计方案、工程范围或定义有所差别。产生这种差别的原因可能是因为技术革新、政令变化、地质异常、特殊材料不可得，或者仅仅是因为合同签订后设计方案继续优化了。对于EPC工程总承包这样大型复杂的工程项目，变更的情况也是时有发生的，尤其是设计变更对设计审批的进度影响非常大。设计变更是指设计部门对原施工图纸和设计文件中所表达的设计标准状态的改变和修改。根据以上定义，设计变更仅包含由于设计工作本身的漏项、错误或其他原因而修改、补充原设计的技术资料。设计变更和现场签证两者的性质是截然不同的，凡属设计变更的，必须按设计变更处理，而不能以现场签证处理，设计变更是工程变更的一部分内容范畴，因而它也关系到进度、质量和投资控制。

在工程设计过程中，频繁的变更指令要求总承包商重新处理并提交审批文件，耗费总承包商大量的时间和精力。据统计，变更指令是引起建筑项目设计返工的一个最主要的原因。

设计变更应尽量提前，变更发生得越早则损失越小，反之就越大。如在设计阶段变更，则只需修改图纸，其他费用尚未发生，损失有限；如果在采购阶段变更，不仅需要修改图纸，而且设备、材料还须重新采购；若在施工阶段变更上述费用，已施工的工程还需拆除，势必造成重大变更损失。所以要加强设计变更管理，严格控制设计变更，尽可能把设计变更控制在设计阶段初期。

由以下原因引起的变更可归结为设计变更：为了进一步完善项目的使用功能而对业主要求进行的改变；为了增加项目的某些功能而增加合同范围外的工作；由于标准规范、政策法令的变化引起的；不可抗力，根据FIDIC银皮书规定，除非总承包商迅速向业主发出通知说明其难以取得所需货物或变更将对工程的安全性或履约保证产生不利影响，否则总承包商应根据业主的变更指令修改其设计方案。设计变更流程如表5-2所示。

设计变更流程表 **表5-2**

编号	业务活动	操作部门	业务表单	描述
1	提出变更申请	执行部门、施工单位、EPC工程总承包商	非设计原因变更申请单	EPC工程总承包商(或其分包商)原因,由EPC工程总承包商提出
2	审核	监理单位	非设计原因变更申请单	
3	组织审核并落实投资估算及变更责任	生产技术部、项目部、工程管理部、工程计划部、采购部	非设计原因变更申请单	供应商原因引起的变更,由生产技术部负责组织,项目部、工程计划部、工程管理部、采购部参加审核
4	审核	审计部	非设计原因变更申请单	

续表

编号	业务活动	操作部门	业务表单	描述
5	审批	指挥部领导	非设计原因变更申请单	
6	编制设计变更通知单（含设计原因）	设计单位	设计变更通知单	
7	签字	生产技术部	设计变更通知单	
8	分发、归档	生产技术部	设计变更通知单	
9	执行、确认	项目部、监理单位	设计变更通知单	

2. 设计变更的分类

（1）按提出时间划分

1）可行性研究阶段（Feasibility Study）

项目开发的可行性研究就是对工程项目的经济合理性、技术先进性和建设可行性进行分析比较，以确定该项目是否值得投资，规模有多大，建设时间和投资应如何安排，采用哪种技术方案最合理等，以便为决策提供可靠的依据，这个阶段的工作对项目的开发成本、进度和质量具有决定性的影响。

2）方案设计阶段（Conceptual Design）

建筑工程方案设计是依据设计任务书而编制的文件。主要由设计说明书、设计图纸、投资估算等三部分组成。方案设计阶段是根据规划指标编制的初始文件，是贯彻国家和地方有关工程建设政策和法令的基础文件，是建筑工程投资有关指标、定额和费用标准的规定。建筑工程方案设计对建设投资有着重要的影响，通过科学的建筑工程方案设计优化能够有效降低工程造价10%左右，同时还能够对工程施工成本、施工质量起到促进作用。

方案设计是贯彻可行性研究目标的技术深化，进行项目技术和经济比较的基础文件。本阶段的主要任务就是在现有条件和要求下进行不断调整和修改工作，这个时期发生的调整和修改是技术研究的主要手段，此时发生的修改和调整多数是不计费的。通过多方案设计的对比分析，投资方可以选择更适合自己目标和计划的设计。

3）初步设计阶段（Technology Design）

设计文件确定了项目的建设规模，产品方案，工艺流程及主要设备选型及配置。项目开发的主要技术措施和经济发展已经具备了整体方案，详细和完善的技术深化有待在施工图设计阶段完成。如果投资方在本阶段进行修改和调整，不仅会增加部分设计成本，还将为下一阶段的技术深化和现场实施进度带来重要影响。

4）施工图设计阶段（Depth Design）

施工图设计是在初步设计的基础上进一步细化和完善的图纸设计，其更关注于项目的具体实施方法和细部构造措施，准确地表达出建筑物的外形轮廓、大小尺寸、结构构造和材料做法的图样。它是房屋建筑施工的主要依据。在本阶段的设计变更视变更的内容和范围将会对设计成本和进度带来重要影响，所以对于施工图设计的修改要慎重决策。

5）现场实施阶段（Site Construction）

现场实施阶段是指项目开始动工至竣工验收为止的时段。这个阶段的主要特点是施工周期长，资金投入较大，质量监控困难。在这个阶段的设计变更将对施工成本、进度和质量产生较大影响。

6）竣工使用阶段（Acceptance）

竣工验收后交付使用者，在使用者验房或日常使用中发现的设计缺陷遗漏，仍然需要按照技术规范和规程进行修改和调整。在这个阶段会遇到与项目设计构想中不一样的情景，有时是不满足具体使用者的改造装修，有时是设计时考虑不周全等，设计修改和调整的幅度不大，对设计成本和周期基本无较大影响。

（2）按涉及专业划分

1）规划（Planning）

城市规划专业（Urban Planning）（简称规划）研究城市的战略发展、城市的合理布局和城市各项工程建设的综合部署，是一定时期内城市发展的蓝图，是城市管理的重要组成部分，是城市建设和管理的重要依据。对于在城市规划区内的房地产开发项目，必须遵守城市规划制定的各项技术经济指标。城市规划对地块功能结构的修改和调整，将对项目产生重大影响。如果在未取得建设工程规划许可证的情况下，图纸设计工作都将发生重大变化。

2）建筑（Architecture）

建筑学专业（简称建筑）是研究建筑物及其环境的学科，它旨在总结人类建筑活动的经验，用以指导建筑设计创作，构造某种造型和空间环境等。建筑学的内容通常包括工程技术和艺术创造两个方面。

建筑学服务的对象不仅是自然的人，而且也是社会的人；不仅要满足人们物质上的要求，而且要满足精神上的要求。因此社会经济的变化，政治、文化、宗教、生活习惯等的变化，都密切影响着建筑技术和艺术。

作为项目设计的领衔专业，建筑设计的功能布局、交通流线、规模容量、防火抗震等级和防火保温要求等，对其他专业的设计内容和难度具有较强的影响，对项目开发建设具有重要作用。

3）结构（Structure）

根据建筑设计图纸的要求来确定结构体系和主要材料；依据建筑平面布局和功能要求进行结构平面布置；根据建筑物等级和抗震要求初步选用材料类型、强度等级等；按照建筑设计提供的使用荷载结合环境荷载进行结构荷载计算及各种荷载作用下结构的内力分析，主要是满足建筑的安全坚固。在当前自然灾害频发时期，结构的安全性显得尤为重要，结构专业的设计责任重大，涉及使用者的人身安全，其设计过程复杂，设计周期较长，任何涉及结构专业安全性的设计变更应当谨慎决策。

4）电气（Electric）

建筑电气设计分为强电设计和弱电设计，其中强电设计包括供电、照明；弱电设计包括电话、电视、消防和楼宇自控等。电气设计是根据建筑设计的内容和要求进行的，按照不同的建筑物规模、等级和功能配置相应的电气容量和设施。

5）暖通（Ventilate）

暖通空调设计专业（简称暖通）是进行空气调节设计的，包括送风、采暖、制冷和排风。在高层建筑、高等住宅及地下车库的功能单元，需要进行专门设计，以满足技术规范需要。

6）给水排水（Water）

给水排水专业主要分为给水、排水和消防水。根据建筑物的等级和功能要求，分别计算给水、排水和消防用水量，布置给水排水管网和系统。

7）景观（Landscape）

景观设计是指在一定的地域范围内，运用园林艺术和工程技术手段，通过改造地形、种植植物、营造建筑和布置园路等途径创造美的自然环境和生活、游憩境域的过程。通过景观设计，环境具有美学欣赏价值、日常使用的功能，并能保证生态可持续性发展。在一定程度上，体现了当时人类文明的发展程度和价值取向及设计者个人的审美观念。

由于景观设计更多的注重室外环境的改造和修整，其对建筑专业影响较小但是需要相关电气和给水排水专业进行协调配合工作。景观设计的修改调整对项目设计的成本、进度和质量影响较小。

8）装饰（Decorate）

室内装饰设计是根据建筑物的使用性质、所处环境和相应的标准，运用物质技术手段和建筑美学原理，创造功能合理、舒适优美、满足人的物质和精神生活需要的室内环境，它是建筑物与人类之间、精神文明与物质文明之间起连接作用的纽带。其他专业的变更设计对装饰影响较小。

（3）按责任者划分

提出责任者的划分主要是为了区分设计变更的源头，分清设计变更的责任，区分各个部门各个专业的管理重点，总结项目管理经验，进行设计变更结算，是为了更好地进行设计变更控制。

1）监督方（Supervisor）

监督方通常是指城市规划、建设交通、房地产管理、安全生产及地方政府相关行政管理部门和行使部分质量监管行政职权的单位。由于项目的开发建设需要满足市政配套职能公司的要求，项目的竣工验收需要职能公司予以检测和认可，所以将与市政配套相关的电力、给水、排水、燃气、电信、环卫等具备公共服务公司纳入监督方。

2）投资者（Client）

投资者是为了取得未来时期的利润，对项目的开发建设投入资源的公司。投资者需要对整体项目的开发建设及竣工交房具备专业管理能力，其对整个项目的成本进度和质量负有完全的管理责任。投资者取得利润的多少直接与其资本实力、专业技术、管理能力相关。

3）设计者（Designer）

设计者是按照相关法律法规的要求，经过一定的法定程序，接受投资者的委托，对项目的开发建设进行专业设计的单位。设计者应当具备与项目性质规模功能相适应的专业资质，这是保证设计成本、进度和质量的基本要求。

4）施工者（Constructor）

施工者是按照相关法律法规的要求，经过一定的法定程序，接受投资者的委托对项目的开发建设进行现场实施的单位。施工者要完成设计者的图纸设计向实物建成的过程，同样其也应当具备与项目性质规模功能相适应的专业资质。

3. 设计变更的原因及分析

以下从外部因素和内部因素两个方面进行分析，旨在揭示设计变更的本质原因，为设计单位提高设计质量提供思路。

（1）外部因素分析

对于设计单位而言，外部因素是指企业以外的因素，包括顾客方、宏观环境和分包商、设备供应商等相关方，通常导致设计洽商的发生。外部因素分析能够督促设计单位审视自身面临的机遇和潜在的风险，利于及时调整运营战略，从而保证建设项目顺利开展。

1）顾客需求变动是导致设计变更的最主要因素

以顾客为关注焦点，是质量管理八项原则之首，也是企业发展应该践行的宗旨。顾客需求和期望的变化，轻则造成设计内容的更改变动，重则颠覆原有的设计思路和理念。某设计单位近5年工程设计洽商统计结果显示，由于顾客需求变动引起的设计洽商不仅数量最多，发生的费用也最高。因此，设计单位应重视与业主单位的前期沟通，尽量细化设计相关输入资料。特别是对于工程总承包项目，应建立顺畅的沟通渠道，争取在设计阶段解决主要分歧，最大程度降低变更费用。

2）宏观环境变化间接影响设计变更发生量

经济周期、宏观经济政策和市场需求等客观环境因素会导致项目决策发生调整，从而引起设计变更。在经济不景气或行业形势低迷的时期，市场需求疲软、政府审批困难和银行信贷收紧直接影响业主的投资决策，从而导致建设方案的更改。例如，某钢铁项目由于市场低迷和缺乏相关的政策、信贷支持，业主将原计划建设的5000m^3高炉改为3500m^3高炉。高炉容积的变化会导致工艺参数的一系列变化，如果此时设计工作已经开展，将会引发大量设计变更。

另一方面，原材料和设备的供应情况也会对设计变更产生影响。市场供给短缺将会导致材料、设备临时更换，从而导致设计变更。

3）分包商、设备供应商等其他相关方是影响设计变更的重要因素

设计工作是一个整体，虽然通常是由某一单位负责完成，但在实施过程中却可能涉及多个相关方。对于某些工程项目，由于设计单位在人力资源方面相对匮乏，或者在某些工艺环节技术相对薄弱，往往会将部分设计工作分包。在大型工程项目中，设备数量多且繁杂，各个设备的供应商都要与设计方进行对接。如此多的相关方介入到设计工作中，这就要求作为总承包商的设计单位关注与各分包商及设备供应商协同合作。如果一方或几方未按进度计划向其他相关方提供完整无误的技术资料，就会延误设计进度，进而导致工程延期。同时，设计资料提出方应特别注重提出资料的精准性，漏提、错提工艺参数不仅会造成设计产品的高返工率和设计过程的低效率，更对工程造价产生直接影响。

（2）内部因素分析

内部因素可以看作是企业自身的因素，主要包括人员素质、制度规范和管理水平等。内部因素既是设计质量统计分析的重点，也是减少设计变更的突破口。

1）设计人员的综合素质是影响设计变更的关键因素

首先，设计能力是设计人员应具备的最基本素质，也是设计变更的直接影响因素。相关专业知识匮乏、设计深度不够和图面表述不清晰是设计能力不足的主要表现，这些问题不仅会引发设计变更，影响工程造价，严重者可能导致工程事故。例如，钢铁冶金工艺专

业设计人员可能由于缺乏管道系统应力计算的相关知识，在设计管道支架时只是粗略给出荷载和位移等设计参数，管道支架的承载力不够会给工程事故埋下隐患，而承载力过大则会引起不必要的浪费，增加工程投资。二者都会影响设计质量，从而引发设计变更。

其次，设计人员的经验和阅历是影响设计变更的重要因素。图纸设计经验和现场技术服务经验相辅相成，缺一不可。一方面，设计人员参与设计建设项目越多，越能有效关注影响图纸质量的关键点，从而降低图面错误率。另一方面，设计人员现场技术服务次数越多，对施工现场的需求把握越准确，对做好以后的设计工作具有重要的现实意义，从而有效减少设计变更。实践证明，加深设计人员对施工现场的熟悉程度，能够显著减少图纸中出现碰撞干涉类问题。

最后，设计人员意识的持续提升是减少设计变更的必要保证。所谓意识，主要包括设计人员的质量意识、责任心和职业化程度。质量意识淡薄，表现为对于设计失误造成的负面影响缺乏认知，这种情况引发的后果往往最为严重，需要通过较长期的培训加以提升；责任心缺失，通常表现为设计过程敷衍了事，对图面检查不屑一顾；职业化程度低，主要表现为图面文字叙述含糊不清、图表格式不统一和计量单位使用不规范等。

2）企业制度不完善、设计流程不合理是造成设计变更的内在根源

管理制度和程序文件规范了企业的运行准则，为组织有效运行和发展提供框架。设计单位应根据自身实际及时更新文件，规范管理，避免由于制度漏洞或流程不顺畅导致的设计变更。一些设计单位为保证工期，草率发图之后再组织各专业进行图纸会审的做法看似赢得了时间，实则埋下设计返工隐患。又如，许多设计单位在设计验证环节采用三级审核制度，本意是设置多重保障，把控图纸质量，实质上却由于责任分散而削弱了审核效果。各级审核人员的层层推诿导致审核工作流于形式，可以避免的问题难以得到及时更正。还有部分设计单位为申报优质工程等奖项，刻意压缩设计变更数量。从短期看该行为或许能为企业带来经济上的利益，但从长远角度考虑，瞒报设计变更数量严重影响质量统计分析数据，无法使管理者真实了解企业现有设计水平，不利于设计质量的持续改进和企业的发展。

3）管理水平欠佳是导致设计变更的隐性因素

设计单位的管理人员普遍为技术出身，缺乏相关的管理专业背景，加之设计任务繁重紧迫，岗位培训参与度较低，管理能力的缺失在一定程度上制约了设计质量的提升。一方面，设计经理编制进度计划不尽科学，设计人员无法合理安排自身工作，为保证工期只能草率交付成品图纸，通过后期补发大量设计变更保证设计质量。另一方面，设计部门领导质量意识不高，对本专业设计变更缺乏系统的整理分析。图纸设计中存在的共性问题无法得到有效沟通和解决，导致设计变更频发。

4. 基于设计变更原因分析的改进建议

对于单纯的设计项目而言，设计单位仅需考虑设计更改造成的影响，设计洽商产生的相应费用由提出单位承担。而对于总承包项目来说，作为总承包商的设计单位则需要综合考虑设计更改和设计洽商，因为任何设计变更引起的工程造价变动都会对企业效益造成直接影响。为此，应把设计更改作为分析和改进的重点，同时有针对性地关注设计洽商。设计洽商主要通过加强外部沟通进行改善，而设计更改则需要从强化员工培训、完善企业制度和提升管理水平等方面进行改进。

（1）强化对外沟通能力，提升设计效率及精准度

1）重视前期沟通，细化设计输入

方案设计阶段是项目建设最关键的阶段，该阶段技术工作做得充分，对以后的施工图设计起着至关重要的作用。设计经理应在项目前期充分发挥纽带作用，通过与业主的反复沟通深入细化设计输入资料，并及时准确地转达给相关设计人员。只有充分了解业主需求，确保方案的可信度和准确性，才能从源头杜绝设计变更的产生。

2）完善沟通渠道，提升设计精准度

为确保设计内容的准确性和适宜性，设计人员需要与相关人员进行沟通。无论是企业外部的业主单位、设备供应商和设计分包商，还是企业内部的相关专业人员和进驻施工现场的技术服务人员，任何环节沟通不顺畅或不及时都会直接影响设计进度，继而引发设计变更。企业应配备完善的基础设施，搭建通畅便捷的沟通渠道，确保设计人员能够通过互联网、长途电话、现场考察等多种形式及时获取所需信息，从而提升设计效率和精准度，降低设计变更的可能性。

3）以后续服务为支撑，动态反馈顾客信息

设计成品的交付并不意味着设计工作的终结。顾客回访作为企业外部沟通的重要渠道，既能动态掌握顾客满意度，为设计工作查缺补漏，又能体现企业的服务意识和管理水平，塑造企业良好形象。企业只有及时获取反馈信息，不断总结经验教训，才能在以后的设计中精益求精，实现设计质量的持续改进。

（2）推进培训工作常态化，确保员工素质的全方位提升

适宜有效的培训能够提升设计人员的专业能力和质量意识，为企业创造更高价值。一方面，应注重设计人员的专业技能培养。为保证培训效果，培训应深入浅出，形式多样。可以通过交流研讨、案例分析、培训讲座等形式营造学习氛围，提升员工的业务水平和设计经验。另一方面，应重视企业制度和体系文件的普及教育。为适应外部环境变化和企业运营需要，企业制度和体系需要不断更新调整。统一的培训能够从源头保证工作流程标准化，从而提高工作效率和设计质量。

（3）完善企业管理制度，简化设计工作流程

适宜的制度是企业运行的有力支撑，能够提高企业管理效率和发展速度。管理部门应定期收集员工反馈意见，根据企业运行过程中暴露的问题对制度和流程进行优化梳理。例如对于先发图后会审的现象，应充分发挥质量部门的监督作用，并建立相应的考核机制，确保设计过程符合程序文件规定，针对审核人责任分散的问题，可以通过减少审核层级，或重新明确各级审核人的分工和权责，来避免工作内容和权责的交叉。需要注意的是，搭建体系的同时应注重资源配套。

例如，某设计单位的设计变更未与原图共同归档，导致设计人员在参考图纸时无法获得准确的设计输入资料，设计成品错误重复率居高不下。通过了解得知该设计单位设计变更未归档的原因是档案室缺乏空间。企业应在完善制度的同时，及时增加档案柜数量或扩充档案室有效容积，制度建设不应停留在文件层面，还要通过提供资源和考核机制加以完善，有效的管理制度能够从根源解决设计工作中的矛盾，对减少设计变更的意义是深远而持续的。

（4）提升企业管理水平，推进质量监督管理

为适应市场需要，设计单位的主营业务逐渐从单一的工程设计扩大为涵盖从工程咨询到售后服务的全流程服务。在这种形势下，如何及时转变管理思路，提升管理水平，是企业亟须解决的问题。首先，应建立激励机制，鼓励管理人员通过继续教育、考取资格证书等渠道自修管理学理论知识，提升管理意识。其次，企业应通过建立管理创新小组，组织交流研讨会等方式促进管理人员定期交流总结，分享管理经验，提升管理能力。最后，应妥善协调部门领导和设计经理之间的关系，明确职责分工，避免“多头”管理对设计工作造成的负面影响。

同时，应充分发挥质量部门的作用。一方面，质量部门能够指导设计部门梳理工作流程，提高质量管理水平。另一方面，质量部门可以督促设计部门严谨制图，确保设计变更处于可控水平。需要注意的是，质量部门应保持一定的独立性，这不仅能够保证质量工作公正客观，更避免了设计部门对于质量部门的过度依赖。

5. 变更控制原则、内容

（1）变更控制原则

设计变更无论是由哪方提出，均应由监理单位会同建设单位、设计单位、施工单位协商，经过确认后由设计单位发出相应图纸或说明，并由监理工程师办理签发手续，下发到有关部门付诸实施。变更控制原则如表 5-3 所示。

变更控制原则 **表 5-3**

原则	内容
符合国家规范	设计变更应是对原设计中不满足国家规范、法规的部分进行变更，使之满足国家相关规范、法规
保证使用功能	设计变更应是对原设计中不合理的部分进行变更，变更后应比原设计更合理、更满足使用功能
降低建造成本	在不影响使用功能、满足国家规范的前提下，变更方案应更加节约成本
保证建造工期	在不影响使用功能、满足国家规范的前提下，变更方案应更缩短施工周期

（2）变更内容

1）原设计中不符合国家规范、法规的内容；

2）原设计中某些施工工艺做法现场难以实现、改进后更加合理的内容；

3）原设计中某些功能要求不能达到或违背销售承诺而需要进行改进的内容；

4）原设计中存在的遗漏、缺陷等内容；

5）由于某种需要公司提出的对原设计的更改内容；

6）客户提出的变更。

6. 设计变更的结算

设计变更的结算与设计变更的责任者密切相关。针对设计变更发生的不同原因、梳理设计变更的责任范围和大小以及相关的处理方法，是设计变更结算的主要依据。

（1）设计变更的实施结算

设计变更的发生时间是进行何种结算的重要依据。针对项目过程中发生的设计变更，必须明确设计变更发生的项目阶段。发生于项目现场实施前的变更只需要对图纸修改工作做出补偿；但对于发生在项目已经现场实施完后的修改，不仅要对图纸进行补偿，还要对现场实施进行补偿。

项目设计管理者必须对设计变更的内容和范围进行认真评估。设计变更实施后，应注意以下两点：

1）本变更是否已全部实施，若在设计图已经实施后，才发生变更，则应注意涉及按原图施工的人工材料费及拆除费。若原设计图没有实施，则要扣除变更前部分内容的费用。若发生拆除，已拆除的材料、设备或已经加工好但未安装的成品、半成品均由监理人员负责组织建设单位回收，调减或取消项目也要签署设计变更，以便在结算时扣除。

2）加强现场施工资料的收集和整理工作。施工单位在决算时需向建设单位或预算审核中心提供详尽的设计变更和现场签证的证明资料。这就要求现场施工人员必须对施工中发现的问题及时做好记录，写出详细情况，及时报送建设单位认可，作为追加合同预算的依据，保证项目获得预期效益。

（2）设计变更的责任结算

设计变更的发生是由于各种各样的原因，为了减少项目开发成本，督促项目各个参与方的工作，必须对产生设计变更的责任者做出责任结算。责任结算的对象在项目的各个阶段是不同的。

由于监督方具备相关的行政管理权，行使法律法规赋予的执法权，对于监督方提出的设计变更，投资方必须按照其要求进行修改调整，无法进行责任追究和赔偿。

对于投资方自身要求的设计变更，需要向设计者进行成本和时间补偿。

对于设计方设计变更责任，根据不同的情况需要具体分析，如果项目设计在图纸阶段，设计方通常无需进行相关赔偿；如果在现场施工阶段发现设计方的错误造成了一定的工程浪费，投资方需要向设计方进行索赔。

对于施工方引起或要求的设计变更，设计方有权要求投资方支付一定补偿费用，然后由投资方向施工方索赔。

7. 设计变更的管理对策与方法

（1）技术管理方法

加强前期研究工作，认真做好市场分析和技术准备。项目的开发建设处于变化的市场中，面临众多不确定的影响因素，只有通过多方调查和研究才能为项目发展确立明确可靠的设计计划和目标。建设单位要事先做好各种准备工作，包括地质勘察、资料数据的搜集整理等，在设计人员开始工作之前，要把完整、详细、准确的资料提供给设计单位，在设计过程中不要频繁改动自己的条件要求。

慎重选择设计单位，根据各个设计单位的基本情况，需要按照服务内容、技术能力、限时服务等来考核设计单位，不要盲目根据设计单位提供的业绩内容、人员数目、年经营收入及设计声望进行决策。根据目前的实际情况，设计单位的庞大并不代表其能为项目提供最大的技术支持，反而有可能专注于更大项目的工作，忽视公司项目的发展。

投资方应当建设高效专业的管理团队。具备专业技术背景的管理人员往往能在项目设计阶段提早发现设计缺陷和遗漏，减少后期的设计变更数量，将会节约项目设计成本，加快设计进度，提高设计质量。

做好设计与市政配套的技术协调。项目的开发建设需要与多个市政配套管理部门进行技术交流和协商，应当在项目设计前期，对以往项目经验进行梳理总结后，与市政配套管理部门进行沟通，询问当前的配套技术标准和要求，减少设计后期或者现场施工时市政配套管理部门提出新的要求和目标。

重视设计方案和初步设计平衡。项目的开发建设不仅需要考虑宏观技术经济指标，还要重视技术的可实现性和实现成本的多少，所以在方案设计阶段需要平衡项目后期技术深化的要求，避免设计早期追求功能复杂、规模宏大、空间气派的表观主义的做法，使得在后期技术实现时成本剧增，无法实现而进行设计变更。

加强设计流程管理，减少不必要的设计变更。公司的设计变更流程显得较为单薄，缺乏职能部门的监管，使得设计变更的实施和检验处于失控状态，为此需要在设计变更管理流程中增加监管和检验程序，以确定设计变更实施的合理性和有效性。

设计变更有其特定的法定程序。也就是说，建设单位、施工单位、监理单位不得随便修改建设工程的设计文件，如确需修改的应由建设工程设计单位修改。这种法定程序的确定是与设计单位的法定责任相联系的。根据《中华人民共和国建筑法》《建设工程勘察设计管理条例》《建设工程质量管理条例》《中华人民共和国注册建筑师条例》等法律、法规规定，建设工程设计单位必须依法进行建设工程设计，严格执行工程建设强制性标准，并对建设工程设计的质量负责。

（2）信息管理方法

建立信息化平台，加强内部信息沟通。公司各个职能部门需要就项目的开发进度建立信息沟通机制，及时将各个部门的项目信息进行通报和协商。如设计管理部通报设计进度、设计变化和设计安排；工程管理部通报现场施工准备、机械设备安装、建筑材料订货时间；合约部通报项目目标成本、进度款项支付计划等，让各个职能部门了解项目的进度与计划。设计变更应尽量提前，变更发出得越早，对工程项目的投资和工期的影响也越小。如在设计阶段变更，则只需修改图纸，其他费用尚未发生，损失有限；如在设备采购阶段变更，不仅需要修改图纸，而且设备、材料还需重新采购；若在施工阶段变更，除上述费用外，已施工的工程还须拆除，势必造成重大变更损失。

制定和完善专业设计沟通协调机制，加强设计过程中的沟通。设计管理者需要定期对设计方的工作内容、工作进度和工作质量进行检查和分析，及时将问题提交公司进行决策，便于设计方顺利开展工作，按时完成设计工作。设计变更的内容应全面考虑，若涉及多个专业，设计同施工单位的各专业技术人员应及时协调处理，以免出现设计变更虽弥补了本专业的不足，却又造成其他专业的缺陷，尤其是设备专业的各种预埋件、预留洞的技术要求一定要及时反馈给土建专业；同样，土建专业的建筑平面功能发生的变更也应及时告知设备专业以做配合调整。

建立设计信息岗位责任。设计管理者应当及时将项目设计的相关信息进行整理保存和分析，提供给公司各个职能部门进行对比研究，使得其他部门能够根据设计进度安排部门的工作计划。工程设计变更（也称设计修改）在一些大型、复杂工程以及设计质量不高的工程建设过程中经常出现，涉及很多工序和专业的图纸，繁杂零散，管理难度大。设计变更档案和原设计文件具有同等效力，并与其组成一个完整的工程设计，管理好工程设计变更档案对建设单位和设计单位都十分重要。

（3）合同管理方法

完善设计合同内容，事先约定设计变更的处理方法。加强设计合同的起草和制定工作，由设计管理部与合约部共同协商合同的具体条款，降低设计变更的成本，加快设计进度，设立设计缺陷或遗漏的赔偿条款，督促设计方积极进行设计工作。同时也可设立对设计方奖励机制，鼓励其高效保质地完成设计工作。

严格进行设计合同交底。在签订设计合同后，合约部应当及时将相关信息通报各个职能部门，使得项目管理者熟知合同条款和注意事项，避免将来过多或无谓的索赔。

建立合同实施保障体系。相关职能部门应当及时根据合同要求提供应付费用和技术标准，减少设计方使用时的失误和拖延。

推行限额设计。通过对多年项目开发成本的研究总结，对于今后项目的目标成本提出计划，避免项目成本的过度支出，无法控制。能量化的指标一般给出技术指标或经济指标；不能量化的，给出定性描述，对主要的材料设备选型给出成本控制建议；对其中影响成本较大或容易造成成本流失的关键点作为设计阶段成本控制的重点。

（4）责任管理方法

严格执行法律法规，符合基本建设程序。项目的开发建设应当符合法律法规的基本要求，过快过早地跨过相关程序，都将给项目的设计变更带来重大影响。

完善设计变更的程序及责任者。制定完整明确的设计变更工作责任图，使得各个职能部门明确工作内容与职责，积极推动项目开发建设顺利进行。

建立项目参与者的奖惩机制。为了更好地积极鼓励按时高质完成项目任务的参与者，应当建立经济激励和惩罚措施，使外部经济驱动转化为内部责任驱动。对于施工过程中因设计问题引起的设计变更，要追究设计方的责任，操作上可以设一个限值（如 10 万元），如因设计原因引起的变更每超过 10 万元，则应扣除设计费固定部分的 1%，考虑到设计变更不可避免，10 万元以下部分可以不考虑设计方的赔偿责任，最大的赔偿金额也不超过设计费固定部分的 10%。这样，迫使设计方重视施工阶段设计变更的时效性和经济性。由设计方的错误或缺陷造成的变更费用以及采取的补救措施，如返修、加固、拆除所发生的费用，由监理单位协助业主与设计方是否索赔。

复习思考题

一、单选题

1. 针对建筑工程项目设计范围和时间的要求，确定项目进度、设计及验证人员、设计评审与验证等活动的安排，各专业负责人应根据项目特点，编写设计原则、技术措施、质量目标是设计流程的（　　）。

A. 设计前期阶段　　B. 方案设计阶段

C. 初步设计阶段　　D. 施工图设计阶段

2. （　　）是设计组织的细胞。

A. 设计者　　B. 设计结构

C. 设计目标　　D. 设计技术

3. 将类似或相关的专门人才集结于同一部门，发挥专业分工的效果，是设计组织结构分类中的（　　）。

A. 以产品分类　　B. 以职能分类

C. 以专案分类　　D. 以矩阵分类

4．（　　）是将复杂问题中的各因素通过划分相互联系的有序层次，使之条理化，然后根据某些判断准则，就某一层次元素的相对重要性赋予定量化的度量，其后依据数学法推算出各个元素的相对重要性权值和排序，最后对结果进行分析、调整。

A. 目标规划法　　B. 层次分析法

C. 模糊数学综合评价法　　D. 灰色理论分析法

5. 为了更好地积极鼓励按时、高质完成项目任务的参与者，应当建立经济激励和惩罚措施，使外部经济驱动转化为内部责任驱动。这是属于设计变更方法中的（　　）。

A. 技术管理方法　　B. 信息管理方法

C. 责任管理方法　　D. 合同管理方法

二、多选题

1. EPC工程总承包项目设计管理是一个贯穿整个项目管理始终的工作，它具有的特点是（　　）。

A. 客观性　　B. 动态性

C. 均衡性　　D. 周密性

2. 设计组织结构的特征有（　　）。

A. “以人为本”的方式　　B. 机械式

C. 随机式　　D. 有机式

3. 评价指标体系建立的基本方法有（　　）。

A. 个人判断法　　B. 专家会议法

C. 德尔菲法　　D. 头脑风暴法

4. 设计变更的分类可以按照（　　）进行分类。

A. 随机性　　B. 涉及专业

C. 提出时间　　D. 责任者

5. 设计变更无论是由哪方提出，均应由监理单位会同建设单位、设计单位、施工单位协商，经过确认后由设计单位发出相应图纸或说明，并由监理工程师办理签发手续，下发到有关部门付诸实施。变更控制的原则是（　　）。

A. 符合国家规范　　B. 保证使用功能

C. 降低建造成本　　D. 保证建造工期

三、简答题

1. 请对我国EPC工程总承包模式设计管理存在的问题进行分析。

2. 请简述建筑设计过程的流程。

3. 请对如何采用切实有效的组织结构形式进行分析。

4. 请简述EPC工程总承包项目设计方案比选评价指标体系建立的原则和方法。

5. 请对设计变更的原因进行分析。

第 6 章　EPC 工程总承包优化设计工作管理

本章学习目标

本章是全书重点章节，通过本章的学习，学生需要掌握 EPC 工程总承包优化设计的相关工作，通过实例理解掌握各专业优化服务的相关措施与优化建议。

重点掌握：EPC 工程总承包项目优化设计相关措施以及质量管理的优化建议。

一般掌握：EPC 工程总承包项目优化设计的流程。

本章学习导航

学习导航如图 6-1 所示。

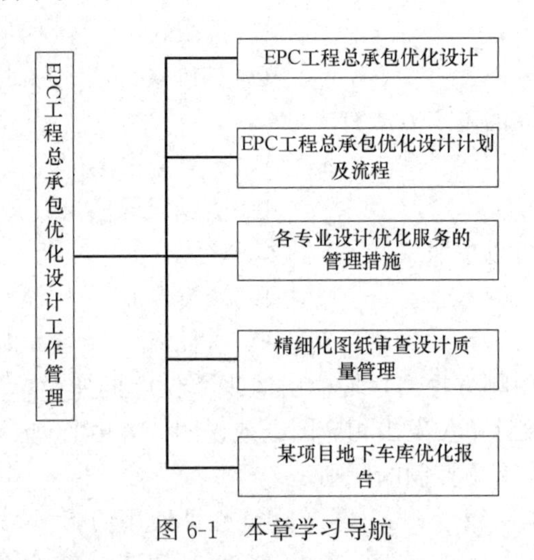

图 6-1　本章学习导航

6.1　EPC 工程总承包优化设计

1. 优化设计的概念

优化设计是指从多种方案中选择最佳方案的设计方法。对于工程优化设计，是指在满足业主功能需求及工程进度、质量、成本控制目标的前提下，通过优化设计方案的评选，确定最终用以工程施工的设计方案。

传统的建筑设计方法是先根据经验判断给出或假定一个设计方案和做法，用必要的工程方法进行分析，以检验是否满足功能和规范等方面的要求，若符合要求，则为可用方案。在设计流程中主要设置了方案审核审定的环节，也是在合理性和合规性方面进行把关，其中，更注重合规性。根据 EPC 工程总承包项目设计的基本特点，项目设计人员不仅要考虑项目的质量，还要考虑工期和成本，优化设计也就成为必不可少的过程。

2. 优化设计在EPC工程总承包项目中的引领作用

项目管理实践表明，设计费在EPC工程总承包项目中所占比例通常在5%以内，而其中60%～70%的工程费是由设计所确定的工程量消耗的，可见优化设计对整个项目成本控制的重要性。为了维护双方的利益，对业主而言，这里强调的是总承包商为了获取更高的利润，往往会选择在施工阶段进行大量的优化设计，使其作为降本增效、提高利润的有效措施。

(1) 优化设计的“龙头”作用

在EPC工程总承包项目中，设计对整个项目的介入是最早的，对其影响也最大。EPC工程总承包项目的运行特点是总承包商同时负责设计、采购和施工，而设计作为EPC工程总承包项目的第一阶段，最早接触项目的技术资料，对后续的建设阶段具有重大影响。设计阶段，总承包商需要和业主就承包项目的基础资料、建设理念以及技术进行沟通交流，这不仅关系到项目的后续建设，也可以使业主对总承包商的总体技术能力和技术水平进行更加深刻的了解，从而有利于后续工作的开展。除此之外，设计方案的优化还可以对工程的进度、成本进行控制，使效益得到保障。在建设项目正式展开之后，EPC工程总承包商的工作中心就要围绕设计进行。前期勘测要确定项目的总平面图及施工图纸，保证总平面图、结构和设备完美配合，从而保障项目的进度要求。同时，总承包商要及时发出设计文件，尤其是在对设计图纸进行优化后，要使后续阶段的工作人员准时收到正确的方案，保证采购和施工阶段的正常运行，从而保障工程进度。

(2) 优化设计在采购中的引领作用

在整个项目建设过程中，采购起着承上启下的关键作用，其不仅影响着整个工程的进度，也影响着项目的经济效益。鉴于此，设计工作人员在做好本职设计工作的同时，还要积极配合采购人员完成采购工作。在对设备进行采购时，要将设计方案作为采购设备性能指标和技术参考的依据，严格按照设计方案进行购买。若遇到相互矛盾、不可调和的问题，要及时与设计人员沟通，设计人员在收到反馈问题时，要及时根据现存情况对设计方案进行优化，使方案在符合合同约定的条件下与采购阶段实现无缝衔接，保证项目的质量及进度。总而言之，设计对采购阶段的影响巨大，采购人员要根据设计方案进行采购。设计和采购关系紧密，二者要相互配合，这样才能满足业主要求，且保质保量、按时完成工程项目建设。

(3) 优化设计在施工中的引领作用

在施工过程中，设计人员要根据施工人员依据施工方案提出的合理建议，对设计方案进行进一步优化，同时针对施工过程中出现的问题，向施工人员提出意见与建议，使工程建设项目在满足设计方案与施工方案要求的同时，按时顺利完成。除此之外，设计人员要和施工管理人员及时就设计方案进行沟通交流，对于修改的设计方案要及时交底，从而保证现场问题解决的及时性与准确性，进一步提高施工效率、降低施工成本。另外，对于引进的先进软件技术，设计人员要对其进行跟踪，看其是否能和施工软件相互兼容与配合。若出现问题，要及时进行改进，使设计与施工有机结合，将设计文件转化为生产力，保证工程质量和工作效率。

6.2 EPC工程总承包优化设计计划及流程

1. 优化设计工作计划

表6-1列举了某一优化设计工作计划示例。

优化设计工作计划 **表6-1**

设计优化阶段	序号	设计优化流程	时间
规划设计阶段	1	对设计单位提供的规划总平面图方案及前期资料进行初步评估，对业主品质及特殊要求进行了解	2天
	2	对总平面图方案按照业主要求方向进行优化，并调整出新一版的方案图纸反馈给业主进行审核	3天
	3	将与业主沟通后的优化思路反馈给设计单位，并提出优化意见与设计单位沟通落实	5天
	4	最终确定规划方案，并协助设计单位进行审核	3天
	5	编写前期规划设计方案优化报告反馈给业主	报审通过后3天
建筑方案设计阶段	1	对建筑车库及单体方案进行优化评审	收到建筑方案及前期资料7天
	2	对车库方案进行多方案分析，对车库的结构方案进行分析，所有设备用房及管井平面布置及尺寸设计优化	
	3	对建筑单体及户型优化方案按照业主评审意见进行优化，并调整出新一版的方案图纸反馈给业主进行审核	
	4	对影响项目结构的各种因素（地勘中抗浮水位、地基承载力、安评报告中的地震动参数、地下架空层、覆土厚度等），对影响项目车库的各种因素（行车流线、柱网、层高、设备、边坡支护、人防等）进行技术经济分析，并与业主积极主动地进行沟通，解决和落实	
	5	对机电设备的系统方案，设备管井，设备房的位置面积等进行分析优化，并与业主积极主动地进行沟通、解决和落实	
	6	将与业主沟通后的优化思路反馈给设计单位，并提出优化意见与设计单位沟通落实	与设计单位同步进行
	7	最终确定车库方案及结构方案（结构体系、车库顶底板方案、基础方案等），并协助设计单位进行审核	与设计单位同步进行
	8	编写建筑、结构、设备设计方案优化报告反馈给业主	3天
扩初设计阶段	1	根据建筑模型及业主的要求编写扩初设计优化进度安排	与设计单位同步进行
	2	根据建筑方案以及业主的要求编写设计技术措施	
	3	基础选型分析报告	
	4	地下室底板技术经济分析报告	
	5	地下室顶板技术经济分析报告	
	6	结构转换层技术经济分析报告	
	7	其他项目需要及业主的结构选型分析	
	8	设计技术措施以及建筑、结构、机电各种经济分析报告的落实情况	
	9	各类设备及机电等的选型、计算、布置等方案对比分析	
	10	检查复核设计单位提供的项目地上各部分扩初计算过程文件，并提出优化意见与设计单位沟通落实	
	11	检查复核设计单位提供的项目地下室扩初计算过程文件，并提出优化意见与设计单位沟通落实	

续表

设计优化阶段	序号	设计优化流程	时间
扩初设计阶段	12	扩初结构计算设计优化意见落实情况	与设计单位同步进行
	13	检查设计单位提供的扩初过程图纸，并提出优化意见与设计单位沟通落实	
	14	扩初施工图设计优化落实情况反馈	
施工图设计阶段	1	根据建筑规模及业主要求编写施工图设计优化进度安排	与设计单位进度一致
	2	根据扩初图纸及业主要求编写施工图设计技术措施	
	3	编写项目各部分配筋原则和制图标准	
	4	施工图技术措施以及配筋原则的落实情况	
	5	地上各部分建筑、结构、机电的计算审核，并提出优化意见与设计单位沟通落实	
	6	地下室部分建筑、结构、机电计算审核，并提出优化意见与设计单位沟通落实	
	7	车库部分建筑施工图审核，复核面积及车位，并提出优化意见与设计单位沟通落实	
	8	人防顶板、口部、人防底板等人防各部分建筑、结构、机电计算审核，并提出优化意见与设计单位沟通落实	
	9	项目各部分建筑、结构、机电设计优化的落实情况	
	10	编写结构计算阶段的汇报资料，并按照公司制度向业主进行汇报	
	11	检查复核设计单位提供的墙柱等竖向构件布置与结构计算书以及建筑是否一致，机电是否满足规范要求及设计要求，并提出优化意见与设计单位沟通落实	
	12	检查复核设计单位的桩基过程文件是否满足结构计算要求，并提出优化意见	
	13	桩基础部分设计优化的落实情况	
	14	检查复核设计单位提供的地上各部分结构平面布置图、设备图纸与建筑要求是否一致，并提出优化意见与设计单位沟通落实	
	15	检查复核后的结构布置向业主汇报，特别是架空层剪力墙布置、客厅与餐厅之间的梁板布置、商业部分墙柱布置以及业主的特殊要求之处，并得到业主的认可和确认	
	16	检查复核设计单位提供的框支柱、框架柱、异形柱、剪力墙暗柱以及剪力墙体等竖向构件的配筋，并提出优化意见	
	17	检查复核设计单位提供的梁配筋(包括标准层梁、框支梁、地下室梁等结构梁部分)，并提出优化意见与设计单位落实	
	18	检查复核设计单位提供的板配筋(包括标准层板、转换层板、地下室板等结构板部分)，并提出优化意见与设计单位落实	
	19	检查复核设计单位提供的地下室底板部分的配筋(包括底板、承台、地梁、外墙等土建板)，并提出优化意见	
	20	检查复核设计单位提供的人防口部、人防顶板梁板、人防底板等人防各部分结构计算审核，并提出优化意见与设计单位落实	
	21	检查复核设计单位提供的楼梯、节点、屋架、水箱等附属构件的计算和配筋结果，并提出优化意见与设计单位落实	
	22	复核设计单位对各机电系统基本要求的详细计算，包括用电量、水量、空调冷负荷、机电空间、机电管线所占空间、机电系统路径。根据实际情况，设计单位及业主应向供电局、水务局等市政单位修正所需的市政用量	
	23	复核机电设计的合理性以确保满足国家相关规范要求。协助业主落实各机电系统专业的设计意向，取得业主的认可。审查设计绘制的施工图，复核机电设备房及管井大小、机电层高、预留的管线以及机电设备荷载对结构的影响。从施工、成本角度复核机电施工图，提出审查及优化意见并协助落实到施工图纸	

续表

设计优化阶段	序号	设计优化流程	时间
施工图设计阶段	24	与设计单位同步对施工图进行校审，核对之前提供的优化意见是否全部落实到施工图中，并提出优化意见与设计单位落实	与设计单位进度一致
	25	建筑、结构、机电施工图质量是否达到业主报建、算量和施工的要求，并向业主及公司及时书面或邮件通报	
	26	建筑、结构、机电施工图各部分设计优化落实情况，各部分结果达到设计优化要求	
	27	在设计单位按优化建议修改完成图纸后，审核修改完成的图纸，并协助业主进行出图和完成报审	
	28	编写施工图阶段的汇报资料，并按照公司汇报制度向业主进行汇报	

2. 优化工作标准流程

所有优化意见及成果，均需要经过三级审核，确保没有任何问题才能发放给业主和设计单位，保证提出的优化意见的准确性，具体举例如表 6-2 所示。

优化工作标准流程 表 6-2

复核级别	责任人	流程内容	执行时间	达标标准	成果文件
一级复核	项目负责人	项目评审	二级复核前	项目评审资料齐全，项目评审会议纪要及成果满足要求	项目评审表
		按照优化控制表中的所有成果全面检查		根据优化流程及审图要点进行全面检查	评审要点文件、优化控制表
		汇报 PPT		PPT 组成齐全，规范检查，资料规范整理	
		优化报告		优化工作报告，优化成果达到最初制定的目标要求	
		移交图纸算量		图纸齐全，图纸优化内容交底	
		移交算量成果		图纸是否齐全，量、价等表达形式是否符合业主要求，实现取费、价目表等基本内容 100%正确	
		结算申请报告		实现汇总金额 100%正确，报告组成齐全，报告规范性检查，资料规范性整理	
		收费标准	接手项目至项目完成	根据项目情况、项目节点整理收费标准	
		履行三级复核流程	配合三级复核进行调整	电子版、纸质版资料准备齐全，报二级复核	三级复核质量控制流程单
		存档	出具报告即可存档	根据档案管理要求，在规定时间内提交合格的电子版文件	档案
二级复核	总工程师	项目评审	提报三级复核前	对评审目标进行审核	项目评审表
		按照优化控制表中的所有成果全面检查		优化成果全面复核	审图要点，优化控制表
		汇报 PPT		PPT 全面复核，包括优化成果体现及美观度	

续表

复核级别	责任人	流程内容	执行时间	达标标准	成果文件
二级复核	总工程师	优化报告	提报三级复核前	优化工作总结，优化成果达到最初制定的目标要求	
		移交图纸算量		对移交内容和交底内容进行复核	
		算量结果		检查量、价、表现形式是否符合客户要求	
		预汇报		全面演示汇报过程，过程中进行指导修订	
		结算申请报告		实现汇总金额100%正确，对汇报内容、报告规范性复核，对资料规范性复核	结算申请报告
		收费策略	项目接手到完成全过程	复核收费策略是否可行	
		档案检查	一级复核提报后	根据档案管理要求，进行初步检查	档案
三级复核	市场经理	签发复核	二级复核完毕	根据档案管理要求，进行初步检查	三级复核质量控制流程单
		收费策略	项目接手到完成	根据客户要求，进行签发复核	

6.3 各专业设计优化服务的管理措施

1. 总图设计优化实施方案及工程造价控制措施

总图定位具有极高附加值与技术创意含量，甚至关系着项目成败。往往需要比较多个总图的经济效益，不同方案的盈利能力往往相差巨大。

(1) 提取信息点

根据业主提供的地形图、设计任务书、设计方案以及现场踏勘等形式，掌握以下信息资料：

1) 项目场地地形地物竖向标高、水体、山体、文物保护要求；

2) 周边市政道路及场地规划道路走向及标高；

3) 给水、排水、电力、燃气、供暖、通信市政接口位置、高程、流量、压力等指标；

4) 地域气候气象及地质水文资料；

5) 规划方案（设计理念、功能分区、规模层数、空间形态、出入口、地下空间规模强度、配套设施、安全、交通、消防、物流、环保、绿化景观等）；

6) 是否有绿建预评估报告（申报评级、绿建策略、申报流程）；

7) 业主设计意图。

(2) 优化重点方向

根据以上信息，依据有关规范，做出以下优化重点方向：

1) 合理选择与城市市政道路的接口位置，减少道路长度和降低道路投资；

2) 合理选择消防道路路径，减少地库因消防车荷载造成的结构造价增量；

3) 场地土石方填、挖方量的合理的经济平衡；

4）减少雨污水主干管的长度和降低管道投资；

5）合理选择消防水池、换热站、变配电室位置、数量，减少干线投资；

6）合理选择挡土墙边坡形式，降低场地挡土墙和边坡高度和长度，减少挡土墙和边坡的工程量；

7）根据规划理念及周边地形，特别是山体的影响，合理调整竖向设计；

8）合理选择地库出入口标高、位置、方向；

9）合理设置中水处理站、雨水利用蓄水池、地源热能利用机房、光伏电站等绿建设施，景观水体与雨水蓄水的合理互补；

10）资源利用最大化。将景观、朝向、间距、商业界面等资源用足，同时也把道路、噪声、空气和视觉污染等不利因素最小化。特别是应充分利用山体对场地的影响，合理营造微气候。

（3）优化对策

依据项目场地地形地物、地域气候及地质、水文等条件对总图规划初步设计方案进行综合分析，提出优化意见。其主要内容有：建筑物布置，道路设计，排水设计及相关挡土墙和边坡以及土石方填挖量经济性平衡和土石方量的总体调配等。具体如下：

1）总平面设计

建筑物布置与景观水体设计、道路、排洪沟及挡土墙、陡坎、边坡的平面关系优化，以确保总平面布置协调、合理、可行及成本最优。

2）道路设计

① 结合前期分析及方案设计思路和景观设计等，确定主、次干道设计基本参数：横断面形式，最大坡度及对应的限制坡长，缓和坡段最大坡度及其最小坡长，最小曲线半径及对应的坡度等。

② 道路平面走线优化调整：依据项目地形分析、道路串联的各地块的分析及其相关边坡挡墙等对规划设计的道路平面线型设计进行审核和优化，使整个项目做到成本最优化。

③ 道路竖向设计优化调整：对道路所在位置的地形分析，按照对应的道路设计参数，结合道路相邻的地块、其需提供出入口的地块的现状地形分析及地块内平面布置和竖向设计分析（主要是需处理的高差分析对应的土方量及挡墙高度），并考虑到雨污水管线的设计对道路竖向设计进行优化调整，以确保道路及其串联的各建设地块的土方量及挡土墙的投资最优化。

④ 结合项目分期开发情况，对各级道路进行优化设计，确保各组团道路自成系统，相互干扰最少，且道路长度最短；并保证后期开发交通便利，对前期已建影响最小。

3）竖向设计

依据道路设计、景观规划，进行场地竖向布置，合理确定建（构）筑物的高程，优化场地排水方案。应特别关注山体对本场地的影响，避免泥石流、滑坡等灾害。

4）雨污水主干管设计

① 依据市政条件及地形分析等明确雨污水主干管走向；

② 结合道路设计，确保雨污水均能达到重力自排；

③ 在满足设计要求的前提下保证管线线路最短，各类井数目最少，埋深最浅，实现

管线敷设成本最优化。

5）项目填挖方量的计算及其费用估算

6）项目挡土墙及边坡的统计及其费用估算

① 结合现状地形，通过对建筑物及道路的平面和竖向设计的调整，在确保总平面布置合理的前提下，保证项目挡土墙及边坡长度和高度降至最低，以保障项目安全性、经济性及工期最短。

② 结合项目产生的土方量情况及景观设计，尽可能在景观用地范围解决高差，并采用景观放坡手段处理高差。

③ 尽可能利用现状边坡及挡土墙进行高差处理。

④ 尽量避免填方挡墙出现，结合景观设计采用填方放坡处理。尽可能控制挡墙高度不超过 5m；控制挡土墙及边坡与建筑物的间距及与雨污水主干管的关系。

2. 地下车库建筑综合方案设计优化实施方案及工程造价控制措施

（1）提取信息点

根据规划方案及设计任务书、当地城市规划管理技术规定等，掌握以下信息资料：

1）车位指标；

2）车辆标准；

3）停车方式（平层与机械停车）；

4）覆土标准；

5）找坡方式；

6）设备用房；

7）停车外其他功能。

（2）优化重点方向

根据以上信息，依据有关规范，做出以下优化重点方向：

1）合理控制土方成本（开挖形式、面积深度、竖向标高）；

2）合理选择基坑支护方式（地勘资料、面积深度、外轮廓线）；

3）合理选择基础形式（地质条件、基础选型、结构选型）；

4）地库布置（建筑面积、车位数量、设备机房、其他功能）；

5）人防设防（等级、面积、分布、出口）；

6）土建部分（车库柱网、车库层高、覆土管线、设备安装、结构选型、材料构造）；

7）设备部分（合理布置设备用房及管井，优化尺寸、断面、位置、构造）。

（3）优化对策

在方案设计阶段，在对影响地下室成本因素的各个方面进行多方案分析对比，确定合理经济的定案，最终在前期形成地下室设计图纸，达到初步设计深度，保证在前期阶段的地下室开挖范围及深度均达到合理经济。总承包商提供设计优化对策服务内容包括但不限于：

1）根据项目地上建筑的规划布置，对项目地下室进行多方案的对比分析。例如对车库和塔楼连成整体还是断开、人防区域的位置在哪比较合适、楼间距多少比较合适等问题进行分析。

2）根据多方案分析确定的地下室方案对地下室的停车效率进行深入分析。例如对地下室的柱网尺寸、行车流线、出入口的位置、坡道的位置等问题进行分析。

3）与机电专业沟通分析确定项目地下室设备用房位置和面积。

4）与结构专业沟通分析确定项目地下室结构尺寸和柱网。

5）与结构、机电专业沟通分析确定项目地下室层高。

6）与结构、机电专业沟通分析确定项目地下室覆土厚度。

7）综合项目情况确定项目地下室地面构造做法。

具体操作流程如下：

1）项目资料提供，规划方案时介入（业主提供相关资料，总平面及地下室图纸）。

2）全专业项目评审，提出优化思路及对策（根据优化经验及前期初步分析项目方案）。

3）地下室相关因素的分析对比（正式开始优化工作，对影响地下室成本因素的各项原因进行分析对比，确定地下室方向及原则）。

4）根据相关分析初步确定地下室平面图，并整理初步汇报相关资料。

5）与业主进行初步汇报并展示初步成果资料。

6）根据业主的反馈意见及需求进行修改完善，达到初设深度。

7）与业主进行二次汇报及展示成果，并确定地下室定案。

8）与施工图设计单位进行设计交底（需1天，资料提前3天发送设计单位）。

9）根据反馈意见进行修改，确定地下室最终定案。

10）整理所有文件与业主进行汇报，并确定优化成果及优化报告。

11）进行过程优化所有时间节点，均可根据业主方案设计时间节点进行调整，完全确保业主项目进度。

（4）优化服务流程

1）优化理念构思及成本分析

① 地下室成本

$$W\text{(地下室总造价)}=D\text{(地下室总车位数)}\times M\text{(单车位建造成本)}$$

总车位数 D 为项目的需求值，根据项目需求可确定为定值，所以控制地下室总成本的关键就在于控制地下室单车位建造成本。

$$M\text{(单车位建造成本)}=S\text{(单车位面积)}\times A\text{(单平方米建造成本)}$$

② 优化过程中成本分析

优化过程成本分析如图6-2所示。

2）项目具体优化操作流程

项目具体优化操作流程如图6-3所示。

优化过程中通过对影响成本的因素在方案前期进行的多种综合分析对比，初步确定竖向成本因素。对地下室平面布置进行精细化调整及布置完善，确定平面停车效率，控制平面成本。通过竖向空间与平面空间的双向结合，初步确定地下室定案，做到单平方米建造成本与单车停车效率双向控制。地库优化不能一味单一地去提高停车效率而导致单平方米建造成本的增加，双重综合控制才是关键。

3. 主体结构设计优化控制措施

（1）结构实施方案及工程造价优化控制

方案阶段主要考虑各种外部条件、结构方案布置以及采取有效的技术措施等内容，对

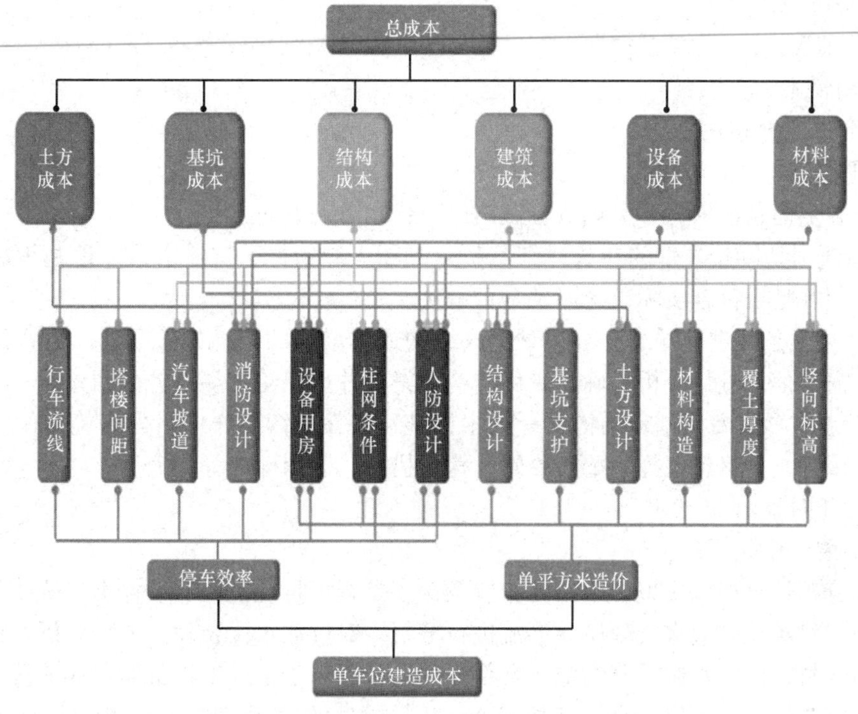

图 6-2　优化过程成本分析

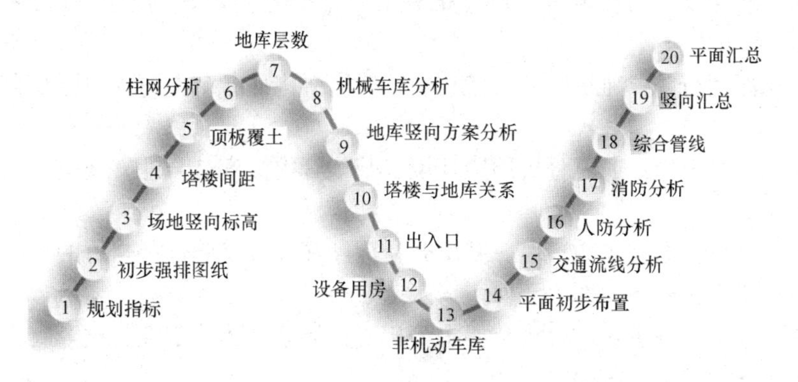

图 6-3　项目具体优化操作流程

结构造价影响较大。

1）提取信息点

根据业主提供的地勘报告、设计任务书、建筑方案图以及结构方案图，掌握以下信息资料：

① 基底土层指标；

② 抗浮水位；

③ 场地类别；

④ 地基承载力；

⑤ 建筑平面布置；

⑥ 建筑立面参数；

⑦ 结构形式；

⑧ 基础形式；

⑨ 车库顶板形式；

⑩ 标准层结构布置。

2）优化重点方向

根据以上信息，依据有关规范，做出以下优化重点方向：

① 通过对地勘报告中的参数详细分析，判断土层指标、抗浮水位、地基承载力取值和场地类别等是否符合实际情况以及是否最优。

② 对建筑条件进行详细分析，对造成结构成本增加的信息如长宽比、高宽比以及是否有转角窗等信息进行分析，确定最优结构方案，并反馈建筑部门进行调整。

③ 针对本项目专门制定结构统一技术措施，并在后续工作中贯彻实施。例如要规定结构的抗震等级、材料选择、配筋原则、构造措施、制图标准等。

3）优化对策

① 地勘优化分析

地勘分析：复核地质报告中钻孔布置及深度是否满足规范要求，各土层抗剪强度指标是否合理。对场地周边水文环境和渗流进行分析，对抗浮水位合理性进行分析，提出修改建议，降低抗浮设计水位，节约地下室部分的造价。对于基础工程量较大的项目，建议做平板载荷试验。一般可以提高地基承载力 20%左右，使工程建筑基础获得最佳的经济效益。对各土层厚度及剪切波速进行细致的核算，准确地界定其场地类别，减少不必要的浪费。

基坑开挖深度分析：通过分析建筑剖面图及结构底板布置确定基坑开挖深度是否合理。

基坑安全等级分析：通过分析周边环境、基坑开挖深度结合地方规范要求，确定各支护剖面的安全等级。

支护形式分析：结合周边环境、基坑开挖深度和地方经验选择合适的支护形式，对各种可能支护形式进行经济比选。

支护体系稳定性分析：结合规范要求分析支护体系整体稳定性、抗隆起稳定性、渗透稳定性，确定支护结构的嵌固深度。

桩基形式分析：结合地质情况及当地经验，选择适合的桩基形式，并对各种可能桩型进行经济比选。

桩基承载力分析：结合地质情况及当地经验确定适合的持力层，确定各可能桩型的承载力。

边坡、挡墙条件分析：分析挖填方类型、边坡高度、边坡上部超载、土层参数选择是否合理。

边坡、挡墙形式分析：结合土层情况、挖填方形式选择适合的支护形式，并对各可能支护形式进行经济比选。

② 建筑条件优化分析

长宽比：平面长宽比较大的建筑物，由于两个主轴方向的动力特性相差甚远，在水平力作用下，两个构件受力不均匀，造成配筋增大。

平面规则性：若平面比较规则、凹凸少则用钢量就少，建筑较节能，反之则较多，每层面积相同或相近而外墙长度越大的建筑，其用钢量也就越多。平面形状是否规则不仅决定了用钢量的多少，而且还可衡量结构抗震性能的优劣，从这点上分析得知用钢量节约的结构其抗震性能未必就低。

立面规则：根据建筑竖向体型变化情况预判其刚度突变和薄弱层带来的成本增加，在建筑方案阶段提前介入，规避成本增加的风险。

转角窗：转角窗给结构整体抗扭刚度带来不利影响，且该部位布置剪力墙时均为一字墙，其墙厚及抗震构造措施要求均比普通 L 形剪力墙更加严格。对设置转角窗的建筑在方案时期提出结构意见，规避成本增加的风险。

③ 结构各部分结构选型经济性分析

a）基础形式选型分析

塔楼基础：设计单位采用的基础形式，一般都是根据以往经验确定的，是否是最优的基础形式，需要根据地勘报告，进行多种基础形式的经济对比分析，找出最优的基础形式，节省造价。

车库底板：如果没有抗浮要求，建议底板可以采取防潮措施，底板的厚度最小可以采用 160mm，甚至只做防潮地面也可以；如果需要考虑抗浮，可针对水头进行多方案的对比分析，找出最优的方案。

b）车库顶板选型分析

不同的顶板方案，带来的地下室层高及造价会有很大的差距，应根据当地的审图要求进行地下室顶板方案的经济性能对比分析，找出最优的结构方案，节省成本。

c）地上标准层布置形式

设计单位采用的楼盖梁的布置形式，一般都是根据以往经验确定的，是否是最优方案，需要进行多种布置形式的经济对比分析，找出最优的布置形式，节省造价。例如可以对办公楼的梁的布置形式进行分析（井字梁、十字梁、单项双次梁等）。

根据项目具体情况以及综合全国各大房地产公司、各大设计单位、多年经验积累而形成项目结构统一技术措施；针对每一个项目提前指定关于本项目的统一技术措施和配筋原则，实现重复性的工作行程管控文件，通过较小的管理成本达成最大的经济效益。

（2）结构设计模型设计优化实施方案及工程造价控制措施

结构计算在结构施工图中占有很大比重，计算结构好坏直接决定结构成本，选取最合理的计算参数和指标对节约结构成本有较大作用。

1）提取信息点：

根据设计单位提供的结构计算模型，需要业主协助提供以下信息资料：

① 建筑总平面图；

② 建筑施工图；

③ 地勘报告；

④ 结构施工图；

⑤ 结构计算模型。

2）优化重点方向

根据以上信息，主要从以下方面进行优化：

① 对结构各部分进行分析，复核结构布置方式是否最优，对结构的柱子和梁、板的截面尺寸进行复核计算。

② 查看结构计算参数是否正确合理，是否具有进一步优化的可能。

3）优化对策

① 剪力墙布置

对剪力墙结构的专项分析研究，形成一套结构布置优化方法，例如尽量控制剪力墙暗柱的数量，适度加长墙，降低结构含钢量。

② 梁截面调整

根据梁的具体位置、受力情况并充分考虑楼板的有利作用，使梁的承载能力能够充分发挥，节约钢筋。

③ 板厚的优化

现有设计形式并不能充分发挥板的承载能力，板富余量较大，针对具体位置细化板厚及配筋，有效发挥其承载能力，并确保有足够的安全度。

④ 计算参数标准

利用 PKPM 和 YJK 等计算软件对计算参数进行专项分析，形成一套标准的取值。

⑤ 荷载的优化

对梁、板等荷载进行详细分析计算，确保梁、板的荷载符合实际受力情况，不随意放大或减小荷载取值。

(3) 结构施工图设计优化实施方案及工程造价控制措施

施工图阶段主要是复核各部分计算书，查看图纸是否是计算结果的真实表达。

1）提取信息点

根据业主提供的施工图，提取以下信息：

① 剪力墙配筋图；

② 柱配筋图；

③ 梁和板配筋图；

④ 结构总说明；

⑤ 基础施工图。

2）优化重点方向

根据以上信息，施工图阶段主要复核各部分配筋情况，对墙、梁、板、柱以及基础进行详细分析，做到经济合理。检查结构图中是否有漏项、错误的地方。

3）优化对策

① 提前与设计单位和业主确认各部分配筋原则

通过对设计图中每一个墙柱，每一根梁和每一块板的详细审查，进行精细化配筋，为业主节省无效成本。

② 各部分结构梁、板、墙、柱配筋的复核优化

复核设计单位提供的地上各部分结构平面布置图与结构计算书及建筑要求是否一致，审核各部分结构计算，提出优化意见与设计单位沟通落实。

③ 地下室底板、外墙、承台、地梁等配筋的复核优化

检查复核设计单位提供的地下室各部分结构配筋，并提出优化意见与设计单位落实。

④ 结构图纸中的错项和漏项检查

对设计单位的施工图进行前后对比，对建筑和结构进行对比，找出图中错误的地方和遗漏的地方。

结构优化流程如图 6-4 所示。

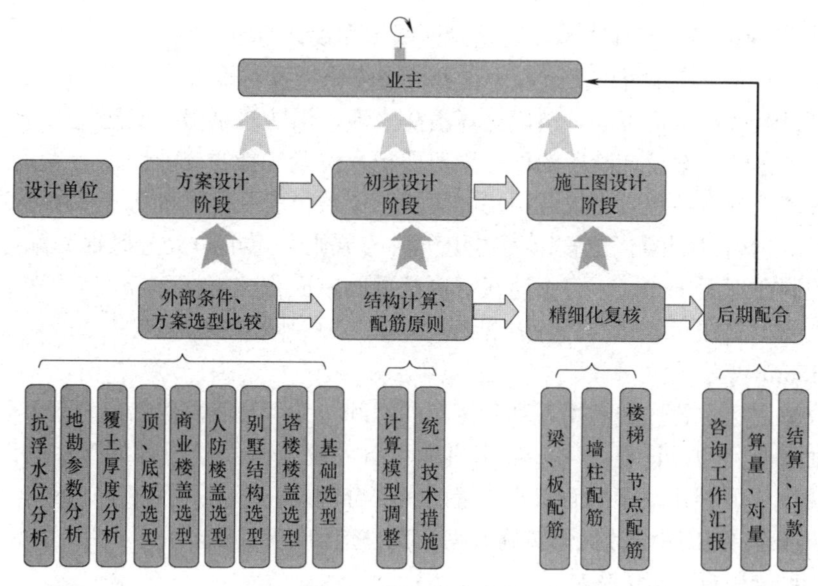

图 6-4　结构优化流程

4. 机电设备设计优化实施方案及工程造价控制措施

（1）给水排水方案优化

1）根据项目定位，对系统的安全性、舒适性、经济性等进行全方位论证，推选出最适合的系统形式；

2）及时提供对土建的需求，并对可能影响系统合理性的土建设计提出修改建议，避免在后期大量返工，如：管井的需求，对土建降板的需求，大型设备机房对层高和出入通道的需求，室外综合管线对覆土的需求等；

3）供水方案优化，根据项目产品组合，进行供水方案技术经济比选（带水箱变频加压控制系统；无负压管网直联式供水系统、市政压力直供或多方案组合等）；

4）消防系统形式优化，优化消防供水分区，稳压增压方案，喷淋形式；

5）各种给水排水管材选型优化。

（2）暖通方案优化

1）根据项目定位，对采暖空调和通风系统的安全性、舒适性、经济性等进行全方位论证，推选出最适合的系统形式；

2）复核暖通计算书，优化风机等设备选型，合理布置风机房，节约建筑面积；

3）根据项目特性，选择合理的排烟送风系统；

4）空调系统选型优化，根据实际情况测算比选集中空调方案或小中央空调方案的经济合理性；并对不同品牌、不同系统方案比选；

5）各种风管、水暖管材选型优化。

(3) 电气方案优化

1) 总机房、配电房布置，管综路由优化；

2) 单体机电用房、机电管井优化；

3) 变压器、发电机组容量优化；

4) 配电干线选型、敷设方式优化；

5) 复核设计范围及设计内容，防止设计漏项和设计重复。

(4) 设备用房、管井面积及位置优化管控措施分析及对策

根据项目经济技术指标表，精确计算消防水池、消防水泵房、变配电室等所需建筑面积，复核设计单位方案设计阶段的设备用房面积及位置选择的合理性。

地库按防火分区控制各类设备用房的面积：送风机房及排风机房各一个，单个面积控制在 15～30m^2（含风井），位置以不占用车位为原则；每个防火分区地库配电间设置一个，面积控制在不大于 6m^2，每个防火分区报警阀室面积控制在 20m^2 以内等。针对整个项目弱电机房控制在 60m^2，换热站控制在 200m^2，中水机房控制在 250m^2，高低压配电室控制在 350m^2 等。

所有设备用房位置优先利用不利于停车的空间，并保证管路路由的合理性。根据建筑单体的特征及业主的设计任务书，确定机电设备系统范围，绘制各类管井的设备布置大样，复核设计单位管井设置的面积及位置的经济合理性。

5. 机电设备施工图设计优化实施方案及工程造价控制措施

(1) 给水排水施工图优化

1) 复核设计计算书，将系统参数控制在合理范围内，并对设备及管材的规格进行优化；

2) 在满足规范和实际需求的前提下，对设备及管材的材质进行优化；

3) 对管井、机房等土建条件的位置、面积、层高进行核对，消除设计余量，节省造价；

4) 满足规范的前提下，对消防系统进行核算，消除设计余量，节省造价。

(2) 暖通施工图优化

1) 复核计算书，将系统参数控制在合理范围内，并对设备及管材的规格进行优化；

2) 在满足规范和实际需求的前提下，对设备及管材的材质进行优化；

3) 对管井、机房等土建条件的位置、面积、层高进行核对，消除设计余量，节省造价；

4) 对照各专业施工图，检查错漏碰缺及违规审核的地方；有效减少设计施工时间，缩短工期，降低成本。

(3) 电气施工图优化

1) 根据规范、当地地标或验收审查部门的意见，对系统的上下级配合、系统运行进行复核并优化超规的系统或设备，保证通过验收的前提下使系统经济合理；

2) 优化机电点位，节省成本；重要点位（强、弱电箱，灯具、插座、探测器等）布置位置进行分析优化，布置合理、节约造价；

3) 对机电设备元器件的选型，线缆的规格，管材的材质、型号和尺寸以及敷设方式等进行把控和审核；

4) 根据建筑提供的电梯参数资料，参考品牌复核电梯用电负荷容量，使开关、电缆选型更经济合理等。

(4) 机电设备选型、布置，管线综合优化措施分析及对策

根据初步设计文件及建筑图的需要，与业主及设计单位讨论主要机房布置，例如变配电房、制冷机房、柴油发电机房、消防水池、冷却塔等，磋商机电设计参数。

复核设计单位对各机电系统基本要求的详细计算，包括用电量、水量、空调冷负荷、机电空间、机电管线所占空间、机电系统路径。根据实际情况，设计单位及业主应向供电局、水务局等市政单位修正所需的市政用量。

复核机电设计的合理性以确保满足国家相关规范要求。协助业主落实各机电系统专业的设计意向，取得业主的认可。审查设计绘制的施工图，复核机电设备房及管井大小、机电层高、预留的管线以及机电设备荷载对结构的影响。从施工、成本角度复核机电施工图，提出审查及优化意见并协助落实到施工图纸。

6. 幕墙施工图设计优化实施方案及工程造价控制措施

幕墙施工图设计优化是在招标施工图设计完成后进行的设计优化，旨在通过对原设计图纸进行专业化和精细化的复核并提出优化意见，同时说服设计单位对原设计图纸进行设计修改。

1）提取信息点

根据业主提供的施工图，提取以下信息：

① 幕墙施工图（dwg 文件）；

② 幕墙结构计算书；

③ 幕墙热工节能计算书等相关资料。

2）优化重点方向

① 幕墙系统优化：对图纸中幕墙系统进行分析，对不合理、多余、高配置的节点进行优化；

② 幕墙面板进行优化：铝板的厚度、玻璃的厚度和镀膜等；

③ 幕墙龙骨截面优化：优化幕墙龙骨截面尺寸、壁厚等；

④ 幕墙配件的优化；

⑤ 加工与安装方式的优化：对节点构造进行优化，从而实现除材料成本外的加工、施工成本的减少；

⑥ 其他优化：对幕墙材料的选择、开启窗数量及构造做法、防火构造、防雷构造等进行优化。

3）优化对策

针对幕墙的施工图，建筑专业主要做以下分析：

① 建筑立面分格分析；

② 建筑窗墙比分析；

③ 立面开启面积分析；

④ 建筑立面装饰效果分析对比；

⑤ 建筑体形成本分析。

针对幕墙的施工图，结构专业主要做以下分析：

① 与幕墙支座连接的主体混凝土结构边梁分析；

② 与幕墙支座连接主体钢结构分析。

针对幕墙的施工图，幕墙专业主要做以下分析：

① 幕墙荷载分析；

② 幕墙热工分析；

③ 幕墙系统节点分析；

④ 幕墙铝型材模具分析；

⑤ 幕墙防火构造分析；

⑥ 幕墙防雷构造分析；

⑦ 幕墙面板分析；

⑧ 幕墙龙骨分析；

⑨ 幕墙钢结构分析；

⑩ 幕墙支座分析；

⑪ 幕墙埋件分析；

⑫ 幕墙施工安装及组装方式分析；

⑬ 幕墙材料分析。

幕墙优化流程：

① 根据业主提供的幕墙资料进行荷载、热工节能、结构、系统、材料、铝型材模具、埋件、板块施工、板块组装、防雷、防火、防排烟等所有会影响到幕墙成本的因素进行详细分析，根据分析结果整理出幕墙设计优化建议及相对应的造价成本经济性评估；

② 向业主提供幕墙设计优化建议书（PPT 文件，包含优化建议分项造价成本经济性评估），与业主进行充分的沟通和解释后，由总承包商整理形成正式的幕墙设计优化建议；

③ 业主组织总承包商、设计单位召开三方优化建议落实会议，由总承包商向业主宣讲双方确定的最终设计优化建议，在会上确定三方认可的幕墙设计优化建议，并由总承包商整理发放给业主与设计单位；

④ 总承包商与设计单位沟通和落实三方认可的最终幕墙设计优化建议，并监督、配合设计单位进行幕墙图纸的修改；

⑤ 设计单位按优化建议修改完成图纸后，总承包商审核修改完成的图纸，并将审核结果发送业主与设计单位，与设计单位进行充分沟通，直至设计单位完全按照优化建议修改完成幕墙图纸与幕墙计算书；

⑥ 配合业主完成优化后施工图的审图工作和最终出图工作。

7. 节能专业控制措施

建筑节能设计优化理念：节能模型决定基础能耗的大小，以节能模型为基础，对节能模型进行全方位的综合分析，考虑建筑自身的节能效应，降低建筑基础能耗。减少后续节能措施的设计需求，降低节能成本。

建筑节能结果优化服务内容：对项目建筑节能设计进行优化，包含各围护结构的保温做法，外窗型材、玻璃配置等。

建筑节能结果优化能耗控制点：建筑朝向分析；建筑体形系数分析；建筑开窗面积比分析；太阳辐射吸收系数分析；保温材料分析；墙体材料分析；外窗型材及玻璃配置分析；梁柱面积分析；节能模型分析；建筑外遮阳分析；构造方案分析；节能规范分析；节能设计软件分析；建筑外立面色彩分析；检查复核设计单位提供的过程文件。

8. 岩土工程控制措施

（1）业务内容

1）提供项目基坑支护方案对比分析并建议最优方案；

2）向业主提供基坑支护设计优化意见和造价经济评估意见，与业主进行充分的沟通和解释，汇总业主设计意见，形成最终的设计优化意见；

3）与设计单位沟通和落实项目最终基坑方案设计优化意见，并监督和检查设计单位进行相应的设计优化修改和出图工作；

4）参加基坑支护专项评审，并要求基坑设计单位根据专项评审意见进行相应的图纸修改；

5）配合业主完成优化后基坑施工图的审图工作和最终出图工作；

6）以通过审查后的施工图纸为最终优化后图纸。

（2）基坑优化要点

1）复核基坑支护方案的合理性；

2）复核基坑计算模型；

3）复核支护桩尺寸、嵌固深度、配筋；

4）复核内支撑尺寸及配筋；

5）复核冠梁尺寸及配筋；

6）复核立柱桩尺寸深度及配筋；

7）复核基坑止水帷幕设计。

（3）工作计划及流程

1）基坑支护设计优化流程

基坑支护设计优化流程如表6-3所示。

基坑支护设计优化流程 **表6-3**

设计优化阶段	序号	设计优化流程
岩土工程勘察阶段	1	检查复核设计单位提供的岩土工程勘察方案，并提出优化意见与设计单位沟通
	2	检查复核设计单位提供的岩土工程勘察报告，并提出优化意见与设计单位沟通
	3	对影响项目结构成本、安全的各种影响因素（地勘中的水位、各土层抗剪强度指标等），与业主积极主动地进行沟通、解决和落实
基坑支护设计阶段	1	根据基坑规模以及业主要求编写施工图设计优化进度安排
	2	检查复核设计单位提供的支护结构图与基坑支护计算模型是否一致，并提出优化意见与设计单位沟通
	3	检查复核设计单位提供的支护桩（地连墙）尺寸及配筋，并提出优化意见与设计单位沟通落实
	4	检查复核设计单位提供的支撑尺寸及配筋，并提出优化意见与设计单位沟通落实
	5	检查复核设计单位提供的隔（止）水或排水系统，并提出优化意见与设计单位沟通落实
	6	检查复核设计单位提供的节点等附属构件的计算和配筋结果，并提出优化意见与设计单位沟通
	7	与设计单位同步对施工图进行校审，并核对以前提供的优化意见是否都落实到施工图中，并提出优化意见与设计单位沟通
	8	基坑施工图各部分设计优化的落实情况，尺寸及配筋结果达到设计优化要求
	9	基坑施工图出图和审图配合
后期配合阶段	1	编写基坑设计优化报告
	2	与业主办理优化工作完成交接手续
	3	造价部收到最终图纸，安排进行图纸算量工作

2）优化工作计划

优化工作计划如表6-4所示。

优化工作计划　　表6-4

序号	内容	优化形式	业主提供资料	提交优化意见和时间	提交最终优化成果和时间
1	桩基	结果优化	地勘报告、计算书、桩基设计图纸、桩基布置模型	优化意见，2～5天	正式出图并提供招标单价后10天完成优化报告
2	基坑	结果优化	地勘报告、计算书、基坑支护设计图纸	优化意见，2～5天	正式出图并提供招标单价后10天完成优化报告

9. 建筑工程及内装优化设计工作计划及流程

(1) 内装方案设计工作计划及流程

地方规范深入理解（包括但不限于当地附赠面积限制、消防审批特殊要求、人防计算规则及地方性不成文规定等规范要点）。

了解地域文化特点，发掘文化亮点，锁定客户群体，了解地方生活方式，打造有地方特色适用于当地消费群体的设计作品。

进行市场调研，确定客户定位，分级定位，确定核心客户、重要客户、边缘客户。

进行周边竞品分析，确定自身设计产品的优势，提高设计产品卖点。

根据当地消防报规要求，尽可能地扩大使用面积，增加卖点。

(2) 内装施工图工作计划及流程

① 收集经业主批准的建筑、结构、设备各专业施工图文件，业主关于方案的各阶段确认文件，历次会议纪要及电函记录；

② 贯彻落实国家法律、法规，遵守科学的工作程序，确保设计文件合规；

③ 实地勘察现场，确定尺寸无误；

④ 优化方案、优化设计，确保工程结构的安全性、适用性和耐久性；

⑤ 仔细核对，熟悉建筑、结构、水电暖空调、消防等相关专业图纸，确保各专业图纸没有问题，如有问题提出解决方案建议，与各专业人员确定最终解决方案；

⑥ 施工图纸制作严格按照规范和公司统一制图标准制作，确保图纸质量；

⑦ 图纸完成与各专业进行二次沟通确保符合规范、美观及可实施性；

⑧ 图纸最终完成先进行图纸自审，再由公司审图人员组织图纸内审；

⑨ 图纸修改后再由公司内审图无误后出具蓝图；

⑩ 蓝图交由业主，参与各专业的图纸会审，解决施工方不明确或有异议的图纸问题，出具澄清说明或变更图纸，经业主审核确认后方可施工。

(3) 建筑工程工作（成本限额的理解及成本控制方式）计划及流程

① 了解成本限额，在重要区域选择档次较高材质确保设计效果，可在次要区域减少高档材料应用并对造型进行优化；

② 重要区域造价高的材料选用经济实惠又能达到同等装饰效果的材料替代以期达到成本控制；

③ 在造型设计和材料选用上尽量选择易加工、易施工、稳定性好的材料，并在材料尺寸设计上尽量根据材料出厂规格模数进行分割，避免材料浪费，提高材料利用率；

④ 根据设计产品的计划使用时间合理选择材料，确保经济实用；

⑤ 尽量采用环保可重复利用的材料，以确保施工后的空间环保质量达标。

6.4 精细化图纸审查设计质量管理

1. 建筑专业施工图质量管理及优化建议

(1) 设计说明

图纸为主要出图图幅。

建筑设计总说明中关于建筑面积的计算要精确，并随设计的加深不断核算，直至形成最终成果，建筑面积计算应严格按照国家颁发的建筑面积计算标准（若当地规划部门有面积计算规定，尚应满足地方规定）执行。

所有门窗需统一编制门窗表，进行编号并注明选料、物理性能，以保证施工备料中不发生混淆。门窗需注明开启方向，外门窗需注明解决随风摆动的方案，左右开启需注明，住宅用窗开启扇需满足擦窗需要。外窗开启扇位置考虑空调室外机安装要求。窗护栏需与门窗一起设计。门窗大样图中需明确窗台高度。

(2) 设计统一技术要求

1) 层高及标高

高层住宅标准层高 2.9m，多层住宅标准层高 2.9m；首层商业网点层高 5.6m，二层商业网点层高、地下室、半地下室按净高不低于 2.2m。综合考虑人防、设备、结构因素。

户型内各部分标高如表 6-5 所示（假设楼面装修完成面标高为 H，单位为 m）。

户型内各部分标高 **表 6-5**

部位	建筑标高（精装修完成面标高）	结构标高	备注
厅、室	H	$H-0.110$	地暖做法
厨房	$H-0.020$	$H-0.130$	地暖做法
卫生间	$H-0.020$	$H-0.110$	只做散热器，不做地暖
非封闭阳台	$H-0.050$（门口处）		阳台门不设置门槛；$H-0.030$ 时，设置门槛，门槛高度相对于室内不大于 100mm
封闭阳台	H	$H-0.110$	
露台	$H-0.050$（门口处）		露台门不设置门槛，露台标高无法满足 $H-0.050$ 时，露台门可设置门槛，但门槛高度相对于室内不大于 300mm
门厅、电梯厅	H	$H-0.110$	
楼梯间	H	$H-0.020$（高层） $H-0.040$（多层）	
室外小院	$H-0.030$		

注：当地面有找坡情况时，须在平面图纸中明确汇水点位置。

建筑面层做法表：须明确各类型做法的具体使用部位，如上人屋面、不上人屋面，须与平面图中的使用部位表示一致，形成一一对应关系。

建筑标高＝结构标高＋面层做法厚度，不得冲突矛盾。

2）墙体

① 外墙：高层中，采用同剪力墙厚度的加气混凝土砌块。

② 分户墙、内墙：采用同剪力墙厚度的加气混凝土砌块。

③ 卫生间内隔墙：100mm 厚加气混凝土砌块，精装完成面以上 200mm 高 C20 混凝土反沿。

④ 预留洞：内外墙上所有留洞均应有水平和竖向定位；墙上留洞不仅在建筑图上标注，还应在结构图中采取相应措施并注明。门窗顶须与结构梁底或过梁底取平，避免过梁漏做或过梁过小，过梁太小时需合并。

⑤ 梁、柱及内隔墙的设计定位：原则上梁宽、柱宽及剪力墙厚度与后砌墙墙体等厚，当因结构计算需要确实无法满足时，起居室与主卧室隔墙，保证起居室墙面平整；起居室与次卧室或其他辅助房间隔墙，保证起居室墙面平整；卫生间与卧室隔墙，保证卧室墙面平整；餐厅与厨房隔墙保证餐厅墙面平整。空间保持平整的优先顺序依次为：起居室→主卧→次卧→厨卫等。

⑥ 墙体保温：采用外墙外保温。门窗洞口、线脚、分层线、不同材质墙面交接处需重点处理，并附大样说明。上人屋面、需保温的地面等采用挤塑板，其他采用聚苯板。平面图纸中应体现保温线的范围，包括非采暖房间与采暖房间之间的保温线范围。

3）楼面

① 所有楼板均采用现浇楼板。

② 非封闭阳台楼面需至少低于室内楼面 30mm（建筑标高），露台楼面需至少低于室内标高 50mm（建筑标高）。需有保证阳、露台雨水不至回渗到室内的措施。

4）地面

住宅首层地面应进行防潮处理。

5）门窗

① 门洞要求（距精装修完成面）

门洞要求如表 6-6 所示。

门洞要求　　表 6-6

位置	宽(mm)	高(mm)	备注
入户	1050	2100	钢质复合防盗门
卧室	900	2100	
厨房	800	2100	最小洞口尺寸，门连窗、推拉门等可根据需要放大设置
卫生间	800	2100	最小洞口尺寸
上露台、阳台门	800	2100	最小洞口尺寸
门连窗		2100	
疏散防火门、设备间防火门	1000	2100	疏散防火门需满足消防疏散要求，设备间防火门需满足设备安装进场要求
管道井门		1800（底槛高度）	管道井洞口要满足安装、检修要求

② 门

门洞口应注意至少留出可以安装门套门垛的距离，户内门不小于 50mm，单元门、入户门、防火门不小于 100mm。

门的开启方向应满足消防疏散和使用方便的基本要求，保证正常开启（开启 90°），不与其他构件、管线、门窗开启发生碰撞。

③ 窗

窗在房间内宜居中布置，若因立面原因无法居中布置需提请业主商定；所有平开窗均采用内开窗；设计单位应复核窗地比是否满足限额指标要求；窗台低于 900mm 高时应按规范设护栏，并在平面图纸体现护栏位置，但首层窗台（室内外高差≤600mm）、窗台外为露台或平台时，可不设置护栏；建筑平面图中需体现门窗开启扇开启方向和位置，开启扇位置应按照方便空调安装和不阻碍交通流线的原则设计。

对每个外门窗均需绘制门窗大样图，并特别注意以下要求：门窗分格在同一立面上尽量统一、保证门窗通透，视角范围内减少水平分格；开启扇面积及数量应满足通风、排烟要求，开启扇宽度一般不应大于 650mm，高度不应大于 1400mm；厨房、卫生间门窗的开启扇应考虑对操作台及吊顶的影响，同时考虑开启扇执手高度的影响；门执手高度为距地 1000mm，开启扇执手高度距地不宜大于 1650mm；尽量归并相近尺寸的门窗，以减少门窗种类；平面图纸中存在保温“吃框”时，应增加窗垛或在门窗大样图中增加附框。

④ 标注尺寸

所有门窗的标注尺寸标明为洞口尺寸；门窗实际尺寸因施工误差及装修因素不在设计中标明。

⑤ 门窗名称统一命名规则

a）外门窗：门窗类型代码＋门窗洞宽度＋门窗洞高度，如表 6-7 所示。

外门窗命名规则 **表 6-7**

类型代码	C	M	ZJC	TC	TLC	TLM	MLC
门窗类型	平开窗	平开门	转角窗	飘窗	推拉窗	推拉门	门联窗

示例：TLM1822 表示洞口宽度为 1800mm，高度为 2200mm 的推拉门。

b）防火门窗：防火门窗类型代码＋防火等级（甲、乙、丙)＋门窗洞宽度＋门窗洞高度，如表 6-8 所示。

防火门窗命名规则 **表 6-8**

防火门窗类型代码	FM	GFM	GFC
防火门窗类型	木质防火门	钢质防火门	钢质防火窗

示例：GFM 丙 1218 表示洞口宽度 1200mm，高度 1800mm 的钢质丙级防火门。

c）入户门：HM＋防火等级（甲、乙)＋门洞宽度＋门洞高度。

示例：HM 甲 1021 表示入户门洞口宽度 1000mm，高度 2100mm，防火等级为甲级。

d）单元门：DYM＋门洞宽度＋门洞高度。

示例：DYM1220 表示单元门洞口宽度为 1200mm，高度为 2000mm。

e）户内门：M＋门洞宽度＋门洞高度。

示例：M0921 表示户内门门洞宽度 900mm，高度 2100mm。

f）百叶窗：BY＋洞口宽度＋洞口高度。

示例：BY0821表示百叶窗洞口宽度800mm，高度2100mm。

6）室外环境

① 散水

散水宽800mm，坡屋面根据部位单独设计，需至少大于屋檐线100mm。业主无特殊要求时，散水均采用暗散水。

② 台阶、无障碍坡道

单元入口台阶与室外地面设计高差不低于100mm；室外台阶最后一步低于室内设计地面3～5mm，并向外找1%～2%的坡；台阶及无障碍坡道位置应避免行人对首层住户造成干扰（不能对着窗户）。

7）厨房

① 设计要求

厨房布局应满足“洗—切—炒”的操作流程，功能区布置合理，工作动线顺畅、紧凑，避免工作动线交叉和相互妨碍。施工图中，厨房需布置家具、设备大样图，并保证水、电气配套设计，预留煤气立管、表等位置。厨房应考虑采暖设计。

② 厨房功能设备

a）厨房电器

冰箱：平层户型厨房冰箱位宽度不小于700mm；跃层大户型的厨房考虑设大冰箱，冰箱位宽度不小于800mm；冰箱和煤气炉不能贴临放置；冰箱位预留应注意冰箱门的开启方便。

厨房内插座（5个插座）：厨房内预留电源插座应为防潮电源插座；燃气表的正下方投影距离30cm以内不得有电器插座；插座距离燃气管道应保证有30cm以上的距离；插座的具体安装高度详见电气专业提供的设备安装要求。

b）橱柜

操作台面布置应遵循摘理、洗涤、切拌、烹饪、配餐的流线，具体要求如表6-9所示。

橱柜操作台面要求 **表6-9**

名称	功能	面宽(m)	进深(m)
准备台	摘理	0.3	0.6～0.7
水池	洗涤	0.7	0.6～0.7
调理台	切拌	0.5	0.6～0.7
灶台	烹饪	0.8	0.5～0.6
配餐台	配餐	0.3	0.3～0.7

洗菜盆及煤气炉位置需考虑两人同时操作的可能。橱柜的设计要考虑微波炉的放置。同时，要注意对水电设计的影响。橱柜宽700mm，设橱柜处的门垛最小宽度不小于750mm；吊柜宽350mm，设吊柜处的窗垛最小宽度不小于400mm；平均每户橱柜长度不小于2700mm，并不低于规范要求。

c）地漏

厨房不设地漏。

d）排烟道

油烟机排烟管应接入成品排烟道；烟道平面尺寸应参照各地标准，满足防火要求。位置应尽量靠近燃气灶；排烟口避免与排水管、燃气表冲突。排烟道洞口底标高距离装修完成面高度应明确，建议距结构板底200mm。风帽做法考虑对外立面的影响，不选用成品烟道图集做法。

8）卫生间

① 设计要求

卫生间布局中至少应包含洗手盆、坐便器、淋浴间“三大件”，一个和多个卫生间时至少有一个卫生间包含洗手盆、坐便器、淋浴间、洗衣机“四大件”，一般不设置浴缸，有特殊要求时方可设置。按布局方式，分为开放式和间隔式，原则上布局方式为开放式，有特殊要求时方可设置间隔式。

“三大件”基本的布置方法是由低到高设置。即从卫生间门口开始，最理想的是洗手台向着卫生间门，而座厕紧靠其侧，把淋浴间设置最内端。当设置“四大件”时也参考此原则。

卫生间内应避免有梁穿过，有梁穿过时应注意降板与梁的关系，设计时应考虑卫生间洁具的布置，避免洁具正下方是大梁，导致无法居中安装。

卫生间开关设在门外。预留电热器（浴霸）插座设在卫生间洗浴区附近，且应避开浴缸及淋浴位花洒。

② 设备配置要求

热水器：高层考虑电热水器，多层考虑太阳能热水器。

洗面盆：主人房洗面盆为台盆，台盆台面进深550mm，高度800mm；台盆镜面宽度同台盆台面长度。

淋浴间：注意淋浴间浴帘或挡板与卫生间窗户的关系，应避免浴帘或挡板设在外窗处。

坐便器：坐便器位置宽度不小于800mm。手纸架的设置应避免靠近浴缸或淋浴间。坐便器预留孔定位需考虑墙面装修的厚度，适当加大孔距后墙面的距离。

通风道：所有卫生间均设通风道，通风道采用成品变压式通风道。

通风道平面尺寸：参照各地标准，满足防火要求。安装楼面洞口需每边大于25mm。位置应避免靠近给水管及设在门后；如条件限制必须设在门后时，一定注意门垛净尺寸满足通风道的安装尺寸；注意各层与梁的位置关系及安装条件。排气口位置避免与排水管冲突。

风帽做法考虑对外立面的影响，不选用成品排气道图集做法。

③ 地漏

淋浴间内地漏位于淋浴头下部居中，并距墙400mm。地漏位于洗衣机出水口一侧，距离不小于200mm，并为高水封地漏。

④ 洗衣机

洗衣机专用水龙头，进水龙头采用接口式预留位置不小于650mm×650mm。

⑤ 其他

排水坡度情况应在详图中表达清楚，厨、卫门口应标明门口线；下层为卧室或厅室等部位时，卫生间的地面要抬高，将下水管埋于垫层内，防水等级宜升高；有上下水的洁具应考虑噪声对卧室的影响（如马桶），尽量避开卧室墙面布置；给水管、排水管不应发生冲突，立管不遮挡排气洞口、不影响开窗。洗手台面下应考虑设储物柜空间，并注意地漏与储物柜之间关系。卫生间需考虑住户将来设置吊顶，吊顶标高同窗上口。卫生间下水立管无需封闭，将来客户自行封闭。洗手盆正面、侧面墙体、淋浴间墙体上应视情况设置摆放洗浴物品的储物洞口，洞口大小：300mm（宽）×600mm（高）×100mm（深）。洞口底距地高度：洗手盆处 1200mm，淋浴间处 900mm。

9）屋面

① 上人屋面（平台及屋面露台）

屋面采用有组织排水。门口下槛高出室内建筑标高地面不小于 300mm。上人屋面需做防水及保温，需做隔汽层；防水卷材四周卷起高度（距装修完成面）不小于 250mm，并做好收口处理。防水层遇门口、屋面突出物以及突出屋面的其他构件时需加铺卷材一层，并做好构造处理。穿过屋顶平台的风道、烟道及下水通气道高出女儿墙 200mm 即可，不可过高。

② 非上人屋面

非上人屋面保护层可采用细石混凝土；其他要求同上人屋面。

③ 坡屋面

局部采用坡屋面时，需注意解决边墙处通风道构造，烟道及出屋面下水管等各种管道的穿板防水处理，宜加铺卷材一层。

④ 车库顶屋面

车库顶屋面需结合环境设计做好道路、绿化、私家花园的防水排水及屋面保温；穿过半地下车库顶面的风口、管道等均需做好加强防水处理，宜加铺卷材一层并做好收口设计；车库屋面四周需考虑种植土的封闭构造措施；车库与住宅之间的变形缝需做好加强保温及防水处理。

⑤ 高层落水管采用 UPVC 落水圆管，管径由设计单位计算得出。处于外立面的雨水管表面涂料同相邻外墙面。

⑥ 雨落管的布置尽量隐蔽设置，应尽量设在平面凹槽内，以减少对立面影响。并根据外墙面色彩做相应处理；应标出雨落管平立面位置。

⑦ 上部屋面雨落管或自然落水管直接落至下一层屋面时，设防护措施。

⑧ 女儿墙

高层住宅上人屋面女儿墙栏板高度 1100mm；局部因立面造型需要女儿墙高度可适当调整；非上人屋面女儿墙高度可根据屋面大小及泛水高度适当降低。女儿墙伸缩缝需做好防水处理。立面伸缩缝金属盖板，须注明刷同色涂料。

10）阳台及露台

① 阳台设计要求

为满足采光，不宜设计不透明实体阳台栏板；向地漏方向找 1%坡（所有开敞阳台应标明地漏并表示排水方向及坡度）；外圈做泛水，可采用后砌体；阳台处所有墙面，应同外墙做法。开向露台或无顶阳台的门，均应设雨篷或廊架。栏杆高度为距完成面 1100mm

(高层、多层)。每户至少考虑有一个阳台设晾衣架位置。

② 阳台栏杆做法

阳台栏杆均需绘制大样，大样中标明连接方式及预埋件，并且编号，同一高度宽度样式的栏杆为一个编号：如 LG1、LG2。阳台及露台转角部位栏杆应尽可能保持统一尺寸，当阳台及露台出挑出现 600mm、700mm 的尺寸，转角部位无法保证统一尺寸时应标明转角位置的钢筋尺寸为 $\phi 8$，以增加转角强度。栏杆最后一根立梃与结构面的距离应统一。与完成面尺寸小于 40mm。栏杆木扶手端部距立梃中轴线距离为 75mm。栏杆立梃应均匀排布，间距应以不超过 1000mm 为宜，如出现排布困难可适当加宽，但不应超过 1200mm。栏杆维护结构部分的水平钢筋竖向间距为 100mm，木扶手顶点距阳台及露台完成面距离应保证多层不小于 1050mm，高层不小于 1100mm。阳台及露台翻边在不存在反梁的情况下宽度应保持为 150mm，栏杆大样中必须标注各种杆件、木扶手等相关尺寸大小。栏杆固定点应注意是否与外墙造型冲突。

11) 空调机位

① 所有空调室外机均应设置空调机位并做隐蔽处理，首层空调机位应设置与主体相连的空调板。

② 空调室外机位的排水

无百叶的空调室外机位应离墙向外处找 1%坡。有百叶的空调室外机位应设置相应的地漏接入冷凝水立管中。空调机位于墙根 300mm 范围内，地漏、管根范围内刷 1.5mm 厚聚氨酯防水涂料。

③ 空调室外机位(为净尺寸，下同)：尺寸大于 1100mm×550mm，施工图中应详细标明空调板定位尺寸及标高关系。应避免保温、线脚、排水立管等挤占空调机位的安装尺寸。

④ 空调室外机位应考虑便于安装及维修的可能性，靠近窗洞口设置，尽量避免设在山墙面且旁边未设窗等不便于空调室外机安装的位置。空调室外机位设在凹槽内时因距离过近而对吹的两室外机需相互错位。

⑤ 空调室外机位排风口应避免设置在敞开阳台内，考虑住户阳台封闭后空调安装和维修的影响。

⑥ 采用分体式空调，空调室内机应与室内家具一起布置并标识，空调室内机的位置应妥善考虑，出风口不应直接对向床头。

⑦ 空调柜机位置应避免与插座、开关“打架”造成使用不方便。

⑧ 空调冷媒管穿外墙的洞口为 $\phi 75$，洞口内外做 PVC 套管、盖板。分体式壁挂机管中心距地为 2200mm，向外倾斜 10°，并尽量减少内外墙面暴露较长段空调管。平面图中应详细标明留洞定位(要注明预埋管的长度与外墙的内外抹灰面平)。本条仅适用于高层。

⑨ 客厅如无特殊情况时应设柜式空调，冷媒管穿墙洞管中距地 300mm；平面图中应详细标明留洞定位。其余房间均为分体式壁挂机。

⑩ 空调室外机安放在上人平台上时，应避免对人的活动产生不良影响。

⑪ 空调板下口需做滴水槽。

12) 外墙饰面

① 建筑立面转角和不同材料交接处要有详细做法。立面有凹线、不同铺贴方向的，

应标注明确。外墙不同材质的使用部位，应在分色图中绘制明确，立面应标出分格缝划分间距、缝宽、缝深和做法。

② 外立面仿面砖铺贴原则（根据立面效果）

所有在外立面面砖铺贴区内的窗洞口上方均应铺贴一皮竖砖收口。所有外立面面砖铺贴区的上部均应以一皮竖砖或相同高度的混凝土压顶刷白色外墙涂料收口。如在外立面面砖铺贴区中存在窗上部竖砖与铺贴区上部竖砖距离过近时，则将铺贴区上部竖砖由全砖改为半砖。

③ 立面各不同材料交接原则

外墙面砖与涂料一般情况下应在阴角交接。不同颜色的外墙涂料之间交接必须在阴角。外墙面砖与涂料平面交接时必须在二者间加设一竖向成品塑料分格条。

④ 所有阳台天花及混凝土雨篷天花面均应刷外墙涂料并标注明确。

13）电梯

① 电梯井道、机房、底坑等各类土建尺寸及预留预埋等详见提供的电梯表。

② 电梯机房采用百叶窗即可，无需设置排气扇。

③ 电梯井道为非剪力墙结构时，电梯洞口圈梁及导轨圈梁应按电梯要求设置结构专业配筋。

④ 未带地下室的电梯底坑及集水坑需单独做防水处理，井道与基础施工的缝处增加止水钢板（结构图纸中标示）。

⑤ 每部电梯应在首层平面图纸有编号，如：L1、L2 等（电梯门口上部的梁要上翻到完成面，详见电梯样本）。

14）地下车库（结构找坡）

① 地下车库按照普通停车时，单位停车面积需满足限额要求。

② 地下车库布置应按照以下原则：

地下室平直、方正，剔除无用面积；柱网布置符合车位级别，车道模数达到紧凑布置，满足规划局和审图最低要求；设备房不准占用车道两侧位置；调整主体结构，利用主楼地下室停车；提高车道利用率，避免车道紧靠地下室外墙；生活水池、消防水池等可放置于地下车道底部高度受限区域；设备用房面积满足实际需要即可，不得过大。参考设备用房面积：消防控制室，45m^2；配电室小区站，150～200m^2，配电室物业站，100m^2；柴油发电机房，100m^2；水泵房，120m^2；生活水池，100m^2；消防水池，150m^2。

③ 地下车库层高应根据结构和设备综合考虑之后确定。

2. 结构专业施工图质量管理及优化建议

（1）技术要求

1）设计标准

① 结构安全等级、设计使用年限、抗震设防类别、抗震设防烈度、基本地震加速度、地震分组、混凝土结构抗震等级、地基基础设计等级满足规范要求即可。尤其注意主楼相关范围外地下室抗震等级是否满足国家要求。

② 按规定需要进行地震评估时，抗震设防烈度、基本地震加速度、地震分组符合《地震评估报告》要求及当地审图部门的要求。

③ 场地类别符合地质勘察报告要求。

2）设计荷载

① 荷载应根据《建筑结构荷载规范》GB 50009 取值，不得随意加大，规范中不明确的特殊荷载应与业主共同讨论确定。

② 楼面及屋面恒载应根据建筑做法精确计算取值，并提供业主荷载计算书。

③ 梁上填充墙荷载取值应根据实际情况取值，不得随意增大，如填充墙高度应减去梁高，应考虑洞口影响的折减等，并提供业主荷载计算书。

④ 地下室顶板覆土荷载按照 $18kN/m^3$ 计算，室外地下室顶板使用活载标准按照 $4kN/m^2$ 取值，施工荷载不得大于 $5kN/m^2$，施工荷载不得与活载、覆土荷载同时考虑。消防车活载应与消防车道的位置对应布置，不可地下室顶板范围内全部布置，并按规范折减，考虑消防活载时裂缝宽度应比规范放宽。

⑤ 地面楼板层需考虑施工活载。

⑥ 活载应按照规范进行折减。

⑦ 风荷载中的地面粗糙度类别当地无明确规定时，应考虑短期城市规划发展对粗糙度类别的影响。

3）结构体系

① 多层与高层住宅建议采用剪力墙结构。

② 结构计算宏观指标如轴压比、周期、平动（转动）位移、剪重比、刚重比等应控制在合适的水平，既符合规范的要求，同时也不要有太大的富余。最大位移比建议控制在 1/1200～1/1000（多层可不受此限制），剪力墙面积占标准层的面积不大于 4%。

③ 上部结构设缝问题。考虑变形缝节点处理困难，特别是防水问题，结构设计与建筑协调，尽可能不设缝。

④ 楼盖选型，应进行方案比选，一般首层地下室顶板优先选择无梁楼板，地下室中间层楼盖及商业网点楼盖（柱网 8～9m），一般优先选择双次梁结构。

4）主要材料

① 混凝土：梁板混凝土宜采用低强度等级，建议为 C25，墙柱混凝土宜采用高强度等级，不得大于 C60，地下室迎水面混凝土不得大于 C40。混凝土抗渗等级按规范要求取低值（与土壤接触的外墙用抗渗混凝土，与土壤接触的外墙相连的丁字墙一并做抗渗处理，止水钢板同样考虑）。

② 混凝土外加剂：除非规范特殊要求，不得随意添加外加剂，若确实需要时需要与业主协商。若需采用混凝土膨胀剂时建议采用常见的 UEA 型。

③ 钢筋：各类钢筋（含纵向筋、箍筋、构造筋）优先选择 HRB400 级钢筋。连接方式：水平钢筋直径大于等于 16mm 时采用直螺纹连接，直径小于等于 14mm 时采用搭接连接；竖向钢筋直径大于等于 25mm 时采用直螺纹连接，直径大于等于 16mm 且小于等于 22mm 时采用电渣压力焊，直径小于等于 14mm 时采用搭接连接。

④ 砌体及砂浆：二次砌体选用加气混凝土砌块（A3.5），砂浆选用 M5。

5）地基及基础

① 勘察进行前需向勘察单位提供详勘布点参考图。需将各单元组合的墙柱布置图按坐标插到总图中，并提供详勘技术要求。勘察单位在完成布点后，设计单位提出修改意见，最后由勘察单位出图。

② 对于勘察单位提供的《地质勘察报告》，设计单位有义务进行审查并提供给业主合

理化建议，尤其对地勘报告中的持力层承载力及抗浮设计水位的合理性提出建议。

③ 地基及基础形式应根据地质条件、上部结构及当地施工能力选择，上部结构和地质条件相同的建筑，设计单位至少完成两种地基及基础方案，由业主进行成本、工期比较，最终确定地基基础方案。进行方案比较的地基基础方案都应做精确设计，不得与最终施工图纸存在较大差异。

④ 在满足结构安全、建筑使用功能和机电管线埋深的前提下，基础埋深尽量浅埋。基础顶面标高不得高于室外景观标高，并预留足够的景观做法深度。

⑤ 强风化和全风化岩石的地基承载力应根据规范要求进行宽深修正。

⑥为保证施工质量，独立基础采用锥形。独立基础、条形基础宽度大于 2500mm，应按规范交错配筋。

⑦ 为防止首层建筑构件与结构主体出现不均匀沉降，所有首层建筑构件（包括首层二次墙体、首层空调位、首层阳台、首层门厅等）均不得落于基础回填土上，持力层应位于主体持力层或与结构主体相连形成一体。

⑧ 基础埋深超过 2.0m 时，应在首层设置结构板以避免室内基础回填土沉降。

⑨ 基础图纸应提供基础超深处理措施，可参照业主提供的超深处理方案。

⑩ 采用筏板基础设计要点：优先选用平板式筏板基础（不设置暗梁）；在保证冲切安全的条件下，筏板厚度尽量做薄，个别部位不满足冲切要求时筏板局部加厚，筏板厚度应满足 80%为构造配筋；筏板计算时混凝土弹性模量可以适当折减；筏板计算需考虑上部结构刚度；高层结构筏板设计不考虑裂缝控制。

⑪ 采用桩基方案时，桩型的选择应使单位造价产生的承载力较高，并综合施工等因素。可以选择多种桩型时，进行多方案成本比较。

⑫ 设计桩型不宜超过三种，并进行试桩成本测算比较。

⑬ 单桩设计承载力应事先试桩确定，当不具备试桩条件时，单桩设计承载力应根据当地经验与地质报告综合确定。

⑭ 布置桩时，宜采用墙下布桩或柱下布桩，尽量减少传力路线。

⑮ 桩基设计时应控制桩基利用系数在 1.4（构造配桩除外）之内。

⑯ 桩基布置图中，桩需要有桩编号。

⑰ 工程桩验收数量及要求，考虑成本因素，满足当地验收要求即可。

6）地下室（顶板、底板、外墙、窗井）及挡土墙

① 地下室顶板结构形式应至少进行两种方案比较，交由业主进行综合成本、工期比较。原则上优先采用无梁楼盖降低层高、减少成本。

② 地下室顶板厚度按照结构计算即可，无需为满足抗渗而采用 250mm 厚度；顶板配筋应采用通长筋＋附加筋。

③ 地下室顶板采用带柱帽的无梁楼板时，可不设置暗梁。

④ 地下室需要抗浮设计时，应至少进行两种方案比较，交由业主进行综合成本、工期比较。

⑤ 地下室外墙按单向连续板构件计算或悬挑板计算。基础底板厚度大于外墙厚度时，按固结计算，计算跨度按照净跨计算，当地库采用刚性地面时，挡土墙的计算高度取值应以刚性地面标高处为准。地下一层土压力系数按静止土压力（0.5）计算，当基坑采用支

护桩或地下连续墙时，上述土压力系数再乘以 0.67。

⑥ 地下室外墙不得设置暗梁，当地下室外墙厚度大于 300mm 时，不需要设置扶壁柱。

⑦ 地下室外墙抗裂验算时，裂缝控制可按《全国民用建筑工程设计技术措施》中 0.4mm 控制，外侧保护层厚度按照 25mm 计算。当地审图部门有不同意见时，可进行沟通协调，或适当放松，但裂缝控制不得小于 0.3mm。

⑧ 侧墙内外竖向钢筋直径可不同，外侧竖向钢筋应采用通长筋＋附加筋方式，水平钢筋宜放在竖向钢筋的外侧。挡墙外侧竖向钢筋应采取小直径通长钢筋加大直径附加钢筋的配筋原则进行配置。水平筋按照分布筋细而密的原则构造布置。

⑨ 地下室顶板与主楼正负零高差处墙体无需加腋设计。

⑩ 长度不超过 300m 的地下室不设缝，可根据需要设置后浇带，则后浇带位于迎水面时应设置止水钢板，不得采用膨胀橡胶止水条。后浇带应考虑超前止水。注意优化后浇带的数量和总长度。

⑪ 窗井外墙应根据计算模型（三边支撑、单向板、悬臂板）区分受力筋和分布筋进行设计。

⑫ 窗井应设置内隔墙，内隔墙厚度可取 200mm，按 ϕ8@200 双层双向配筋，不得随意加大。

⑬ 窗井底板采用悬挑板设计。

⑭ 挡土墙方案应做多方案经济比较，且宜选用混凝土挡土墙以保证施工质量。

7）混凝土墙、柱

① 墙柱混凝土强度等级以尽量接近规范要求的轴压比上限同时又使绝大多数竖向构件为构造配筋为宜。

② 剪力墙结构住宅内的剪力墙厚度宜控制在 200mm 以内，且随高度变化应进行变截面设计，最小厚度可做到 180mm 厚。

③ 混凝土墙、柱均应埋于填充墙中，不得突出墙面、墙角。若无法满足时需要与业主沟通确认；对于类似凹阳台部位等业主可能拆除的隔墙部位不能设置混凝土墙、柱。

④ 剪力墙布置间距、数量、长度应合适，墙柱轴压比尽可能与规范接近，避免因墙柱过密过长而造成浪费。电梯间根据结构成本需要可不全部做成混凝土结构，楼梯筒可根据计算需要确定墙肢长度，但转角处必须设置混凝土墙肢。建议剪力墙间距为两倍开间，建议剪力墙长度为“8 倍墙厚＋100mm”。

⑤ 剪力墙竖向分布筋直径可采用 ϕ10。

⑥ 剪力墙墙体拉结筋直径间距按规范要求取值，建议为 ϕ6@600，梅花布置。

⑦ 底部加强区及上一层墙体中轴压比低于规范要求的剪力墙，应设置构造边缘构件，不得一律设计为约束边缘构件。

⑧ 约束边缘构件应考虑水平分布筋对体积配箍率的有利影响。

⑨ 小于等于 9 层和 28m 住宅建筑剪力墙采用构造边缘构件时应执行《建筑抗震设计规范》GB 50011—2010 对构造边缘构件要求。

⑩ 框架柱角筋不小于 ϕ16，中间筋可根据实际计算结果配置，可小至 ϕ12。配筋时角部钢筋采用大直径，边部钢筋采用小直径（建议相差两个直径等级），以节约用钢量。

⑪ 柱的体积配箍率应以柱的箍筋体积除以混凝土核心区内的体积来计算，避免除以柱的总体积来计算而减少用钢量。

⑫ 地下室柱截面宜采用矩形截面为车位预留空间方便使用。

⑬ 墙柱平面图中应标注沉降观测点。

⑭ 柱子及剪力墙暗柱配筋需采用配筋平面大样图表达，不采用柱表形式。

⑮ 墙柱实配钢筋不得大于计算配筋或构造配筋的110%。

⑯ 电梯底坑四周墙体采用钢筋混凝土墙体，电梯底坑位于地下室之外时，底坑墙体与基础的施工缝处设置止水钢板。

8）梁

① 梁的实配钢筋不得大于计算配筋或构造配筋的110%。标准层梁图归并层数不得大于5层。

② 客厅上方、房间内上方不应有梁，卫生间坐便器正下方不应有梁。对于类似凹阳台业主可能拆除的隔墙处不应设置梁，且阳台顶板底标高与室内空间顶板底标高齐平。

③ 阳台周边封口梁需与建筑专业确认是否需要避免挡光而上返。

④ 客厅、主要房间墙上方不露梁，相邻房间无法避免的，应露在次要房间。按重要性次序分为：客厅、走廊、主卧、书房、次卧、厨卫。

⑤ 住宅外墙门窗上部的结构梁梁底直接做至洞口顶，避免梁挂板或另设过梁。

⑥ 对卫生间等降板处，为防止梁凸出于地面，可根据具体情况采取如下措施：降低梁顶面标高；梁顶做缺角处理；小次梁宽可做成150mm并且应注意避免梁宽和排水管道矛盾（需叠水图检查）。当结构板上细石混凝土层能够覆盖梁凸角时，上述问题则不存在。

⑦ 为防渗水，下列部位及建筑节点大样要求的部位需设置混凝土反槛，并在结构平面图及大样图中表达出来：卫生间隔墙处200mm高，宽同墙厚。

⑧ 在楼板跨度较小（小于3.6m）、配筋为构造配筋时，隔墙下可不设梁，也无需在板内增设加强钢筋。当板两侧标高不同时，也优先考虑折板做法（注意折板底部与底部填充墙的关系，避免折板高差出现在厅房内），除非建筑有特殊要求。

⑨ 框架梁支座负筋不应在任何情况下都作为贯通负筋拉通，只有当梁支座负筋与贯通负筋直径差别较小时方可拉通。如直径差别较大，对于跨度较小的梁，支座负筋可配双层，上层拉通；对于跨度较大的梁，除可配双层支座负筋拉通上层外，也可采用支座负筋与梁中贯通负筋搭接的方法，搭接长度按$1.2La_{\mathrm{E}}$；贯通负筋满足规范最低要求即可。次梁非受扭，且支座负筋直径大于14mm时，不能把支座负筋拉通，梁中应另设ϕ10或ϕ12构造架立钢筋与支座负筋搭接（长度150mm）。

⑩ 当梁腹板高度小于450mm时（对于100mm板厚约相当于梁高570mm），不配置构造腰筋（如计算结果需要配置抗扭腰筋则属例外）。故应避免设计截面高度为600mm的梁，而采用梁高为570mm的梁。为避免施工人员和成本咨询公司对腹板高度的概念有误解，绘图时是否及如何配置构造腰筋应原位标注，不允许在说明中以文字表达。构造腰筋应与抗扭筋区分表示。

⑪ 主次梁相交处以加密箍筋为优先，吊筋设置与否应以计算结果文件中剪力包络图为依据，如不需要，不应随意设置，以减少施工麻烦，附加箍筋应在梁平面图中示出，不能只写说明，主次梁由施工单位判别。

⑫ 悬挑梁与边梁应分别编号，不应以折梁编号。

⑬ 首层地面周边梁高应考虑与室外地坪关系，不应在梁底与室外地坪之间留有间隙，可根据具体情况采取增加梁高或梁底挂板形式，使梁底或板底低于室外地坪不少于 100mm。

⑭ 为了增加顶层阁楼净高，阁楼顶层梁（即坡屋面梁）需做特殊处理，可选择的方式包括利用屋面板的三维空间刚度取消梁、做宽扁梁以及其他可行的办法。

9）楼板及楼梯

① 一般情况下，单向板板厚宜取为 $L/30$，双向板板厚宜取为 $L/35$（L 为板短边计算跨度）。特殊情况下，根据板跨、荷载、重要性等适当增减板厚。楼板基本厚度定为 100mm，大板块厚度由计算确定，并尽可能不超过 150mm 厚。跨度 3600mm 的卧室板厚取 100mm，但若管线交叉密集，则做 120mm 厚；客厅如无特殊情况，板厚不超过 120mm。负一层地下室顶板厚度仅在做嵌固端时可取 180mm。板的挠度及裂缝须严格控制。

② 楼板负筋不应大面积拉通，但小板块如卫生间、建筑平面薄弱处抗震需要、突出建筑之外房间抗温度应力需要则属例外，不拉通负筋部位当跨度大于 4m 时设置防裂构造筋。

③ 同样跨度、同样支承条件、同样荷载的板厚及配筋各单元必须完全一致。板负筋外伸长度精确至 10mm。

④ 异形板设计应进行有限元分析，对跨度较大的异形板应验算弹塑性下挠度和裂缝。

⑤ 应充分发挥楼板的抗弯能力，尽量减少小跨度楼板。

⑥ 对于小板块（跨度小于 3.6m），若板上砌有隔墙，在板厚及配筋值不变的前提下，可以不设置两根加强筋。

⑦ 楼板中穿管线不应有大量集中的地方及相互交叉超过 3 层的情况，否则应予以处理，防止混凝土开裂。

⑧ 同一房间内楼板底标高应相同，不得因板厚或板降不同影响美观。

⑨ 楼梯板结构踏步高度需考虑休息平台和楼层处建筑面层厚度不同，保证建筑完成面的踏步高度均匀。

⑩ 楼梯板宽度需考虑封闭楼梯间及地下室楼梯与地上楼梯间中的隔墙厚度，避免隔墙无处生根。

10）屋面板

① 屋面板负筋双向拉通，拉通钢筋采用最小配筋率，但间距不大于 200mm，大板块支座处配筋不足者，额外配短筋补足。

② 平屋面防水采用建筑找坡，找坡材料详见设计做法表。

③ 出屋面烟道及老虎窗均做成混凝土结构，它们与屋面相交处应画节点配筋大样。

④ 女儿墙高度大于 1.5m 时方可做混凝土结构。

11）二次结构

① 填充墙构造柱的具体平面位置（可与建筑专业商量）标注于建筑图上。不得仅在结构总说明中说明布置原则。布置时可参照业主提供的《填充墙构造柱设计标准》进行布置。

② 墙体拉结筋在 6、7 度区不得通长布置，以方便施工，同时降低造价。

③ 二次墙体预留电表箱、弱电箱、消防箱等洞口时应明确洞口上部做法。

④ 门窗等洞口上设钢筋混凝土预制过梁。当过梁预留高度小于 150mm 时，采用梁下挂板或将梁高度增加。

⑤ 电梯井道为二次砌体时，应注意在半层处设置用于固定电梯导轨的 300mm 高混凝土圈梁（可在设计说明中明确），并保证圈梁与楼层梁的间距小于 2500mm。

⑥ 外立面造型具备条件时宜优先采用混凝土土建构件，减少 GRC 构件、EPS 构件，并考虑施工可行性。

⑦ 各类设备基础应在施工蓝图中按照常规设计，不得遗漏，并在施工图纸中注明："本设备基础需经设备厂家确认并重新调整后方可施工"。

（2）设计优化管理

1）设计优化管理实行过程管理

① 在每一阶段开始前，应向业主提供该阶段的输入文件，该阶段结束时，应向业主提供该阶段的输出文件。

② 文件交流应以书面材料（含传真、邮件）形式进行。每一阶段结果须经业主审核通过。

③ 在阶段设计过程中，当出现未曾预料到的问题而导致诸如结构方案改变、成本上升等情况时，应及时与业主沟通，以确保问题能得到及时解决。

④ 对设计单位提供的各阶段设计成果进行优化审核。

2）设计优化重点关注部分应包括以下内容：

详勘布点参考图；结构设计统一技术措施；荷载取值，包括面层、墙体等恒活载；建筑方案确定时，结构构件的布置草图及预估尺寸；机算设计参数（Wmass. out 文件前半部分）；机算输入模板尺寸及荷载图形文件（面荷、线荷、点荷）。机算宏观指标结果文件：Wmass. out，Wzq. out，Wdisp. out，柱轴压比图形文件，柱底内力图形文件；天然地基承载力取值及单桩承载力取值；天然基础沉降计算。

对以上各阶段内容，设计优化单位应向业主提供合理的进度计划，每一阶段内容完成时，应及时向业主提供。

3. 给水排水专业施工图质量管理及优化建议

（1）系统设计要求

给水管材：管道井内市政直供干管采用 PPR 管，二次加压给水干管采用衬塑钢管。户内供水管采用 PPR 管。室外埋地市政直供给水管道根据当地自来水要求采用 PE、PPR、球墨铸铁管材。室外埋地二次加压给水管道根据项目给水承压的要求以及自来水公司的要求采用 PE 或球墨铸铁管。给水管材及管件应满足国家生活饮用水卫生标准，二次给水泵房内管材采用衬塑钢管。

管道布置要求：给水立管与采暖立管集中放置于水暖管道井内，绘制管井大样图时需同时绘制水暖管道。定位时应与建筑等专业核对。户内支管暗敷在楼板面保护层内或沿墙暗敷，在施工图说明中强调应在墙面、地面标识暗管走向标志，避免住户二次装修破坏。

水表、阀门：高层住宅水表安装在管井内，多层集中在一层水表井间，并应根据当地供水部门要求，在水表的前后设置有关阀门（参见当地自来水公司要求）。户内给水干管在开启方便位置（如厨房洗菜盆处或地暖分集水器处）设一总阀。

（2）生活热水系统

1）热水水源

① 电热水器：高层住宅每户卫生间单独设置一台电热水器，位置由建筑专业确定，预留电源 2kW，电压 220V（厨房内可预留小厨宝电源插座）。

② 太阳能：需设太阳能的高层住宅采用阳台壁挂式太阳能，阳台墙需为热媒管预留洞口，需与建筑结构专业沟通提前预留设备挂墙加固措施；专业对接，并应在建筑图上体现太阳能基础、电气图上体现管线，注意避免出现建筑墙体挡光问题。

2）热水供应点：卫生间内洗脸盆、淋浴花洒、浴盆、洗涤盆各甩一个热水供应点，厨房洗菜盆设热水供应点。

3）热水管材：采用热水 PPR 管。

4）伸缩补偿：应计算热水管道的伸缩量，并说明补偿措施。

5）管道布置要求：除卫生间区域外，热水支管与冷水支管并行垫层内敷设，各用水点预留甩口，高度按给水排水、采暖常规做法并在图纸上明确。户内冷热水立管墙内暗敷。

（3）消防给水系统

① 设置范围

设置消火栓应满足国家消防设计规范及当地有关规定。

给水管材：室内消防给水管材采用内外壁热浸锌钢管，螺纹或卡箍连接。室外埋地消防给水管道采用球墨铸铁。

管道布置：消防给水管道尽量放置在管道井、楼梯间等位置，不能设置在住户入户门通道处。

② 设备及管道布置

高层住宅消火栓箱应按照标准尺寸暗装设计。

商业网点内的消火栓箱位置应避免相邻网点消火栓箱重叠而无法安装的情况。

网点内消防横干管应贴楼顶板底或靠边墙有序敷设，遇梁处应与结构专业沟通预留洞口，减少对室内使用空间的影响。

室外水泵接合器在满足条件的情况下，尽量选用明设。

高层消防环管在顶层应尽量避开穿电梯前室，确实无法避开时，应与结构专业沟通，梁上预留洞口穿梁安装，管道尽量沿边墙设置，避免走入户门上方，以免对业主产生影响。

单元入口、大堂内应避免出现消火栓立管，避免电梯前室出现消火栓立管和横干管，确实需要，应沿设备夹层、地下车库或埋地敷设。

消防高位水箱补水取自塔楼供水系统，应加表计量。

应明确非采暖区域消防管、给水管、压力排水管的防冻措施。生活给水及消防给水管道在非采暖区域内保温材料采用橡塑保温，并注明厚度及参考图集。

（4）污水系统

① 污水收集：小区雨、污分流排放，生活污废水经室内管道收集，排入室外化粪池预处理后接入市政污水管道。

② 污水系统分区：底层污水应单独排放，便于维护管理。

③ 高层排水应为特殊单立管系统。

④ 污水管材：室内污水管道采用 UPVC 排水管，室内排往室外第一个检查井污水管道采用柔性接口排水铸铁管。室内压力排水管道采用镀锌钢管。

⑤ 管道布置要求：污水立管敷设在厨房、卫生间内的管井内，注意横管不要与烟（风）道口冲突。

⑥ 化粪池：室外园区内化粪池位置尽量远离居住区，无法避免与楼座太近时，管网设计中从化粪池埋地引出通气管，沿就近楼座隐蔽处通向屋面，达到通气的目的。

（5）雨水系统

雨水收集：屋面雨水经雨水立管收集后，埋地排至雨水井，室外雨水由雨水口收集后汇入雨水排水系统。

开敞阳台、露台雨水和空调冷凝水经立管收集后均有组织排放，不做散排。其中所有立管管径大小尽量优化。

雨水排放：雨水经收集后排入市政雨水管网。

雨水管材：雨水管材采用 UPVC 排水管，胶粘连接（埋地管采用 HDPE 双壁波纹管）。

管道布置要求：雨水立管位置需与建筑专业沟通合理定位，尽量精减立管数量，设于较为隐蔽处；管道颜色应与外墙协调一致；雨水斗靠外墙安装，屋面雨水经女儿墙穿墙管道汇入雨水斗；露台、阳台排水宜单独设置雨水立管，若有条件的亦可考虑共用屋面雨水立管。住宅、网点屋面雨水立管均需标注标号，注明材质及做法，到一层后接入室外雨水井号需标注清楚，并绘制系统图。

（6）空调冷凝水系统

住宅空调冷凝水有组织排放，由建筑专业定位，需与建筑专业核对冷凝水立管平面位置；空调冷媒管穿外墙应预留 PVC 套管。

室外机空调板无反沿时，距每个空调板洞口下方 200mm 处预留排水甩头，并与建筑专业核对空调室内室外机位，避免室内、室外机之间冷凝水管拉得太长，尽量减少内外墙面暴露空调管长度。

室外机空调板带反沿时，冷凝水从空调板排放，空调板处设置冷凝水地漏，从空调板排放的冷凝水接至专用空调冷凝水管。

（7）管道保温及防水套管

管道保温采用闭孔橡塑管壳保温，注明燃烧等级及壁厚。防水套管不应漏设或错设，并应明确套管做法、规格或图集号。

（8）平面设计要求

① 厨房

厨房洗涤盆的排水管同层排水。厨房设置成品烟道，与建筑专业核对排油烟预留孔洞尺寸及位置，注意不要与排水立管位置冲突。

② 卫生间

卫生洁具选型：主人房的卫生间内应设置淋浴间、坐便器和洗脸盆，公用卫生间设置洗脸盆、坐便器和淋浴间。有淋浴器的卫生间应设置两个地漏，一个地漏用于淋浴器的排水，下加装 P 形存水弯，以保证存水弯内长期有水；另一地漏的位置设置在洗衣机附近。

毛坯交付的住宅内地漏材质采 UPVC 地漏。卫生间地面应有 1%的坡度向地漏，卫生间的完成面应低于客厅 20～30mm。卫生间排水横管注意不与结构梁的标高冲突。住宅/公寓洗衣机设专用排水地漏。

③ 阳台

开敞阳台上设置普通地漏，并应有 2%的坡度向地漏。封闭阳台不设地漏。阳台或露台上设置洗衣机污水管，户内不设保温，管道出户后在接入污水管网之前设水封井。开敞阳台或露台与空调板相邻时，有条件的话可考虑阳台、露台上不设地漏，在隔墙上设置过水洞，尽量减少排水立管的数量。过水洞位置尽量靠外侧设置，避免坡向室内雨水倒灌。多层开敞阳台的排水立管设计规格为 *DN*75。

④ 屋面

为了避免雨水管穿屋面，雨水斗尽量采用侧壁式。雨水斗应增加安装钢制网，以防止雨水斗被破坏和脏物进入管道。穿屋面的管道应预留防水套管，出屋面管采用钢套管，做法按照给水排水标准图。

(9) 立面设计要求

① 给水立管

给水立管沿水暖井内明敷，与采暖立管一并考虑。小管径（$DN\leqslant50$）给水立管的固定宜使用不易锈蚀的管卡。

② 污水、雨水立管

污水立管与建筑专业协调，结合厨房、卫生间排气道及卫生间太阳能管井集中设置。污水立管不应靠近与卧室相邻的内墙。雨水立管尽量放置在建筑外墙阴角或者天井内，视线不易看到的地方。建筑的主要立面上避免安装雨水管，如果是屋面雨水管，可考虑改变屋面雨水的排放方向和分水线，将雨水管移走。应避免排水管道与厨房和卫生间的排烟、排气口等预留洞口相碰。洗衣机排水不准排入雨水中，应汇入污水管道。下层为商业网点时，住宅排水管道引下的设计不应对商铺空间在使用和观感上有影响。

4. 暖通专业施工图质量管理及优化建议

(1) 系统设计要求

1) 通风系统

卫生间、厨房通风系统：住宅所有卫生间及淋浴间均考虑通风器或浴霸的安装位置，预留插座，带外窗卫生间可自然通风，暗卫机械通风，明确通风管材。

厨房自然进风方式可采取节约成本的措施。

2) 空调系统

分体空调：住宅内与建筑专业核对空调室内室外机位置，预留空调冷媒管穿墙洞口的位置及高度，卧室考虑壁挂式，客厅采用柜机。商业网点按照分体柜机预留插座及冷媒管道穿墙洞口位置。注意网点地面低于室外地坪时，应考虑冷凝管排水的妥善措施。

3) 采暖系统

① 热源：市政供热。

② 采暖方式：除住宅的卫生间外，所有建筑物采暖均采用地板辐射方式，卫生间采用地暖管甩口接散热器，散热器位置设置合理，若放置在门后，应加大门垛尺寸以满足散热器的安装要求。

③ 室内采暖设计温度：客厅、卧室、书房、餐厅设计温度为18℃；厨房设计温度为15℃；卫生间设计温度为18℃（可通过浴霸等辅助加热至25℃）。

④ 采暖系统工作压力：不应大于0.8MPa，当建筑物高度超过50m时，宜竖向分区设置。

⑤ 户内分集水器及管路

户内分集水器应明确材质、管径规格，连接在同一分集水器上的管道环路不宜超过8环，各环路设独立的阀门控制，各环路加热管的长度宜接近，一般管道长度宜为70～80m，管道长度最大不宜超过90m。户内分集水器主体直径为*DN*25时，支路数量不宜大于6路；分集水器主体直径为*DN*32时，支路数量不宜大于8路。每层超过三户时管井内采用分集水器连接各户供暖系统，应注明分集水器材质、管径规格，绘制管井大样图。户内卫生间散热器采暖采用独立环路，每组散热器供水支管设置温控阀。

⑥ 管材：多层管井明装管道采用热镀锌钢管，针对不同管径应明确管道连接方式；从管井埋地管至户内分集水器之间管道采用PPR管，户内分集水器后地暖盘管采用PE-RT管，分别明确管径、管壁厚度、使用条件等级及工作压力。

⑦ 保温：供暖主管道敷设于非供暖房间，直埋及管井内的管道均应保温，保温材料根据当地供热公司规定设计，若无特殊规定，保温材质采用橡塑，明确保温材料规格及厚度；入单元前埋地管道保温采用聚氨酯泡沫直埋保温管，注明保温厚度。

⑧ 热量表、阀门：管道井内设置分户热计量表，表前设过滤器、锁闭（调节）阀，单元入户处设过滤装置，其他按照现行国家规范、地方标准设置。

⑨ 物业用房：仅作热力入户预留。

⑩ 管道井：采暖供回水立管应和给水排水管道合用管井，并绘制水暖管共同放置于管井的大样图，公共采暖管井中应设置泛水、地漏，采取防水措施。

⑪ 保温层厚度：地暖图纸地面做法大样图中绝热层材质与厚度必须与建筑的地面做法、保温材料的材质对应一致。

⑫ 做法标记：户内散热器系统采暖时，采暖管道注明地面沟槽内敷设，并写明详细做法及填充材质。

⑬ 热计量小室：管道需定位，明确热力入口装置图集及大样图，明确热力入口处热量表与户用热量表的形式及规格型号，其他按照现行国家规范、地方标准设置。

4）送、排风系统

① 车库通风系统、排风系统和排烟系统结合设计，管材采用符合防火要求的不燃性玻璃钢风管，风机尽量选用吊顶式风机，风机位置确定注意和车位的关系。

② 地下车库新风系统尽量采用诱导式送风系统，排风系统和排烟系统结合设计，明确通风及防排烟管道管材及厚度。

③ 风口百叶、防烟防火阀、静压箱材质，图纸上应有明确的说明。

④ 加压风口安装高度为下底边距地面完成面500mm，应确保建筑专业按此设计。规格根据风量计算。注明风口预留洞尺寸。

⑤ 注明平时通风及消防通风管材质及壁厚、保温及防腐做法（包括支吊架防腐）。

⑥ 所有采暖管、风管、外墙上风口、给水排水管道、电气相关的预留洞均要体现在建筑、设备图纸上，穿梁及剪力墙要体现在建筑、结构图纸上。

（2）平面设计要求

1）室内通风、空调

① 注明厨房排油烟风道应设置防火阀和脱卸式止回阀。

② 采用分体式壁挂空调，空调室内机应与室内家具一起布置并表示，空调室内机的位置应妥善考虑；室外空调机位应在隐蔽位置考虑，避免影响建筑立面，与建筑专业核对空调机位是否便于散热，是否方便安装。

③ 空调冷媒管穿外墙的洞口为 *DN*75，预留 PVC 套管，管中心距地 2200mm，向外倾斜 20mm，并尽量减少内外墙面暴露较长段空调管，平面图中应详细标明留洞定位。空调冷凝水管与雨水管必须分开设置。

④ 考虑设柜式空调，冷媒管穿墙洞注明预留套管规格和距地高度，平面图中应详细标明留洞定位。

2）采暖

① 户内分集水器位置优先设于玄关等隐蔽位置明装，亦可考虑墙内暗装（需注明预留洞口尺寸），或入户门处鞋柜凹槽处。若无玄关及凹槽，可设置在厨房打火灶的下面，并考虑是否与厨房内插座或燃气支管冲突。不宜设置在卫生间、餐厅；严禁设在卧室、书房内。

② 楼层管井至户内分集水器敷设的管道，应在图纸强调“管道应在面层内暗埋，并应在完成地面上做出标记”。

③ 卫生间的地暖管不应从卫生间门口进入，应从安装散热器墙的背面进入，暖管沿隔墙上返时应注明墙内开槽暗敷。

④ 换热站若在地下，提前预留一次、二次管网的预留洞及顶板预留洞，避免后期开洞。

5. 电气专业施工图质量管理及优化建议

（1）强电系统

① 10kV 电源：依据园区电力管线规划考虑进线方向。

② 计量：设备用房、商业网点、物业用房、幼儿园、各办公区等处应分别计量。生活水泵房、换热站单独计量并由变电站单独供电。

③ 变电站：根据各地区供电部门的要求，公共设施由物业变电站供电，办公楼由办公楼变电站供电，普通住宅由小区变电站供电。

④ 用电负荷：住宅每户建筑面积小于 80m^2 的，容量不低于 4kW；80～120（含 120）m^2 的，容量不低于 6kW；120～150（含 150）m^2 的，容量不低于 8kW。

⑤ 计量表箱位置：统一在地下电表间内。由小区变电站供电的商业网点，计量表箱每户设置一个表箱，由物业变电站供电的，设计集中计量表箱，设置于公共隐蔽区域。

（2）弱电系统

① 弱电进线：通信、有线电视进线方向依据园区弱电管线规划进行设计。

② 设计图纸应包括有线、电话、网络、可视对讲、安防系统平面图和系统图。

③ 每户的通信系统均为光纤入户。

④ 对讲系统、安防原理图要考虑为联网型。

⑤ 安防系统与可视对讲系统合并为一个系统。

⑥ 电梯轿厢设置闭路电视监控摄像机，预留电梯五方通话通信线路。

⑦ 小区出入口、车库出入口设置车辆道闸管理系统，预留电源。

⑧ 小区智能化管理系统将可视对讲、家居及小区安防系统、电梯通话，可接受住户报警并实现多方通话等功能。

(3) 平面设计要求

1) 住宅

① 户内配电箱应设置于入户侧墙或次要位置隐蔽处。

② 户内信息箱应置于走廊、门厅或起居室较隐蔽且便于维修维护处。如：起居室沙发后或餐桌后的位置。

③ 户内可视对讲的室内分机设置于入户门边。

④ 民用住宅卫生间灯具应安装在卫生间门上方，灯具应使用吸顶灯。

⑤ 红外幕联的设计位置不应被窗帘遮挡，应设置在侧墙处。

2) 商业网点

① 户内配电箱、灯具、插座都应设计到位。配电箱应避开消火栓箱和支管。

② 弱电信息箱、弱电插座设计到位。

③ 设计有横向贯穿于网点的强弱电桥架，遇有梁应绕梁安装、贴楼板安装，平面图应标明安装高度。

④ 商业网点内照明灯具的设计，只做应急照明。

3) 公共区域

① 照明：高层住宅疏散楼梯间需设计楼层显示器；公共区域（除户内）的灯具采用LED灯具；高层楼梯间、电梯前室应为声光控带强启功能开关控制的应急照明灯具。

② 动力：进入高层住宅单元配电间用于动力、居民用电电源进线的预埋管，规格为ϕ100的镀锌钢管。各种配电箱体的安装位置应与各专业的管道及结构设施有统一规划，避免有冲突。各种公共电气设施的安装位置，应考虑维修的方便。配电间、电井等公共区域的柜、箱、盒应明确明、暗装形式及安装高度。电梯电源采用双电源切换箱供电，双电源切换箱安装在电梯机房。

高层住宅从单元配电间至电井的强弱电线路应从地下设备夹层、地下车库由桥架进入电井。高层住宅无地下但首层层高高于3.5m（梁下）以上的，强弱电线路可采用桥架绕梁再沿首层顶板底进入电井。无地下而首层层高又低于3.5m的情况下，应与建筑专业沟通调整合理的分割布局，线缆应从地面穿管进入电井，且不应有较多拐弯。

6.5 案例分析——某项目地下车库优化报告

1. 概述

(1) 工程概况

① 建筑名称：某项目地下车库。

② 建筑性质：地下汽车库、设备房等。

③ 地下室规划要求的地下车位指标为2-1地块4500辆，2-2地块722辆。

④ 建筑层数：地下1层。

(2) 主要编制依据

① 由业主提供的咨询委托函；

② 根据业主提供的优化前地下室及总平面过程图纸；

③ 业主对地下室成本及品质上的要求；

④ 国家和地方相关的规范及规程；

⑤ 该公司各阶段的建筑咨询工作内容和资料整理。

2. 主要优化工作内容

在本项目建筑设计管理和建筑设计优化服务工作过程中，秉承“创新求精，诚信共赢”的企业精神，以业主为本、实现业主利益最大化为服务宗旨，在满足建筑功能、效果以及使用安全的前提下全力争取做到建筑车库各项经济指标均为当地最低水平。

3. 主要优化成果

根据规划及相关条件，在业主提供的车库图纸基础上，对该版地下室平面图纸进行优化。

2-1 地块地库建筑面积 128652.9m^2，停车位 4691 辆，其中标准车位 4622 辆，微型车位 99 辆（计算停车位时，微型车位需乘以 0.7，后同），其中问题车位 14 辆，单车位指标：27.50m^2/辆（不含微型车位）。

2-2 地块地库建筑面积 17352.8m^2，停车位 734 辆（其中标准平车位 349 辆，机械车位 385 辆），单车位指标：29.92m^2/辆（机械车位计算单层）。

优化后，通过对车道、流线、防火分区及设备房位置的调整，2-1 地块车库面积为 128630.9m^2，停车数量为 4736 辆，其中标准车位 4664 辆，微型车位 103 辆，单车位指标：27.16m^2/辆。2-2 地块车库面积为 17298.8m^2，停车数量为 750 辆（其中标准平车位 356 辆，微型平车位 6 辆，机械车位 390 辆），单车指标：29.12m^2/辆（机械车位计算单层）。

4. 地下室优化前后经济指标对比

优化前后经济指标对比如表 6-10、表 6-11 所示。

2-1 地块经济指标对比 **表 6-10**

	标准车位（辆）	微型车位（辆）	问题车位（辆）	有效车位总数（辆）	规划（地下）（辆）	面积（m^2）（未扣除储藏室面积）	车库楼座（m^2）	车库面积（m^2）	单车指标（m^2/辆）
优化前	4622	99（×0.7=69）	14	4677	4500	145765.55	17112.65	128652.9	27.50
优化后	4664	103（×0.7=72）	0	4736		145743.55	17112.65	128630.9	27.16
	+42	+3		+59		−22		−22	−0.34

2-2 地块经济指标对比 **表 6-11**

	标准平车位（辆）	微型平车位（辆）	机械停车位（辆）	车位总数（辆）	规划（地下）（辆）	面积（m^2）（未扣除储藏室面积）	车库楼座（m^2）	车库面积（m^2）	单车指标（m^2/辆）
优化前	349	0	385	734	722	20583.81	3231.01	17352.8	29.92
优化后	356	6（×0.7=4）	390	750		20529.81	3231.01	17298.2	29.12
	+7	+4	+5	+16		−54		−54	−0.80

5. 成本分析对比表（表 6-12、表 6-13）

2-1 地块最终成本分析表　　　　表 6-12

项目名称	总车位数(辆)	面积(m^2)	车位单价(万元)	单位面积综合造价(万元)	整体效益(万元)		单车位面积(m^2/辆)
					车位收益	工程造价	
优化前指标	4677	128652.9	15	0.30	70155	38595.87	27.50
优化后指标	4736	128630.9	15	0.30	71040	38589.27	27.16
最终和优化前方案指标对比	+59	−22			891.6		−0.34

通过优化前后指标对比，优化后总面积经微调减少 22m^2，停车数量增加了 59 辆，增加地下室收益：59×15+22×0.3=891.6 万元。

2-2 地块最终成本分析表　　　　表 6-13

项目名称	总车位数(辆)	面积(m^2)	车位单价(万元)	单位面积综合造价(万元)	整体效益(万元)		单车位面积(m^2/辆)
					车位收益	工程造价	
优化前指标	734	17352.8	15	0.30	11010	5205.84	29.92
优化后指标	750	17298.8	15	0.30	11250	5189.64	29.12
最终和优化前方案指标对比	+16	−54			256.2		−0.80

通过优化前后指标对比，优化后总面积经微调减少 54m^2，停车数量增加了 16 辆，增加地下室收益：16×15+54×0.3=256.2 万元。

6. 优化调整思路

按照业主提供的资料，地下室按照过程优化方式进行优化，即柱网排布、行车流线等可做相应调整的前提下，根据满足地下室整体车位数量规划要求（2-1 地块地下 4500 辆，2-2 地块地下 722 辆），控制单车位指标，尽量缩减单车位指标，使经济合理化。地下室的优化原则为尽量多增加车位，面积尽量减小，节省成本投入。对于不合理、浪费面积处进行重新调整车位布置，减少面积浪费。

7. 优化要点分析

(1) 微型车位改标准车位排布调整

如图 6-5 所示，调整停车位南北方向与塔楼的距离，微型车位改为标准车位，增加标准车位 21 辆。

(2) 车位排布调整

如图 6-6 所示，微调柱网，增加 1 个微型车位，并使车位使用更舒适。

(3) 变配电室及车位排布调整

如图 6-7 所示，调整变配电室大小，在满足变配电需要的情况下，增加标准车位 5 辆。

(4) 设备房及车位排布调整

如图 6-8 所示，调整变配电室大小，在满足变配电需要的情况下，增加标准车位 4 辆，减少面积 73m^2。

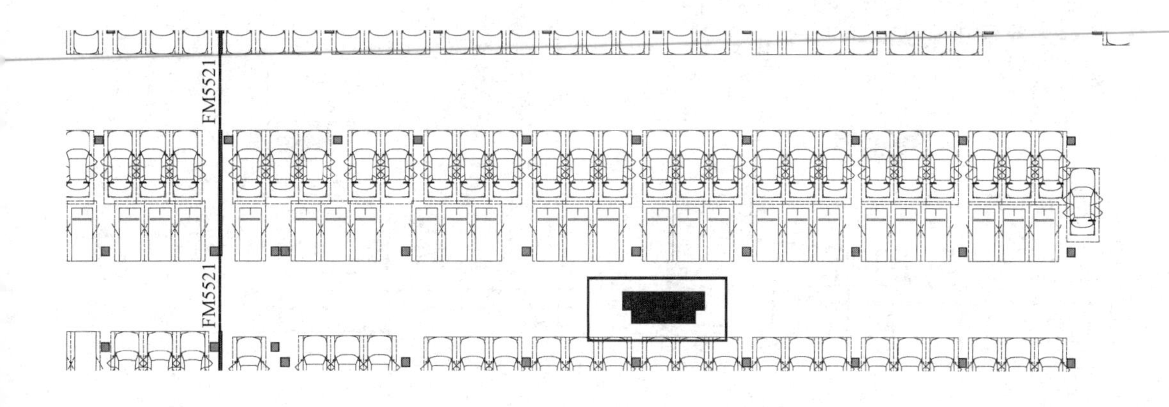

(a)

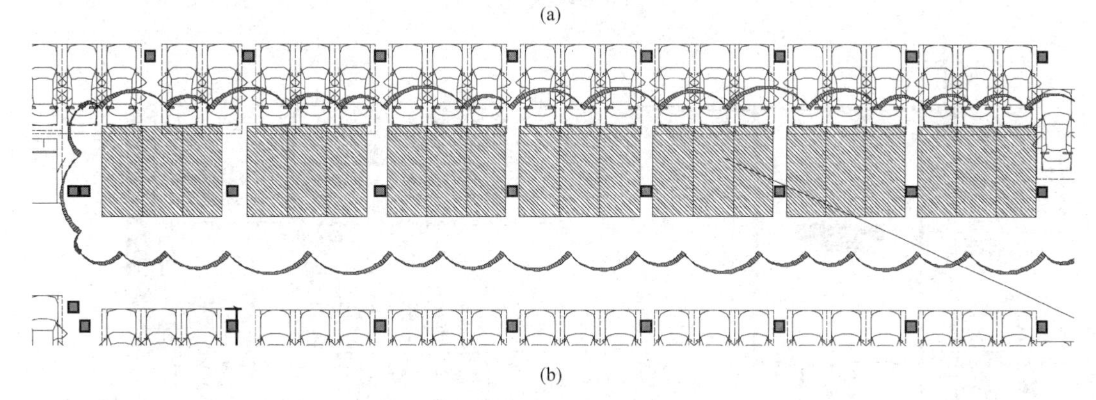

(b)

图 6-5　微型车位改标准车位排布调整

(a) 优化前排布；(b) 优化后排布

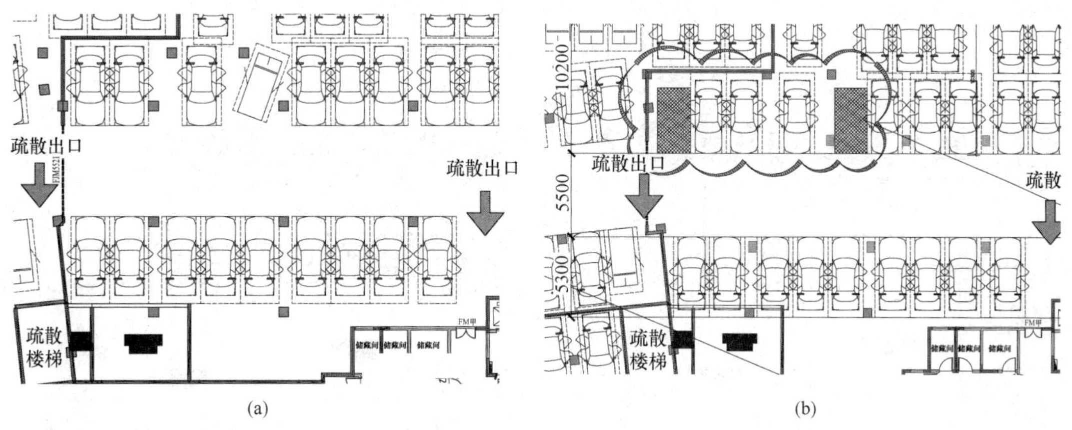

(a)　(b)

图 6-6　车位排布调整

(a) 优化前；(b) 优化后

(5) 生活水泵房及车位排布调整

如图 6-9 所示，调整生活水泵房，在满足使用的前提下，增加标准车位 8 辆，增加面积 108m^2 (其他位置平衡掉)。

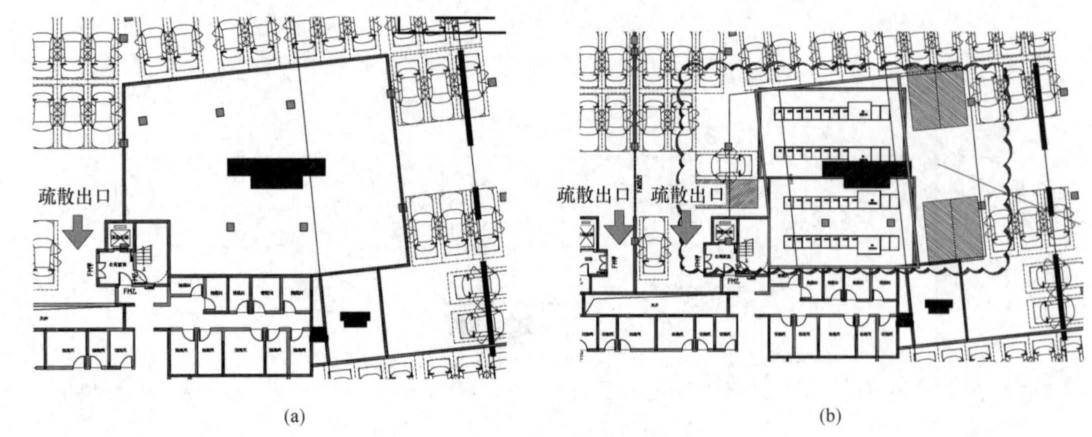

(a)　(b)

图 6-7　设备房改车位排布调整

(a) 优化前；(b) 优化后

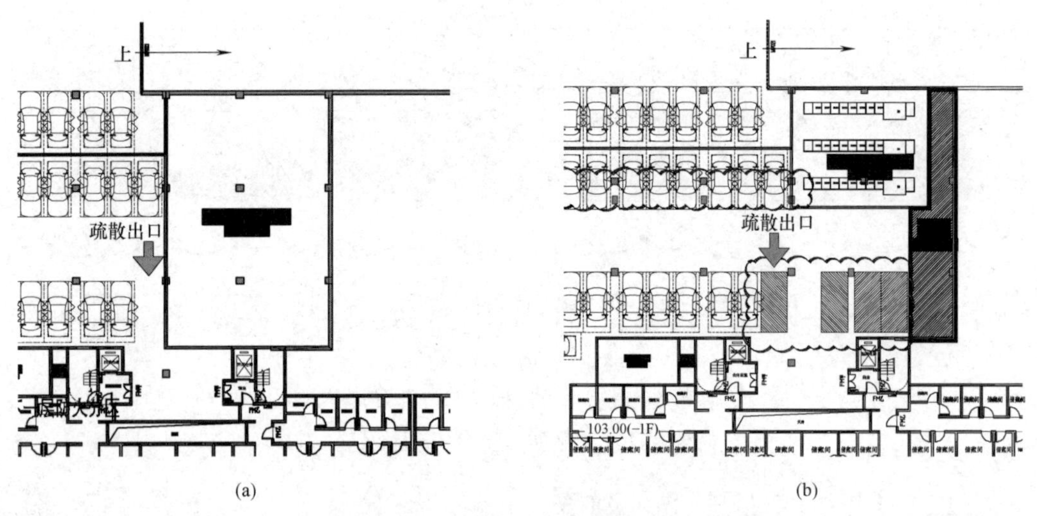

(a)　(b)

图 6-8　设备房及车位排布调整

(a) 优化前；(b) 优化后

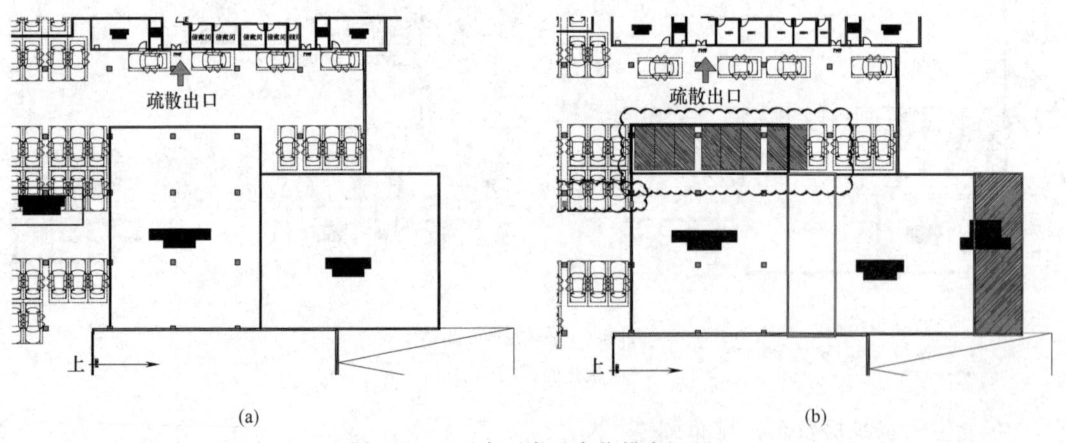

(a)　(b)

图 6-9　生活水泵房及车位排布调整

(a) 优化前；(b) 优化后

(6) 行车通道及车位排布调整

如图 6-10 所示，调整行车通道和车位排布，减少一个行车道，增加微型车位 6 辆。

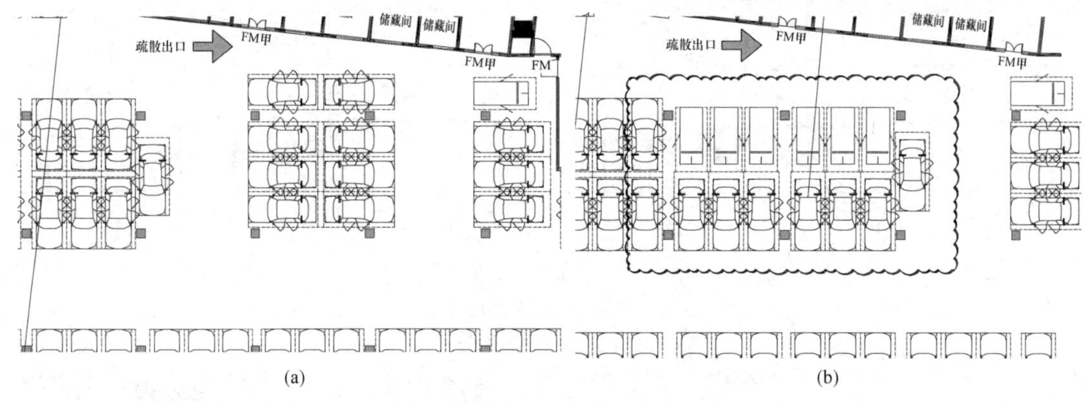

图 6-10　行车通道及车位排布调整

(a) 优化前；(b) 优化后

(7) 设备机房，车行流线及车位排布调整

如图 6-11 所示，调整停车位排布，排风机房调至山墙处，增加标准车位 3 辆。

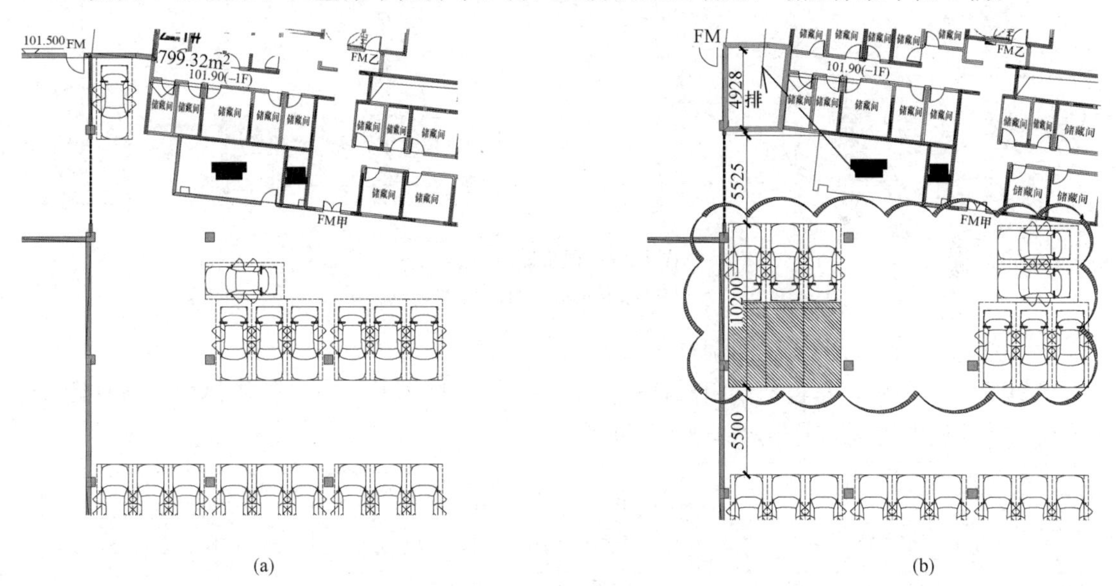

图 6-11　设备机房、车行路线及车位排布调整

(a) 优化前；(b) 优化后

(8) 送排风机房调整

如图 6-12 所示，调整过大的送排风机房，保证面积 15～20m^2，增加微型车位 2 辆（同样类型修改共增加标准车位 4 辆，微型车位 12 辆）。

(9) 通道宽度调整

如图 6-13 所示，优化前退车车道宽度不足 5500mm，使得两边车位不成立，修改通道宽度，减少问题车位 6 辆（同样类型修改共减少问题车位 14 辆）。

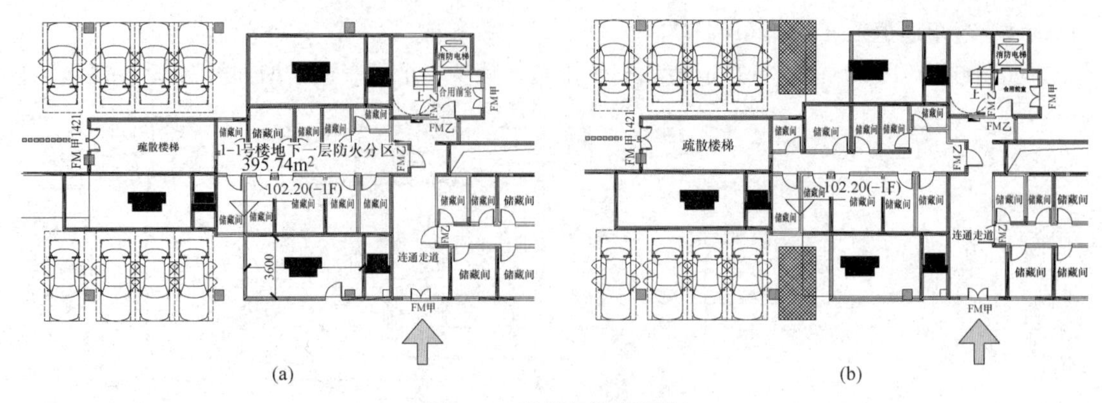

图 6-12　送排风机房调整

(a) 优化前；(b) 优化后

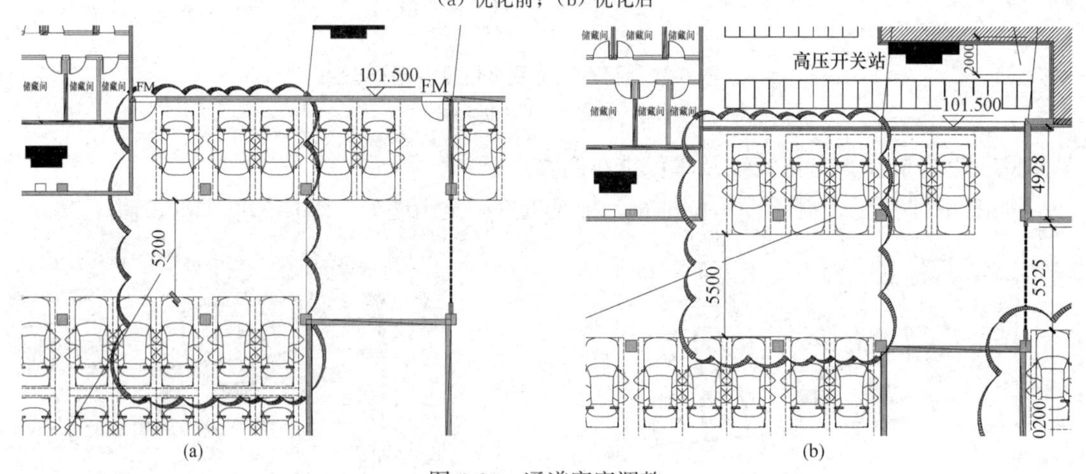

图 6-13　通道宽度调整

(a) 优化前；(b) 优化后

(10) 柱子与车位前端距离调整

如图 6-14 所示，车位前端距离柱边过大，车门开启撞柱，影响使用体验，将柱距车位前端尺寸调整为 1200mm，提升车位品质。

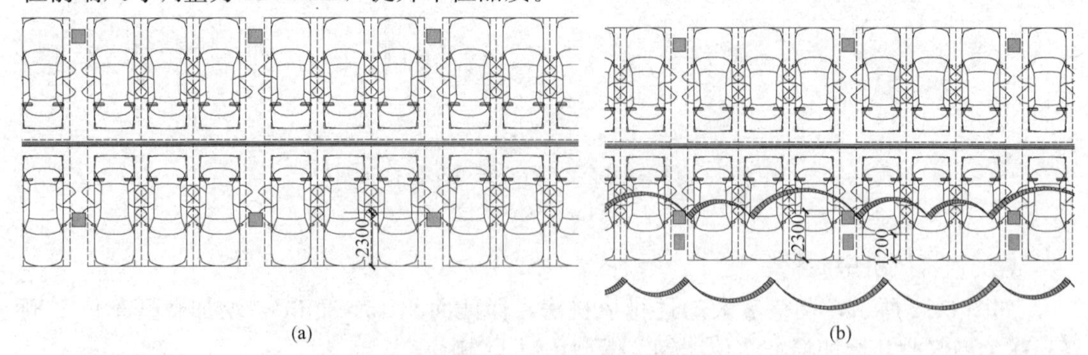

图 6-14　柱子与车位前端距离调整

(a) 优化前；(b) 优化后

(11) 行车通道中防火分区墙体及卷帘门的调整

主通道上做整条防火分区墙，转向视线受阻，不利于安全驾驶，影响使用体验，平层标准车位与机械车位高差车库底板不便处理，按图 6-15 调整防火分区墙，更好处理两种车型车库关系。

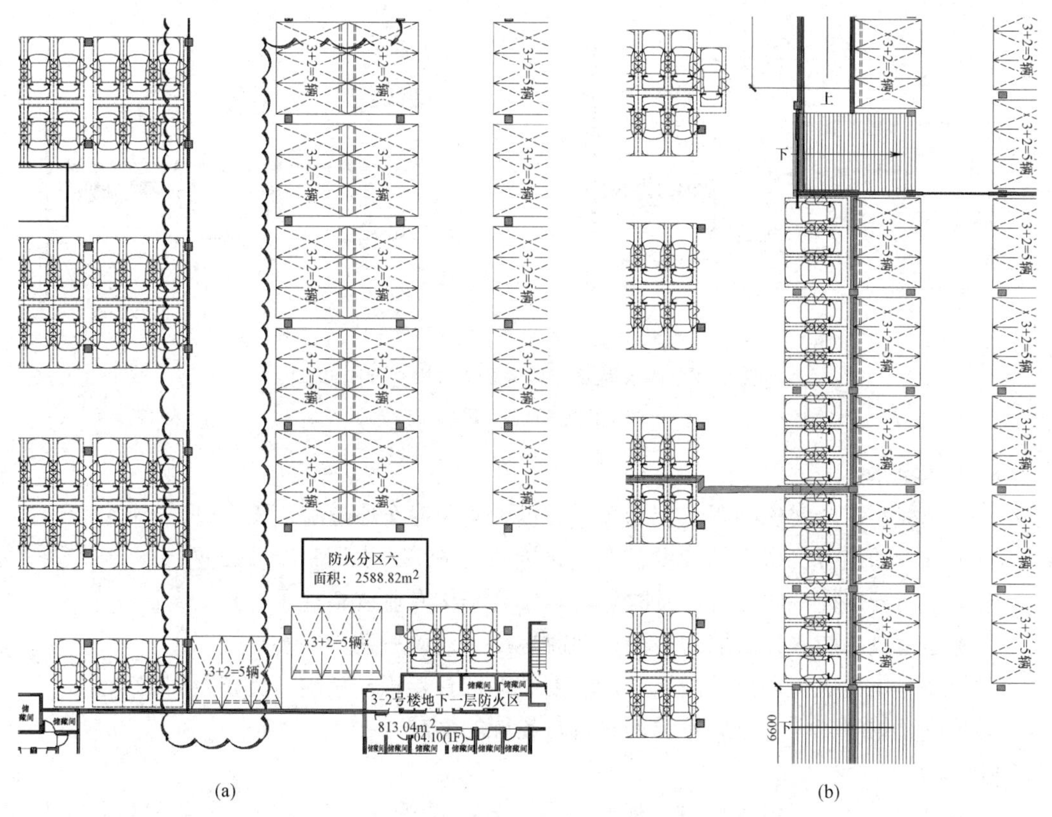

图 6-15　行车通道中防火分区墙体及卷帘门的调整

(a) 优化前；(b) 优化后

(12) 机械车位区调整

如图 6-16 所示，避免平车位与机械车位混合布置，充分利用机械车位区层高，微调排风机房，增加 1 组机械车位。

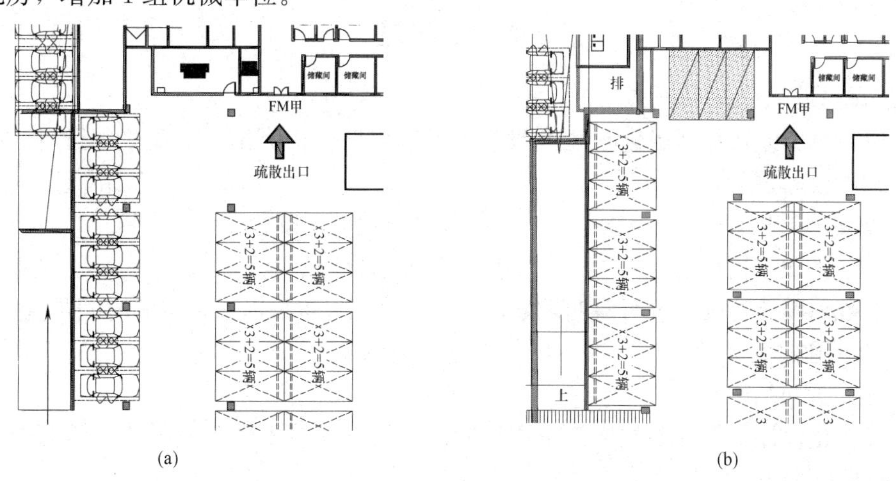

图 6-16　机械车位区调整

(a) 优化前；(b) 优化后

(13) 坡道微移，整体车位与塔楼间距调整

如图 6-17 所示，整体车位及坡道北移，增加标准车位 4 辆。

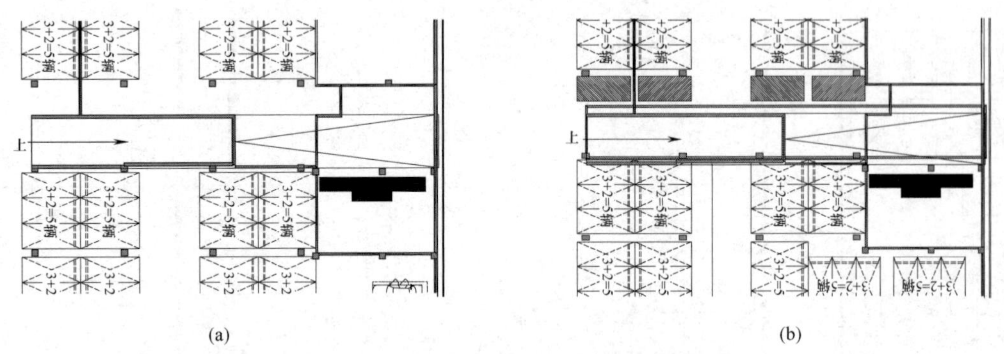

图 6-17　坡道微移，整体车位与塔楼间距调整

(a) 优化前；(b) 优化后

8. 优化汇报

行车流线：结合楼栋间距，控制车道宽度，避免退车通道宽度不合理；

对于过大的设备机房，结合设备专业布置的设备房再次调整车位布置；

对于车门开启撞柱的位置，及时标出，结合结构专业调整柱子；

对于通道过长防火分区墙的情况，及时标出，建议后期调整；

对于平车位与机械车位的高差未标注清楚的位置，积极指出，建议及时确认；

对于停车效率较低的车库轮廓处，进行轮廓的缩减。

9. 总结

本项目通过行车流线、柱网、停车布置方式、设备等综合分析，形成阶段性工作报告。同时通过优化前后指标成本对比，优化后增加地下室综合收益 1147.8 万元。以上分析可以得出，建筑设计优化工作在本项目地下室指标控制、设计管理及成本的控制是卓有成效的，为本项目在满足建筑功能、建筑安全及管线合理的前提下节约建筑成本，创造了显著的经济效益，为业主节省时间和管理成本，实现业主经济利益最大化和最高满意度。

复习思考题

一、单选题

1. 对建筑单体及户型优化方案按照业主评审意见进行优化，并调整出新一版的方案图是设计优化阶段的（　　）。

A. 规划设计阶段　　　　B. 建筑方案设计阶段

C. 施工图设计阶段　　　D. 扩初设计阶段

2. 在规划设计阶段，编写前期规划设计方案优化报告反馈给业主的时间是（　　）。

A. 报审通过后 2 天　　　B. 报审通过后 3 天

C. 报审通过后 5 天　　　D. 报审通过后 7 天

3. 在优化设计工作计划的施工图设计阶段，根据建筑规模及业主要求编写施工图设计优化进度安排时，其进度要（　　）。

A. 与设计单位进度一致　　　B. 先于设计单位的进度

C. 后于设计单位的进度　　　　D. 与设计单位的进度无关

4. 所有优化意见及成果，均需要经过三级审核，确保没有任何问题后才能发放给业主和设计院，一级复核的责任人是（　　）。

A. 监理工程师　　　　B. 总工程师

C. 项目负责人　　　　D. 市场经理

5. 在桩基工程的优化过程中，提交最终优化的成果和时间是（　　）。

A. 正式出图后 10 天完成优化报告

B. 提供招标单价后 14 天完成优化报告

C. 正式出图并提供招标单价后 10 天完成优化报告

D. 正式出图并提供招标单价后 14 天完成优化报告

二、简答题

1. 请简述优化设计在 EPC 工程总承包项目中的引领作用有哪些。

2. 请对 EPC 工程总承包优化设计的流程进行分析。

3. 请简述各专业设计优化服务的管理措施。

4. 请简述精细化图纸审查设计质量管理主要有哪几个方面的专业施工图质量管理。

第7章　住宅设计缺陷汇总

本章学习目标

通过本章的学习，学生可以掌握住宅工程在设计阶段可能出现的质量缺陷问题，分析其原因并指出缺陷所造成的影响。

7.1　规划缺陷

1. 缺陷问题一

(1) 缺陷问题描述：人行入口与机动车坡道冲突（图7-1）。

图7-1　人行入口与机动车坡道冲突

(2) 缺陷原因分析：规划设计考虑不周到，影响客户满意度。

(3) 缺陷影响程度：降低了客户满意度。

2. 缺陷问题二

(1) 缺陷问题描述：方案报建存在纯北户型，导致施工图审图有问题。

(2) 缺陷原因分析：项目自身问题。

(3) 缺陷影响程度：对设计单位造成影响。

3. 缺陷问题三

(1) 缺陷问题描述：施工图与方案报建冲突。

(2) 缺陷原因分析：施工图设计未与方案紧密配合。

(3) 缺陷影响程度：后期整改。

7.2 建筑缺陷

1. 缺陷问题一

(1) 缺陷问题描述：部分中间户型为南北不通透，面积较大，如图 7-2 所示。

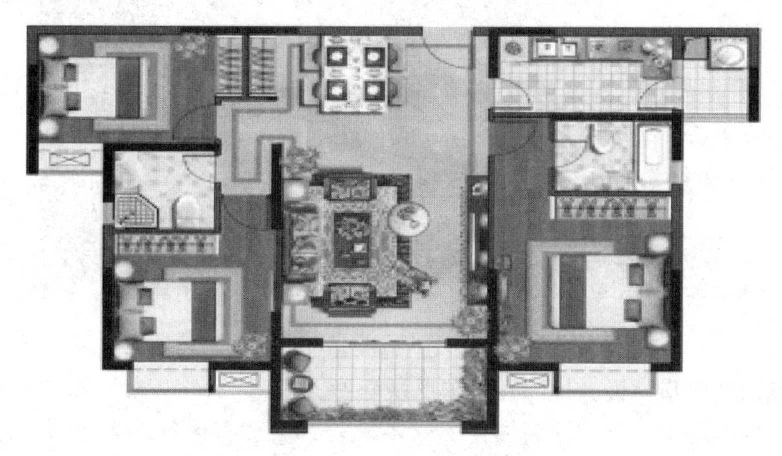

图 7-2 户型南北不通透

(2) 缺陷原因分析：受核心筒布局及建筑进深面宽等影响。

(3) 缺陷影响程度：此户型较难销售，客户普遍反响不好。

2. 缺陷问题二

(1) 缺陷问题描述：房子设计不实用、得房率低，南向卧室数一般为一个，如图 7-3 所示。

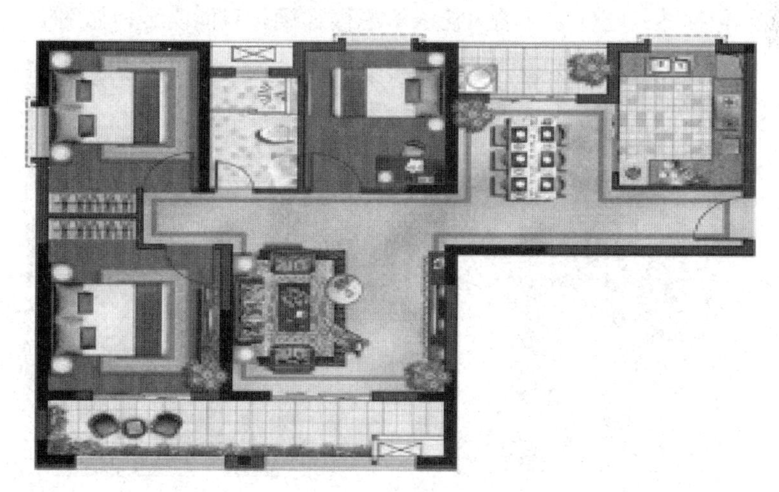

图 7-3 房子设计缺陷

(2) 缺陷原因分析：受核心筒布局及建筑进深面宽等影响。

(3) 缺陷影响程度：顾客普遍反响不好，流失部分客源。

3. 缺陷问题三

(1) 缺陷问题描述：外墙涂料施工质量不到位，未设置粉刷分隔缝造成楼体外墙平整度欠缺，如图 7-4 所示。

图 7-4　外墙涂料施工问题

（2）缺陷原因分析：设计原因及施工质量问题。

（3）缺陷影响程度：外墙涂料施工质量不到位，造成楼体外墙平整度欠缺，有色差，窗台线条等做工不理想，造成业主不满。

4. 缺陷问题四

（1）缺陷问题描述：非机动车坡道口净高不够。

（2）缺陷原因分析：设计上未考虑斜坡，建筑结构未协调好。

（3）缺陷影响程度：影响使用，有安全隐患。

5. 缺陷问题五

（1）缺陷问题描述：电梯厅处消火栓未考虑楼梯梁，只能明装，如图 7-5 所示。

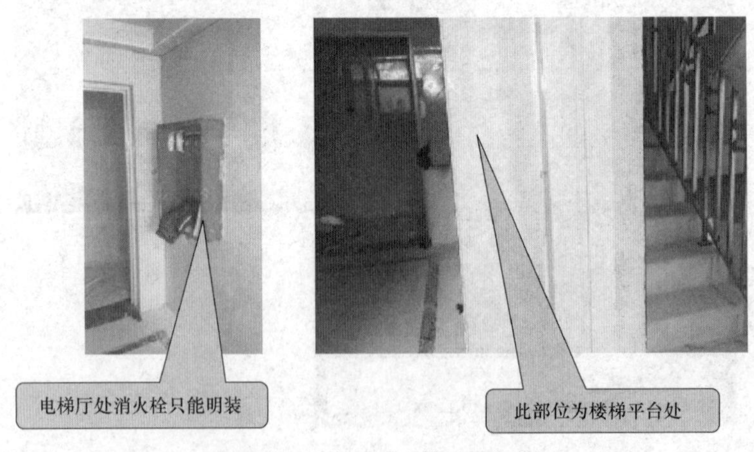

图 7-5　电梯厅消火栓位置问题

（2）缺陷原因分析：设计原因。

（3）缺陷影响程度：影响后期装饰效果。

6. 缺陷问题六

（1）缺陷问题描述：首层加设大堂影响首层住户采光和私密性，如图 7-6 所示。

图 7-6　首层加设大堂

（2）缺陷原因分析：方案设计和施工图设计时未进行设计分析研究。

（3）缺陷影响程度：首层户型难以销售，如业主私改空间对消防检查验收造成影响，物业接收后难以管理掌控。

7. 缺陷问题七

（1）缺陷问题描述：单元拼接的凹槽过窄，存在消防隐患，如图 7-7 所示。

（2）缺陷原因分析：户型组合设计时未考虑消防间距，未对平面组合进行详细研究。

（3）缺陷影响程度：消防难以通过，影响消防建审审批。

8. 缺陷问题八

（1）缺陷问题描述：室内填充墙和剪力墙不同宽造成凹槽，如图 7-8 所示。

图 7-7　单元拼接的凹槽过窄，存在消防隐患

图 7-8　室内填充墙和剪力墙不同宽造成凹槽

（2）缺陷原因分析：为了降低成本。

（3）缺陷影响程度：业主装修不便。

7.3 结构缺陷

1. 缺陷问题一

(1) 缺陷问题描述：挑梁比封边高，露出梁头，如图 7-9 所示。

图 7-9 挑梁比封边高，露出梁头

(2) 缺陷原因分析：结构设计考虑不周到，建筑、结构专业未仔细会签。

(3) 缺陷影响程度：无砌体封闭时，影响外立面观感。

2. 缺陷问题二

(1) 缺陷问题描述：结构混凝土剪力墙墙垛影响通道。

(2) 缺陷原因分析：结构布置只考虑本专业问题，未考虑建筑专业使用功能的影响。

(3) 缺陷影响程度：减小了通道净宽，对使用功能有一定影响。

3. 缺陷问题三

(1) 缺陷问题描述：走道上方结构露梁。

(2) 缺陷原因分析：结构人员经验不足，结构梁布置不合理。

(3) 缺陷影响程度：影响住户体验。

4. 缺陷问题四

(1) 缺陷问题描述：楼梯梯柱落在建筑门洞范围或通道上。

(2) 缺陷原因分析：结构人员经验不足、不细心；出图前建筑、结构专业未会签、对图。

(3) 缺陷影响程度：影响楼梯的疏散。

7.4 装饰缺陷

1. 缺陷问题一

(1) 缺陷问题描述：首层入户大堂缺少相应的软装布置，首层公共空间的高度不够，如图 7-10 所示。

图 7-10　首层入户大堂缺少软装，首层公共空间的高度不够

（2）缺陷原因分析：受成本控制影响及当时的规范限制。

（3）缺陷影响程度：客户满意度降低。

2. 缺陷问题二

（1）缺陷问题描述：公共管线高度影响公共区净高。

（2）缺陷原因分析：设计院未认真了解项目设计的详细土建图纸，仅按自己意识进行设计。

（3）缺陷影响程度：现场施工时出现大量变更及签证，导致工程计价不准，增加成本投入。

3. 缺陷问题三

（1）缺陷问题描述：楼梯前室设计漏项。

（2）缺陷原因分析：设计漏项。

（3）缺陷影响程度：后期变更，增加造价。

4. 缺陷问题四

（1）缺陷问题描述：弱电箱布局问题。

（2）缺陷原因分析：前期电气设计并未在功能使用上考虑位置。

（3）缺陷影响程度：影响户内房间中衣柜的摆放，导致部分户型不能充分利用空间。

7.5　景观缺陷

1. 缺陷问题一

（1）缺陷问题描述：主入口未考虑人车分流导致机动车、非机动车混行，存在安全隐患。

（2）缺陷原因分析：规划设计考虑不周，影响客户满意度。

（3）缺陷影响程度：入口车流较混乱。

2. 缺陷问题二

（1）缺陷问题描述：主要行车道为石材铺装，返修率高，如图 7-11 所示。

图 7-11　主要车行道返修率高

（2）缺陷原因分析：设计时未充分考虑施工质量因素。

（3）缺陷改进措施：入口铺装材料应改为沥青。

3. 缺陷问题三

（1）缺陷问题描述：道路直角或锐角相接，使用时易踩踏拐角草坪，如图 7-12 所示。

图 7-12　道路直角或锐角相接

（2）缺陷原因分析：设计规划考虑不周，影响客户满意度。

（3）缺陷影响程度：拐角草坪长期修补、长期处于枯黄状态。

4. 缺陷问题四

（1）缺陷问题描述：景观亭、廊未设置玻璃顶，如图 7-13 所示。

（2）缺陷原因分析：设计时以美观为主，未兼顾实际使用功能。

（3）缺陷影响程度：雨天在小区园林中无遮风挡雨的构筑物。

5. 缺陷问题五

（1）缺陷问题描述：多孔管埋地排水效果差，导致大面积积水。

（2）缺陷原因分析：设计失误。

图 7-13　景观亭、廊未设置玻璃顶

（3）缺陷影响程度：导致大面积积水和整改。

6. 缺陷问题六

（1）缺陷问题描述：高大植物未考虑对底层用户的影响，如图 7-14 所示。

图 7-14　高大植物对底层用户影响

（2）缺陷原因分析：对植被栽种位置控制不严格，不考虑植被对住户的影响。

（3）缺陷影响程度：住户采光及视线受到影响。

7. 缺陷问题七

（1）缺陷问题描述：给水排水管埋深不够，易冻坏、损坏，增加后期维修难度。

（2）缺陷原因分析：水管施工时未考虑景观地形标高。

（3）缺陷影响程度：水管冬季易冻坏，增加后期维护难度。

8. 缺陷问题八

（1）缺陷问题描述：建筑散水标高较低，景观堆坡导致散水形成沟状，如图 7-15 所示。

（2）缺陷原因分析：设计原因。

（3）缺陷影响程度：排水困难。

图 7-15　建筑散水标高较低，景观堆坡导致散水形成沟状

7.6　电气缺陷

1. 缺陷问题一

（1）缺陷问题描述：空调插座和空调预留洞位置不在同一区域，如图 7-16 所示。

图 7-16　空调插座和空调预留洞位置不在同一区域

（2）缺陷原因分析：使用不满足要求。

（3）缺陷影响程度：增加投诉机会。

2. 缺陷问题二

（1）缺陷问题描述：内插座位置仅满足规范要求，不满足实际使用要求（图 7-17）。

（2）缺陷原因分析：设计考虑不周到，影响客户满意度。

（3）缺陷影响程度：客户满意度降低。

3. 缺陷问题三

（1）缺陷问题描述：电井净宽太小影响后期检修，如图 7-18 所示。

（2）缺陷原因分析：设计时未考虑后期检查。

图 7-17　内插座不满足实际使用要求

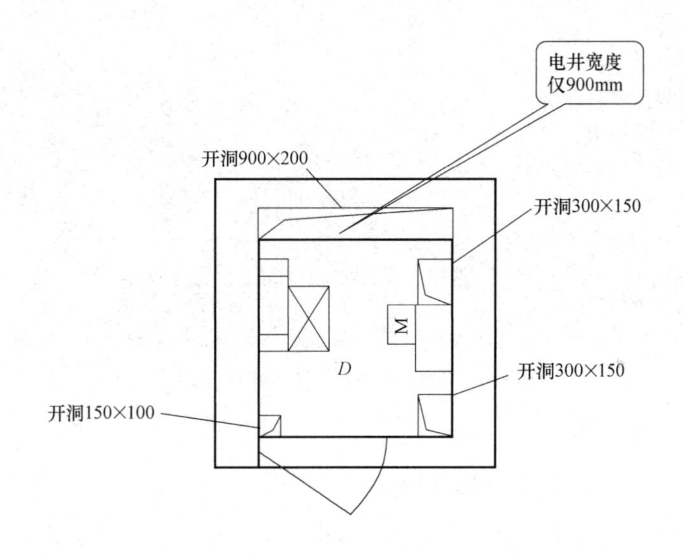

图 7-18　电井净宽太小

(3) 缺陷影响程度：物业后期检修困难。

4. 缺陷问题四

(1) 缺陷问题描述：户内配电箱靠外墙安装。

(2) 缺陷原因分析：设计时未考虑后期墙体防水。

(3) 缺陷影响程度：后期可能存在漏水风险。

5. 缺陷问题五

(1) 缺陷问题描述：分户箱双排（图 7-19）。

(2) 缺陷原因分析：设计上未考虑成本，建议采用单排，以便节约成本。

(3) 缺陷影响程度：增加成本。

6. 缺陷问题六

(1) 缺陷问题描述：疏散指示灯底盒没有预埋到位，如图 7-20 所示。

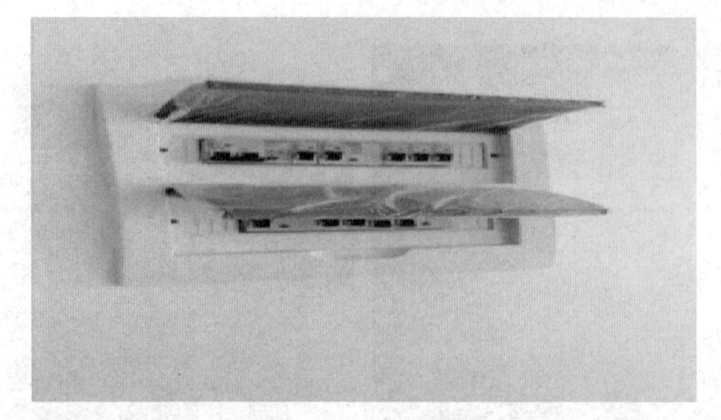
图 7-19　分户箱双排

图 7-20　疏散指示灯底盒没有预埋到位

(2) 缺陷原因分析：施工不完善。

(3) 缺陷影响程度：增加验收的风险。

7. 缺陷问题七

(1) 缺陷问题描述：小区箱式变电站未安装护栏、未设标识，存在安全隐患，如图 7-21 所示。

图 7-21　箱式变电站未安装护栏、未设标识

（2）缺陷原因分析：施工未按标准。

（3）缺陷影响程度：安全隐患，影响美观。

8. 缺陷问题八

（1）缺陷问题描述：地下室集中配电箱上方有水管通过。

（2）缺陷原因分析：综合管网设计冲突。

（3）缺陷影响程度：造成设备安全隐患，小区地下室管线凌乱。

7.7 暖通缺陷

1. 缺陷问题一

（1）缺陷问题描述：住宅空调冷凝水立管三通设置位置有误，冷凝水共用立管，如图 7-22 所示。

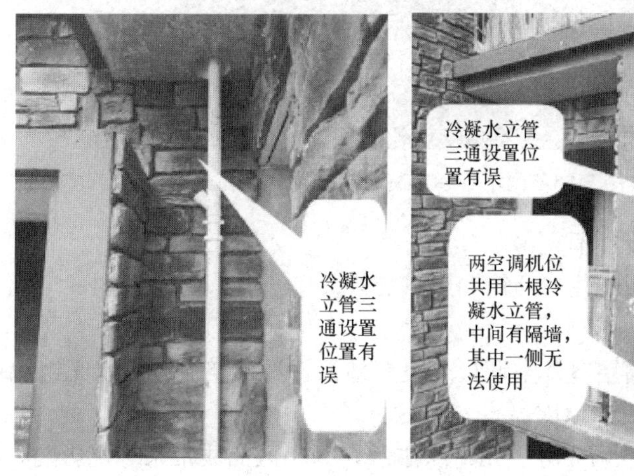

图 7-22 冷凝水立管三通设置位置有误

（2）缺陷原因分析：设计的冷凝水立管三通位置有误，两个机位中间有隔墙，冷凝水立管无法共用。

（3）缺陷影响程度：影响空调冷凝水排放。

2. 缺陷问题二

（1）缺陷问题描述：风井或水暖井内有梁穿过或突出。

（2）缺陷原因分析：暖通专业与结构专业没有进行核对。

（3）缺陷影响程度：增加风井阻力，影响水暖井内管道布置，导致管道无法安装或安装困难。

7.8 给水排水缺陷

1. 缺陷问题一

（1）缺陷问题描述：污水通气管管帽高度未考虑与周围窗户的距离问题。

（2）缺陷原因分析：设计时未考虑建筑错层，通气管管帽设计高度不足。

(3) 缺陷影响程度：旁边业主入住户内会有臭味。

2. 缺陷问题二

(1) 缺陷问题描述：普通电梯基坑深水无法排出。

(2) 缺陷原因分析：设计时未考虑普通电梯基坑排水，施工不完善。

(3) 缺陷影响程度：电梯基坑积水，易损坏电梯，增加电梯维护成本。

3. 缺陷问题三

(1) 缺陷问题描述：雨水管和冷凝水管挡住住户窗户，如图 7-23 所示。

图 7-23 雨水管和冷凝水管挡住住户窗户

(2) 缺陷原因分析：设计不完善。

(3) 缺陷影响程度：影响住户开窗和影响美观。

4. 缺陷问题四

(1) 缺陷问题描述：高层室外空调板未设置地漏，造成空调冷凝水无组织排水。

(2) 缺陷原因分析：设计原因。

(3) 缺陷影响程度：空调冷凝水无组织排水，为小区品质带来一定影响，给物业管理带来难度。

5. 缺陷问题五

(1) 缺陷问题描述：排水管穿墙处、穿楼板处、烟道周围及楼板渗水。

(2) 缺陷原因分析：施工工艺及监管问题。

(3) 缺陷影响程度：引起投诉。

7.9 物业管理缺陷

1. 缺陷问题一

(1) 缺陷问题描述：设备平台被业主扩建。

(2) 缺陷原因分析：初期管理不到位，后期无法管理。

(3) 缺陷影响程度：违建。

2. 缺陷问题二

(1) 缺陷问题描述：室外构配件选用钢材，如图 7-24 所示。

(2) 缺陷原因分析：设计规划考虑不周。

(3) 缺陷影响程度：影响外观，且后期维护成本较高。

图 7-24　室外构配件选用钢材

复习思考题

1. 请简述住宅设计缺陷主要有哪些方面。
2. 请对建筑工程可能出现的缺陷问题进行分析。
3. 请对结构工程可能出现的缺陷问题进行分析。
4. 请对装饰工程可能出现的缺陷问题进行分析。
5. 请对电气工程可能出现的缺陷问题进行分析。

参 考 文 献

[1] 李永福，史伟利．建设法规［M］．北京：中国电力出版社，2016.
[2] 李永福．建筑项目策划［M］．北京：中国电力出版社，2012.
[3] 李永福．EPC建设工程总承包管理［M］．北京：中国电力出版社，2019.
[4] 王伍仁．EPC工程总承包管理［M］．北京：中国建筑工业出版社，2010.
[5] 施炯．建设工程项目管理［M］．杭州：浙江工商大学出版社，2015.
[6] 张江波．EPC项目造价管理［M］．西安：西安交通大学出版社，2018.
[7] 石林林，丰景春．DB模式与EPC模式的对比研究［J］．工程管理学报，2014，28（06）：81-85.
[8] 罗振中．EPC总承包项目风险管理研究［D］．济南：山东建筑大学，2015.
[9] 张飞龙，罗浩君，唐文宣．浅谈EPC总承包管理模式下的成本管理［J］．居舍，2018（33）：142.
[10] 李云飞．国际EPC总承包项目投标阶段风险管理研究［D］．北京：对外经济贸易大学，2016.
[11] 吴义应．EPC总承包项目全过程风险管理研究［D］．保定：华北电力大学，2014.
[12] 杨文源．EPC总承包投标报价决策研究［D］．长沙：中南大学，2012.
[13] 郭亮亮．EPC总承包模式下的项目风险管理研究［D］．沈阳：沈阳建筑大学，2011.
[14] 于佳．KB公司总承包项目成本管理研究［D］．上海：华东理工大学，2014.